量子图像信息隐藏关键技术研究

罗高峰　罗　佳　著

科 学 出 版 社

北　京

内 容 简 介

本书主要对以量子图像为载体的一类量子信息隐藏技术进行研究，对量子图像隐写和量子水印两类信息隐藏关键技术进行理论分析和阐述，对量子信息隐藏技术在医疗图像安全中的潜在应用进行介绍。本书属于量子计算与图像信息隐藏技术的交叉研究，为经典的图像信息隐藏技术研究提供新思路和新方法，具有交叉性和前沿性等特点。

本书可作为对量子图像信息隐藏技术感兴趣的科研人员的入门读物，也可作为有关科研与工程技术人员在相关领域开展研究时的参考书。

图书在版编目（CIP）数据

量子图像信息隐藏关键技术研究/罗高峰，罗佳著. —北京：科学出版社，2023.12

ISBN 978-7-03-074277-3

Ⅰ. ①量… Ⅱ. ①罗…②罗… Ⅲ. ①图像处理－研究 Ⅳ. ①TP391.413

中国版本图书馆 CIP 数据核字（2022）第 241133 号

责任编辑：戴 薇 吴超莉 / 责任校对：赵丽杰

责任印制：吕春珉 / 封面设计：东方人华平面设计部

科学出版社 出版

北京东黄城根北街 16 号

邮政编码：100717

http://www.sciencep.com

北京九州迅驰传媒文化有限公司 印刷

科学出版社发行 各地新华书店经销

*

2023 年 12 月第 一 版 开本：B5（720×1000）

2023 年 12 月第一次印刷 印张：10 3/4

字数：217 000

定价：98.00 元

（如有印装质量问题，我社负责调换〈九州迅驰〉）

销售部电话 010-62136230 编辑部电话 010-62135763-2041

前　言

1982 年，费曼在《利用计算机模拟物理学》报告中指出，量子计算机有可能模拟出经典计算机无法模拟的物理现象；1992 年，Deutsch-Jozsa 量子算法的提出表明量子算法相对于经典算法有指数级别的加速能力；2002 年，美国发布了第一版量子计算路线图；2012 年，全球首家专门的量子计算软件公司 1Qbit 成立；2021 年 8 月 5 日，本源量子发布自主研发的量子计算学习算法——量子生成对抗网络算法，该算法在图像处理上可实现指数级提升。几十年来，量子计算的优越性越来越明显，逐渐成为全球科技竞争的焦点领域之一，国内专家团队也为量子计算贡献了至关重要的“中国力量”。

与经典计算相比，量子计算在处理图像时，从速度、算法和空间效率方面展现出巨大的优势，量子图像处理成为研究者重点关注的交叉研究领域之一。量子图像信息隐藏是以量子图像为载体的一类量子信息隐藏协议，可分为量子图像隐写和量子图像水印两个方面，其中量子图像隐写技术主要用于量子信道中秘密信息的传输，而量子图像水印一般用于图像信息的版权保护。随着人们对量子图像处理相关研究的深入开展，量子图像信息隐藏技术的研究也在快速发展。

本书主要介绍量子图像隐写、量子图像水印两类信息隐藏技术及量子图像信息隐藏在医疗图像共享管理和信息安全中的应用。第 1 章介绍量子图像信息隐藏技术研究的背景及意义，对相关研究成果进行梳理；第 2 章介绍量子计算、量子信息理论基础及量子线路模块；第 3 章介绍新型最低有效位量子图像隐写算法；第 4 章探讨基于翻转模式的高效量子图像隐写技术；第 5 章分析量子图像隐写检测技术，研究抵抗检测的可追溯量子图像隐写算法；第 6 章介绍基于量子图像边界嵌入的增强水印技术；第 7 章探讨基于量子图像分块及像素灰度差的自适应水印算法；第 8 章研究嵌入量子文本的量子版权保护方案；第 9 章研究基于量子最低有效位隐写优化的两级信息隐藏技术；第 10 章介绍基于量子信息隐藏的医疗图像安全共享管理；第 11 章介绍量子图像信息隐藏在医疗图像信息安全中的潜在应用。

作者的研究工作得到了湖南省自然科学基金项目“基于新型量子图像模型的可逆信息隐藏关键技术研究”（项目编号：2020JJ4557）、基于参数化量子电路的可逆信息隐藏算法研究（项目编号：2023JJ50268）和湖南省教育厅科学研究重点项目“基于量子生成对抗网络的可逆信息隐藏关键技术研究”（项目编号：21A0470）的资助。本书的完成得到了很多同仁的帮助，特别感谢作者的博士研究生导师周日贵教授的精心指导和大力支持，同时也感谢湖南省“双一流”应用特色学科（计算机科学与技术）、邵阳学院湖南省院士专家工作站及湘西南农村信息化服务湖南省重点实验室、上饶师范学院江西省“双一流”潜力发展学科（数学）和量子信息交叉研究中心的支持。

由于作者水平有限，书中难免存在不足之处，恳请专家、学者及广大读者批评指正。

目　录

第 1 章　绪论……1
1.1　研究背景与意义……1
1.2　研究现状……3
1.2.1　量子图像表示……3
1.2.2　量子图像信息隐藏……6
1.2.3　量子图像处理相关算法……8
1.3　本书主要研究内容……10
参考文献……10
第 2 章　量子信息基础……16
2.1　量子信息基本概念……16
2.1.1　量子力学概念及基本假设……16
2.1.2　量子比特……18
2.1.3　幺正变换……19
2.2　量子线路……19
2.2.1　量子逻辑门……20
2.2.2　量子线路模块……24
2.3　量子计算的并行性……29
本章小结……30
参考文献……30
第 3 章　新型最低有效位量子图像隐写算法……32
3.1　比特位平面置乱……32
3.2　Arnold 变换……33
3.3　最低有效位量子图像隐写方案……35
3.3.1　量子信息嵌入……36
3.3.2　信息提取……38
3.4　仿真结果与分析……41
本章小结……44
参考文献……45
第 4 章　基于翻转模式的高效量子图像隐写……46
4.1　翻转模式 LSB 替代……46

4.2 高效量子图像隐写方法 …… 47
4.2.1 准备工作 …… 47
4.2.2 嵌入及其量子线路 …… 49
4.2.3 提取及其量子线路 …… 52
4.3 仿真结果与分析 …… 54
4.3.1 对比分析 …… 55
4.3.2 线路复杂度分析 …… 59
本章小结 …… 60
参考文献 …… 61
第 5 章 抵抗检测的可追溯量子图像隐写算法 …… 62
5.1 量子图像信息隐藏检测技术 …… 62
5.1.1 判别函数 …… 62
5.1.2 翻转函数 …… 63
5.1.3 嵌入信息判断 …… 65
5.1.4 嵌入率估计 …… 67
5.1.5 实验结果及分析 …… 69
5.2 抵抗量子信息检测的量子图像隐写算法 …… 70
5.2.1 像素值差分 …… 71
5.2.2 像素值差值替换 …… 73
5.2.3 像素值差分提取 …… 76
5.2.4 线路复杂度分析 …… 77
5.2.5 实验分析及验证 …… 78
本章小结 …… 81
参考文献 …… 81
第 6 章 基于量子图像边界嵌入的增强水印技术 …… 82
6.1 量子水印边界嵌入方案 …… 82
6.1.1 预处理工作 …… 83
6.1.2 量子水印缩放 …… 84
6.1.3 嵌入及其量子线路 …… 86
6.2 量子水印提取 …… 88
6.3 仿真结果与分析 …… 90
6.3.1 视觉质量 …… 90
6.3.2 鲁棒性分析 …… 91
6.3.3 线路复杂度分析 …… 92
本章小结 …… 93

参考文献……94
第7章　基于量子图像分块及像素灰度差的自适应水印算法……95
7.1　自适应量子水印嵌入……95
7.1.1　PVD信息隐藏算法……96
7.1.2　准备工作……96
7.1.3　水印嵌入及其量子线路……102
7.2　水印提取及其量子线路……105
7.3　仿真结果与分析……106
7.3.1　视觉质量……106
7.3.2　鲁棒性分析……108
7.3.3　安全性分析……109
本章小结……110
参考文献……110
第8章　基于嵌入量子文本的量子版权保护方案……112
8.1　相关理论基础……112
8.1.1　量子文本表示方法……112
8.1.2　格雷码……114
8.1.3　BB84协议……116
8.2　信息嵌入过程……116
8.2.1　置乱过程……118
8.2.2　划分区域……118
8.2.3　信息嵌入算法及其量子线路……119
8.3　信息提取过程……120
8.4　仿真结果与分析……122
8.4.1　不可见性……122
8.4.2　鲁棒性分析……123
8.4.3　线路复杂度分析……124
本章小结……125
参考文献……125
第9章　基于最低有效量子位隐写优化的两级信息隐藏技术……126
9.1　秘密图像预处理……126
9.2　量子图像两级隐藏方案……127
9.2.1　第一级隐藏……128
9.2.2　第二级隐藏……129
9.2.3　秘密信息提取与恢复……132

9.3 仿真结果与分析 …… 133
9.3.1 视觉质量 …… 134
9.3.2 鲁棒性分析 …… 136
9.3.3 安全性分析 …… 137
本章小结 …… 139
参考文献 …… 139
第 10 章 基于量子信息隐藏的医疗图像安全共享管理 …… 141
10.1 多幅秘密图像预处理 …… 141
10.1.1 量子图像加密 …… 142
10.1.2 量子图像恢复 …… 145
10.2 量子信息隐藏在医疗图像安全共享管理中的应用 …… 148
10.2.1 医疗量子图像安全共享框架 …… 148
10.2.2 医疗量子图像安全共享管理 …… 150
本章小结 …… 151
参考文献 …… 151
第 11 章 量子图像信息隐藏在医疗图像信息安全中的应用 …… 152
11.1 量子信息熵 …… 152
11.2 阈值分割 …… 153
11.3 个人信息嵌入医疗图像 …… 154
11.3.1 密钥获取 …… 155
11.3.2 个人信息嵌入过程 …… 155
11.3.3 个人信息验证过程 …… 157
11.3.4 线路复杂度分析 …… 158
11.4 仿真实验分析 …… 159
本章小结 …… 161
参考文献 …… 162

第1章 绪 论

图像是人类获取信息、表达信息和传递信息的重要手段，基于数字图像的信息隐藏技术的重要性不言而喻。随着量子计算技术的发展，其在图像处理领域的应用得到了研究者的广泛关注，量子图像处理（quantum image processing）应运而生。量子图像信息隐藏是量子图像处理研究领域的一个分支，是随着量子信息的发展而逐渐形成的一个具有良好发展前景的领域。近年来，已有较多的学者投入该领域的研究。

本章介绍量子图像信息隐藏的研究背景与意义、研究现状及本书的主要内容。

1.1 研究背景与意义

随着物联网技术、5G技术的发展，新兴技术应用已逐步从概念走向实际，数据也呈现爆发式增长的特点。目前，全球互联网企业都纷纷建立自己的数据中心，对大数据的重视达到了前所未有的高度。在5G时代的应用场景中，正是由于数据足够多，人工智能得到了足够重视，在各行各业中发挥着关键作用。当前，对大数据进行处理时，主要依靠云计算、雾计算及边缘计算等新型计算模式，若数据足够多、计算服务处理能力超强，则大数据可以为人们所利用，并在经济社会发展中起到至关重要的作用。

然而，任何事物都有其两面性，伴随着大数据的迅速发展，数据的传送、汇集自然加大了信息泄露的风险，为不法分子提供了非法获取、加工数据及出卖数据等的机会。例如，随着大型医疗设备的广泛使用，医疗大数据随之产生，医疗影像传输、存储及共享也带来了信息泄露、篡改等信息安全问题。可见，大数据已成为目前网络攻击的重要目标，信息网络安全问题迫在眉睫。众所周知，加密是实现信息安全的手段之一，但由于加密之后的数据是异常数据，更容易成为大数据挖掘分析的重要目标，单纯依靠传统的加密技术实现网络信息安全已不能满足现实需求。

信息隐藏技术是指将有意义的数据隐藏到一个公开的载体信息中得到隐蔽载体，非法者不知道信息的隐藏，而且即使知道后，也难以提取或去除隐藏信息。信息隐藏技术自古就有，如剃光头后写上机密信息，等长出头发后传递信息，接收者剃光头发获取机密。当前，越来越多的人在社交媒体分享普通的多媒体文件（如图像、音频/视频），正是由于这种方式不容易被关注，依靠普通的多媒体文件实现重要数据和隐私数据的隐藏，变成了一种非常重要的方式。由于图形具有较大的冗余空间，并且隐藏效果直观，目前研究最多和最深入的是基于数字图像的信息隐藏，其信息隐藏系统结构图如图 1.1 所示。

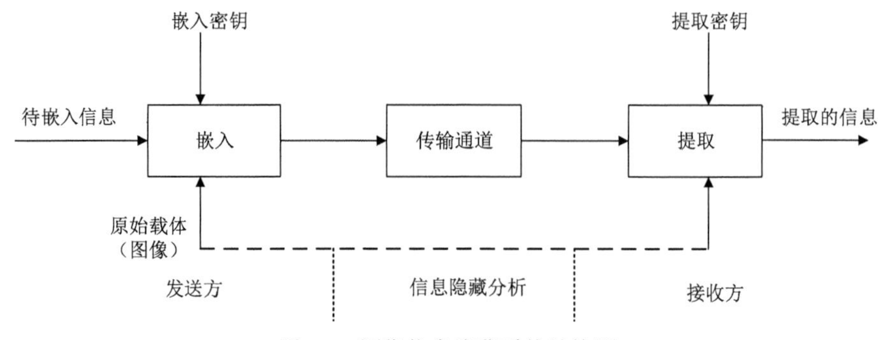

图 1.1 图像信息隐藏系统结构图

通过上述分析可知，对大量图像信息进行分类、搜索及管理，尤其是对海量实时图像数据（如远程医疗中医学图像共享）的处理已成为当务之急。据 2017 年福布斯杂志报道，我们每天产生的数据超过了 10 亿 GB。可见，海量数据的处理已远远超出了经典计算机的能力范围，亟待寻求新的计算模式和方法。从本质上看，云计算等计算模式由于未能突破经典的图灵机结构，不能从根本上解决日益增长的大数据处理与经典计算机有限计算能力的矛盾。幸运的是，具有革命性理论突破、运用量子力学原理的量子计算具有天然的并行处理能力，有望解决目前传统计算机所面临的大容量和超高速的计算任务的需求[1]，被认为是一种可能对未来产生巨大影响的新型计算模式[2]。

量子力学是物理学的子领域之一，它描述了微观粒子的行为，是 20 世纪人类最伟大的科学成就之一，使人们对物质的认识深入微观领域。随着研究的深入，量子力学为一种新的计算范式奠定了理论基础，即量子计算。1982 年，Feynman 提出，通过量子力学原理构造出新型计算机对求解某些问题比经典计算机更有效[3]。1985 年，Deutsch 指出，可以采用量子态的相干叠加性（coherent superposition）实现并行的量子计算[4]。1994 年，Shor 提出了大数质因子分解的量子算法[5]，明确指出在经典计算机上分解一个 n 位大数的两个质因子所需的时间为 $O(2^{n/2})$，当 n 很大时，经典计算机变得无能为力，而在量子计算机上计算，求解所需时间只是 n 的多项式。1996 年，贝尔实验室的 Grover 提出了一个量子搜索算法[6]，实现了对无序数组元素快速查找，取得了相比较经典算法二次方的加速。由于 Shor 及 Grover 提出的量子算法的重要实际意义，人们开始认识到了量子计算无与伦比的优越性，其研究开始得到国内外物理学界及计算机界的重视。

同时，量子计算研究领域非常广阔，包括量子通信、量子密码学、量子软件与理论及量子线路等。使用量子态的叠加、干涉、纠缠等特性，量子计算的研究很自然地拓展到了图像处理领域。2003 年，Beach 等将量子计算研究延伸到了图像处理任务之中，首次提出了量子图像处理的概念[7]，指出量子计算是解决摩尔定律失效问题的一条重要途径，并明确提出了将量子计算应用到图像处理任务中。量子图像处理属于量子计算与图像处理相结合的交叉研究领域，以 quantum image processing（量子图像处理）为主题检索科学引文索引（Science Citation Index Expanded，SCIE）数据库可以发现，从 2010 年开始，其相关研究日益增多，并逐步得到了学术界的认可。

与经典的图像信息隐藏类似，量子图像信息隐藏是基于量子图像载体的一类信息隐藏技术，利用量子计算理论将秘密信息隐藏到量子载体图像中，实现载体图像失真小、隐蔽传输（不易被察觉）及能正确提取隐藏信息等目的。基于量子图像载体的信息隐藏关键技术包括量子图像水印技术及量子图像隐写技术[8]。量子图像水印技术主要用于量子数据版权保护和数字认证，量子图像隐写技术主要用于秘密信息的隐蔽通信等方面。

综上所述，面对量子计算的巨大优势，量子图像处理及量子图像信息隐藏相关的研究越来越重要。随着量子计算机及量子信息的发展，量子保密通信在信息安全领域的地位也越来越重要。量子图像信息隐藏关键技术的研究能进一步完善新兴技术在图像处理领域的应用研究以及量子保密通信理论体系的研究，必将成为实现信息安全的一种重要手段。本书正是在这样一种背景下，研究基于现有的量子图像表示方法的信息隐藏关键技术，其研究旨在利用量子计算天然的并行处理特性，为传统经典图像信息隐藏提供新的思路和方法。其成果也有望在量子数据版权保护认证、医疗量子图像共享及量子通信等领域展现其广阔的应用前景，具有重要的理论与实际意义。

1.2 研究现状

当前，基于量子计算理论的图像处理研究主要建立在量子图像表示模型基础上。针对不同量子图像表示模型，研究者提出了基于量子图像表示的图像信息隐藏、图像变换、图像加密、图像滤波、图像特征提取等相关量子图像处理算法。本节首先对量子图像表示方法进行梳理，特别是对主流的量子图像表示方法进行分析，在此基础上重点综述分析基于量子图像表示的图像信息隐藏关键技术的研究，最后对其他相关的量子图像处理算法进行研究综述。

1.2.1 量子图像表示

将经典的数字图像以某种方式存储在量子计算机上，称为量子图像表示（quantum image representation）。早期的一些量子图像表达式方面，Venegas-Andraca 于 2003 年提出了 Qubit Lattice（量子栅格）量子图像表达式，该方法将电磁波的频率作为颜色的表示，接下来用物理装置将其转化成 1 量子比特的量子态幅度，由于该方法各个像素存储是独立的，因而并没有充分利用量子叠加特性[9]。2005 年，Latorre 提出了 Real Ket 量子图像模型[10]，该模型利用量子叠加特性，使用 $2n$ 量子比特表示一幅 $2^n \times 2^n$ 的图像，但并没有给出如何基于该模型制备量子图像，这个量子叠加态也不是一个归一化的量子态。

后续的量子图像表示模型充分挖掘数字图像在传统计算机上的颜色表示及坐标位置等特性，研究者相继提出了一些量子图像表示模型。一般来说，这些量子图像模型可以大致分为三类：一是使用量子态幅值存储颜色，二是使用量子基态存储颜色，三是使用量子态相位存储颜色。下面分别予以简单介绍和分析。

采用幅值存储颜色的量子图像表示模型方面，2011 年，Le 等提出一种量子图像二维叠加态模型，称为灵活的量子图像表示（flexible representation of quantum image，FRQI）[11]。该模型用 $2n+1$ 量子比特的叠加态存储一幅 $2^n \times 2^n$ 的二维灰度图像，其表示形式如下：

$$|\boldsymbol{I}(\theta)\rangle = \frac{1}{2^n}\sum_{i=0}^{2^{2n}-1}(\cos\theta_i|0\rangle + \sin\theta_i|1\rangle)\otimes|i\rangle \tag{1.1}$$

式中，量子态 $|i\rangle$ 表示一个坐标；θ 为编码颜色信息的量子态幅度，对应的灰度值为 $\cos\theta_i|0\rangle + \sin\theta_i|1\rangle$。由于 $\||I(\theta)\rangle\| = 1$，FRQI 是一个规范量子态。这种表示方法充分利用量子叠加及并行计算的优越性能，但是其采取量子叠加态的幅度表示颜色的方法，难以构建经典图像。

采用量子基态存储颜色的量子图像表示模型方面，2013 年，Zhang 等基于已有的 FRQI 模型，设计了一种新的二维叠加态模型，即新型量子图像表示（novel enhanced quantum representation，NEQR）[12]。针对一幅大小为 $2^n \times 2^n$、色彩范围为 $\left[0, 2^q - 1\right]$ 的图像，其 NEQR 表达式如下：

$$|\boldsymbol{I}\rangle = \frac{1}{2^n}\sum_{Y=0}^{2^n-1}\sum_{X=0}^{2^n-1}|f(Y,X)\rangle|YX\rangle = \frac{1}{2^n}\sum_{Y=0}^{2^n-1}\sum_{X=0}^{2^n-1}\bigotimes_{i=0}^{q-1}|C_{YX}^i\rangle|YX\rangle \tag{1.2}$$

式中，$|f(Y,X)\rangle$ 表示二维坐标 $|YX\rangle$ 上像素的色彩值，对应一幅大小为 $2^n \times 2^n$ 的灰度图像，需要 $2n+8$ 量子比特。图 1.2 所示为 2×2 像素图像的灰度图及 NEQR 表达式。之后，Jiang 和 Wang 提出了改进的新型量子图像表示（improved NEQR，INEQR）[13]、Jiang 等提出了广义量子图像表示（generalized quantum image representation，GQIR）[14]两种图像表示模型，其本质与 NEQR 是一致的，只是引入了任意尺寸的量子图像。例如，对应一幅 $2^{n_1} \times 2^{n_2}$ 大小的图像，长宽不相等，存储图像所需量子比特数为 $n_1 + n_2 + q$（灰度为 $2^q - 1$），其 INEQR 表达式如下：

$$\begin{cases} |\boldsymbol{I}\rangle = \dfrac{1}{2^{\frac{n_1+n_2}{2}}}\displaystyle\sum_{y=0}^{2^{n_1}-1}\sum_{x=0}^{2^{n_2}-1}|C_{YX}\rangle\otimes|YX\rangle \\ |\boldsymbol{C}_{YX}\rangle = \left|c_{yx}^{q-1}c_{yx}^{1}\cdots c_{yx}^{0}\right\rangle, c_{yx}^{k}\in\{0,1\}, k = q-1,\cdots,1,0 \\ |YX\rangle = |Y\rangle|X\rangle = \left|y_{n_1-1}\cdots y_1 y_0\right\rangle\left|x_{n_2-1}\cdots x_1 x_0\right\rangle, y_i, x_i \in\{0,1\} \end{cases} \tag{1.3}$$

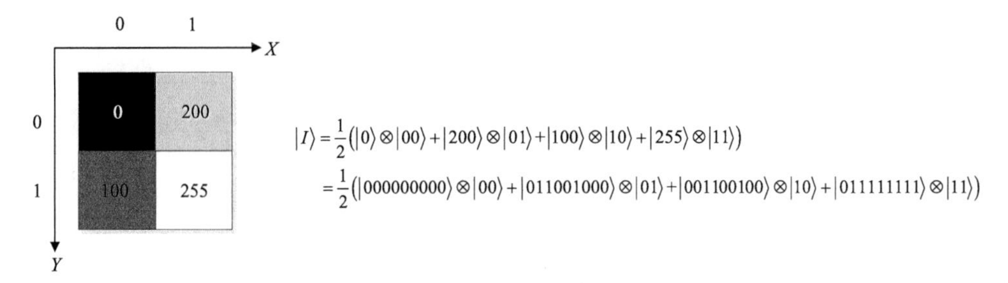

图 1.2　2×2 像素图像的灰度图及 NEQR 表达式

图 1.3 所示为 2×4 像素 INEQR 量子图像。

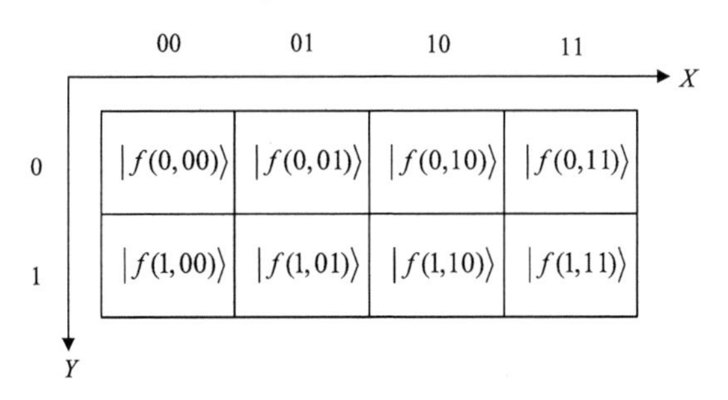

图 1.3　2×4 像素 INEQR 量子图像

此外，还有一些量子图像模型采用量子态相位存储信息[15]，由于相位比振幅更难测量，在重建经典图像时更加困难，其可能的应用领域相对较窄。2018 年，Li 等创新性地提出了 4 种量子信号表示模型[16]，分别针对整数、实数及复数信号，给出了低复杂度的量子实现线路。

在量子彩色图像表示方面，Sang 等提出了量子彩色图像的表示方法[17]，该方法对多通道量子图像表示方法[18]进行了改进，使一些复杂的量子颜色操作成为可能。Abdolmaleky 等提出了数字图像 RGB 通道量子表达式[19]，该表示方法使用两个纠缠的量子比特序列分别编码 RGB 颜色信息和其位置信息。

特别是，Li 等还提出了使用规范任意叠加态（normal arbitrary superposition state，NASS）[15]表示一幅多维图像的方法，并研究了多维图像的存储与检索技术。该方法中，n 量子比特叠加共有 2^n 个线性无关的幅度值，因此可以存储 2^n 个像素颜色。该方法基于规范任意叠加态表示多维图像，其量子图像表达式简述如下。

根据一个任意的量子叠加态表示方法，有

$$|\psi_a\rangle=\sum_{i=0}^{2^n-1}a_i\,|i\rangle \tag{1.4}$$

为了表示一幅 k 维的数字图像，式（1.4）可改写成如下形式：

$$|\psi_{\phi k}\rangle=\sum_{i=0}^{2^n-1}a_i\,|i\rangle=\sum_{i=0}^{2^n-1}a_i|v_1\rangle|v_2\rangle\cdots|v_k\rangle \tag{1.5}$$

归一化量子态$\left|\psi_{\phi k}\right\rangle$，令

$$\begin{cases} G_\phi = \sqrt{\sum_{y=0}^{\sqrt{x}-1} a_y^2} \\ \theta_i = \dfrac{a_i}{G_\phi} \end{cases} \tag{1.6}$$

得到规范任意叠加态（NASS）$|\psi_k\rangle$为

$$|\psi_k\rangle = \sum_{i=0}^{2^n-1} \theta_i \,|i\rangle = \sum_{i=0}^{2^n-1} \theta_i |v_1\rangle|v_2\rangle\ldots|v_k\rangle \tag{1.7}$$

式中，

$$\left(\sum_{i=0}^{2^n-1} \theta_i^2\right) = 1 \tag{1.8}$$

综上所述，现有量子图像表示模型及方法，始终向操控简单、易恢复的方向发展。对比两种主流的量子灰度图像表示方法 FRQI 及 NEQR，前者仅使用一位量子比特保存像素颜色信息，使该模型只能进行有限的颜色色彩操作。在 NEQR 模型中，由于色彩信息由多位量子比特序列构成，适合完成更复杂的图像操作。此外，通过量子测量，NEQR 量子图像能实现经典图像的重建，而 FRQI 量子图像难以完成。因此，本书主要选取新型量子图像表示（NEQR）作为信息隐藏技术研究的量子图像表达式。

1.2.2 量子图像信息隐藏

与经典的信息隐藏技术类似，量子图像信息隐藏是指利用量子图像本身的数据冗余特性及人类视觉系统的感觉冗余，将信息隐藏在其中，使载体图像本身的视觉效果和使用价值不受影响。目前，量子图像安全问题备受关注，基于量子图像的信息隐藏技术成为研究热点，量子水印与量子隐写技术是量子图像信息隐藏两个重要的研究分支。

1. 量子图像水印

图像水印是指将版权信息嵌入图像载体内部，以达到版权保护及数字认证等目的。同样地，量子计算机时代需要对量子数据信息进行版权保护，因此量子图像水印成为信息隐藏技术的一个热门研究分支。当前，量子灰度图像水印技术的研究主要基于 FRQI 和 NEQR 两种量子图像表示模型。

使用 FRQI 量子图像表示模型，Iliyasu 等首次提出了量子图像水印方案[20]，该方案探讨了基于量子图像几何变换的量子图像水印及识别方法，开创了量子水印研究领域。但是该方案本质上仅完成水印的认证功能，无法实现水印提取。基于 FRQI，Zhang 等给出了将水印嵌入像素泰勒级数中的正弦或余弦部分的水印算

法[21]，该算法嵌入容量能达到与载体图像同大小，非授权用户不能移除或提取水印图像。紧接着，Zhang 又提出了基于量子傅里叶变换的量子图像水印算法[22]，该算法将水印图像嵌入量子载体图像的傅里叶系数中，具有较好的鲁棒性，并且不影响载体图像视觉效果。Song 等提出了基于量子小波变换[23]及哈达玛(Hadamard)变换[24]的两种动态 FRQI 水印方案，这些方案获得了较好的视觉质量。Yang 等指出了基于傅里叶变换与量子小波变换量子水印方法的不足，并分别进行了分析和改进[25-26]。

基于 NEQR 模型，Miyake 和 Nakamae 提出了仅仅使用小规模量子线路的量子水印方案[27]，该方案将灰度水印图像进行扩展并置乱，再通过受控非门（量子异或操作）运算实现嵌入，该方案虽然线路复杂度低，但是视觉质量及噪声攻击下的鲁棒性能一般。Li 等对小规模量子线路水印方案进行改进，给出了使用小规模量子线路及颜色置乱的量子彩色图像水印方案[28]。Heidari 和 Naseri 使用 NEQR 模型提出了一种新颖的最低有效位（least significant bit，LSB）量子水印[29]，该算法使用了 m 位的嵌入密钥 K_1 及提取密钥 K_2。Naseri 等提出了一种安全的量子水印方案[30]，该方案不仅使用了 LSB，还使用了最高有效位（most significant bit，MSB）。相比之前的量子水印方法，该方案使用了新的置乱方法，嵌入与提取过程仅使用了一个密钥，载体具有较低失真的同时具有较好的抗攻击性能。基于量子阿诺德（Arnold）变换及 LSB 隐写，Zhou 等提出了基于 NEQR 的量子灰度图像水印算法[31]，设计了坐标判断等量子线路，并讨论了量子线路的复杂度，还提出了面向 INEQR 与两量子位叠加的两种量子水印方案[32-33]及混沌仿射置乱的量子水印方法[34]。Hu 等提出了基于均值插值和 LSB 隐写的量子水印算法[35]及具有更小灰度失真的最优 LSB 量子水印[36]。El-latif 等提出了使用两位最低与最高有效量子位嵌入的量子图像水印算法[37]，并讨论了量子水印方案在远程医疗图像分享中的可能应用。

量子彩色图像水印方面，Li 等对 FRQI 进行改进，提出了相应的量子彩色图像灵活表达式，在此基础上给出了基于量子比特受控旋转的量子水印算法[38]。Zhou 等提出了两种量子彩色图像水印算法，分别使用了 Arnold 变换及 LSB 隐写方法[39]和基于快速比特位平面置乱与双重嵌入方法[40]。Hu 等提出了使用图像边界区域的量子彩色图像水印算法[41]，该算法直接采用 NEQR 表示量子彩色图像，使用格雷码变换与 LSB 隐写将量子二值图像嵌入到量子彩色图像的边界区域。Heidari 等提出了基于签名的量子彩色图像版权保护方法[42]，该方法使用图像 RGB 的一个通道作为标记位，另外两个通道用于嵌入文本信息（签名），仿真验证了该盲水印的鲁棒性和安全性。

2. 量子图像隐写

量子图像隐写是指把要传输的秘密信息嵌入以量子图像为载体的信号内部，

实现隐蔽传输，嵌入容量与难以觉察性是两个重要的技术指标。与量子水印类似，量子隐写同属于量子图像信息隐藏的一个重要分支。近年来，量子图像隐写的研究备受关注，在基于量子灰度图像的隐写与量子彩色图像的隐写方面取得了一系列的研究成果。

量子灰度图像隐写方面，Jiang 和 Luo 提出了基于莫尔条纹的量子图像隐写算法[43]，该算法采用 NEQR 作为量子图像表达式，将秘密的二值图像嵌入载体像素值中，提取时需要原始载体，属于非盲隐写算法。紧接着，Jiang 等又基于经典的 LSB 方法给出了简单的量子 LSB 隐藏方法，并进一步给出了量子 LSB 分块信息隐藏方案，提高了 LSB 方法的健壮性和不可检测性[44]。Wang 等提出了针对 NEQR 的最低有效量子位的信息隐藏算法[45]，并探讨了基于量子傅里叶变换的频率域量子图像最低有效量子位算法。Zhou 等给出了基于 LSB 的量子隐写方案[46]，该方案使用密钥 K_1 和 K_2 实现秘密信息的嵌入和提取。El-latif 等给出了使用受控非门对量子秘密图像加密之后嵌入的量子隐写方案[37]，该方案使用了两位最低与最高有效量子位，还研究了基于量子替代盒的新颖图像隐写技术[47]。Qu 等研究了基于方向编码（exploiting modification direction，EMD）算法的量子图像隐写技术，仿真实验证明了算法在安全性、嵌入容量等方面的性能[48]。

量子彩色图像隐写方面，Sang 等给出了面向 NCQI 量子彩色图像的最低有效量子位的信息隐藏算法，设计了相应的酉操作及量子线路，仿真验证了算法的性能[49]。Heidari 等相继提出了量子 RGB 图像隐写算法[50]及使用格雷码的量子 RGB 图像 LSB 隐写算法[51]。Li 和 Liu[52]、Li 和 Lu[53]也使用格雷码及 LSB 隐写给出了两种量子彩色图像隐写算法，这些算法获得了较好的嵌入容量。此外，Sahin 和 Yilmaz 还在其所提出的多波长量子图像表达式[54]的基础上，给出了相应的量子隐写算法[55]。

1.2.3　量子图像处理相关算法

除了上述量子图像信息隐藏相关技术的研究外，研究者还提出了一些其他的量子图像处理相关算法，这些算法的提出丰富了量子图像处理各个领域的研究。

在量子图像几何变换方面，Le 等在量子图像灵活表示方法（FRQI）的基础上研究了量子图像几何变换的框架，给出了量子图像几何变换方法[56-57]。Wang 等研究了量子图像平移问题，给出了完全平移和循环平移变换[58]。Zhou 等提出了基于 FRQI 的量子图像全局和局部平移方法[59]。量子图像缩放方面，Jiang 等提出了最近邻插值的量子图像缩放方法[14]。Fan 等提出了基于 NASS 的多维彩色图像的几何变换[60]。Zhou 等提出了基于双线性插值及最近邻插值的量子图像缩放方法[61-62]。

量子图像置乱与加密方面，Jiang 等提出了量子图像的斐波那契（Fibonacci）

和希尔伯特（Hilbert）置乱方法[63-65]。Zhou 等提出了基于格雷码与位平面的量子图像置乱方案[66]，该方案首次从颜色空间置乱量子图像，具有较好的置乱效果，并且复杂度较低。Heidari 等提出了针对量子彩色图像的双重置乱方案[67]，该方案基于量子彩色图像表达式，从比特位平面与像素位两个方面进行了置乱，取得了较好的置乱效果。

基于已有的几何变换及量子图像置乱等方法，量子图像加密方面的研究取得了较丰硕的成果[68-74]。量子图像加密不同于单纯的量子图像置乱，与量子图像信息隐藏技术同属于量子图像安全领域的研究。量子图像加密旨在对图像进行加密保护，密文图像呈现出随机特性、相邻像素相关性低等，但易引起注意和关注。量子图形信息隐藏侧重将秘密信息嵌入公共图像，隐藏后的载体图像失真小，难以被察觉。此外，研究者还提出了基于多量子图像的秘密共享方案[75-76]。

量子图像特征提取方面，Zhang 等提出了基于 NEQR 的量子图像局部特征点提取方法[77]及基于 FRQI 的量子图像边缘提取算法 QSobel[78]。Fan 等提出了基于经典 Sobel 算子的 NEQR 量子图像边界提取方法[79]及基于拉普拉斯算法与零交叉方法的量子图像边缘提取算法[80]，还提出了基于经典形态学的量子图像腐蚀和膨胀方法，并且实现了形态学梯度运算[81]。Yao 等深入研究了量子图像处理及其应用到边缘提取的理论及实验问题[82]。

量子图像匹配方面，Yang 等提出了一种新颖的量子灰度图形匹配方法[83]，该方法基于 NEQR，直接将量子参考图像与模板图像进行映射，使用量子减法器计算对应像素的灰度差，将所有差值进行求和之后与设定的阈值进行比较，进而判断匹配是否成功。Jiang 等给出了一个量子图像匹配方案，并考虑了量子测量问题[84]。该方案由于匹配过程只考虑了区域左上角的一个像素，Dang 等进行了深入分析，在此基础上给出了一个改进的方案[85]。此外，基于两幅量子图像的灰度差异，Luo 等提出了量子图像模糊匹配方案[86]，该方案将所有相对应像素的灰度差值与设定的阈值进行比较，使用量子并行计算加速了量子图像的模糊匹配。

量子图像滤波方面，Caraiman 和 Manta 提出了基于频率域的量子图像滤波[87]，分析了图像滤波在经典与量子两种情况下的区别，指出了量子方法的主要优势。Yuan 等提出了空间域的量子图像滤波[88]，随后又对所提方法进行了改进[89]。Li 等相继提出了空间域的量子图像中值滤波[90]及均值滤波算法[91]，Li 和 Xiao 还研究了量子傅里叶变换在图像处理领域的应用，提出了一个改进的频率域量子彩色图像滤波方法[92]。Jiang 等使用 NEQR 表达式，对量子图像中值滤波进行改进，提出了空间域滤波算法，并设计了相应的量子线路[93]。

此外，量子计算、量子信息技术在图像处理、通信等方面的研究还有量子图像分割[94-95]、量子图像相似性分析与评估[96-98]、量子音频视频处理[99-100]、量子通信[101-105]及其他相关研究[106-112]。

1.3 本书主要研究内容

本书在以量子图像为载体的信息隐藏技术研究基础上，深入探讨量子隐写与量子水印两类信息隐藏关键技术，并对量子图像信息隐藏技术在医学图像共享管理及医疗图像信息安全中的潜在应用进行介绍。本书第 1 章为绪论部分，介绍研究背景与意义，对国内外研究现状进行了分析；第 2 章介绍量子信息有关基础理论，并对本书中用到的几个量子模块线路进行分析；第 3～5 章为量子图像隐写技术的研究；第 6～7 章为量子图像水印技术的研究；第 8 章为量子版权保护方案的研究；第 9 章为基于最低有效量子位隐写优化的两级信息隐藏方案的研究；第 10～11 章介绍量子图像信息隐藏技术在医疗图像共享管理及信息安全中的潜在应用。

参 考 文 献

[1] NIELSEN M A, CHUANG I L. Quantum computation and quantum information[M]. Cambridge: Cambridge University Press, 2000.

[2] 孙晓明. 量子计算若干前沿问题综述[J]. 中国科学，2016，46（8）：982-1002.

[3] FEYNMAN R P. Simulating physics with computers[J]. International journal of theoretical physics, 1982, 21(6): 467-488.

[4] DEUTSCH D. Quantum theory, the Church-Turing principle and the universal quantum computer[J]. Proceedings of the royal society of London a: mathematical, physical and engineering sciences, 1985, 400(1818): 97-117.

[5] SHOR P W. Algorithms for quantum computation: discrete logarithms and factoring[C]// Proceedings of 35th Annual Symposium on Foundations of Computer Science, Piscataway, 1994: 124-134.

[6] GROVER L K. A fast quantum mechanical algorithm for database search[C]//Proceedings of the 28th Annual ACM symposium on the Theory of Computing, New York, 1996: 212-219.

[7] BEACH G, LOMONT C, COHEN C. Quantum image processing (QuIP)[C]//Proceedings. 32nd Applied Imagery Pattern Recognition Workshop, 2003.

[8] YAN F, ILIYASU A M, VENEGAS-ANDRACA S E. A survey of quantum image representations[J]. Quantum information processing, 2016, 15(1):1-35.

[9] VENEGAS-AnDRACA S E. Storing, processing, and retrieving an image using quantum mechanics[C]// Proceedings of SPIE Conference of Quantum Information and Computation, Bellingham, 2003: 137-147.

[10] LATORRE J I. Image compression and entanglement[EB/OL]. (2005-10-04)[2005-11-09]. https://arxiv.org/pdf/quant-ph/0510031v1.pdf.

[11] LE P O, DONG F, HIROTA K. A flexible representation of quantum images for polynomial preparation, image compression, and processing operations[J]. Quantum information processing, 2011, 10(1): 63-84.

[12] ZHANG Y, LU K, GAO Y, et al. NEQR: a novel enhanced quantum representation of digital images[J]. Quantum information processing, 2013, 12(8): 2833-2860.

[13] JIANG N, WANG L. Quantum image scaling using nearest neighbor interpolation[J]. Quantum information

processing, 2015, 14(5): 1559-1571.
[14] JIANG N, WANG L, MU Y. Quantum image scaling up based on nearest-neighbor interpolation with integer scaling ratio[J]. Quantum information processing, 2015, 14(11): 4001-4026.
[15] LI H S, ZHU Q, ZHOU R G, et al. Multidimensional color image storage, retrieval, and compression based on quantum amplitudes and phases[J]. Information sciences, 2014, 273:212-232.
[16] LI H S, FAN F, XIA H Y, et al. Quantum implementation circuits of quantum signal representation and type conversion[J]. IEEE transactions on circuits and systems I: regular papers, 2018, 66(1): 341-354.
[17] SANG J, WANG S, LI Q. A novel quantum representation of color digital images[J]. Quantum information processing, 2017, 16(2):42.
[18] SUN B, LE P O, ILIYASU A M, et al. A multi-channel representation for images on quantum computers using the RGBα color space[C]//Proceedings of IEEE 7th International Symposium on Intelligent Signal Processing, Piscataway, 2011: 1-6.
[19] ABDOLMALEKY A, NASERI M, BATLE J, et al. Red-Green-Blue multi-channel quantum representation of digital images[J]. Optik, 2016, 128:121-132.
[20] ILIYASU A M, LE P O, DONG F, et al. Watermarking and authentication of quantum images based on restricted geometric transformations[J]. Information sciences, 2012, 186(1):126-149.
[21] ZHANG W W, GAO F, LIU B, et al. A quantum watermark protocol[J]. International journal of theoretical physics, 2013, 52(2):504-513.
[22] ZHANG W W, GAO F, LIU B, et al. A watermark strategy for quantum images based on quantum fourier transform[J]. Quantum information processing, 2013, 12(2):793-803.
[23] SONG X H, WANG S, LIU S, et al. A dynamic watermarking scheme for quantum images using quantum wavelet transform[J]. Quantum information processing, 2013, 12(12): 3689-3706.
[24] SONG X H, WANG S, EL-LATIF A A A, et al. Dynamic watermarking scheme for quantum images based on Hadamard transform[J]. Multimedia systems, 2014, 20(4):379-388.
[25] YANG Y G, JIA X, XU P, et al. Analysis and improvement of the watermark strategy for quantum images based on quantum Fourier transform[J]. Quantum information processing, 2013, 12(8):2765-2769.
[26] YANG Y G, XU P, TIAN J, et al. Analysis and improvement of the dynamic watermarking scheme for quantum images using quantum wavelet transform[J]. Quantum information processing, 2014, 13(9):1931-1936.
[27] MIYAKE S, NAKAMAE K. A quantum watermarking scheme using simple and small-scale quantum circuits[J]. Quantum information processing, 2016, 15(5):1849-1864.
[28] LI P, ZHAO Y, XIAO H, et al. An improved quantum watermarking scheme using small-scale quantum circuits and color scrambling[J]. Quantum information processing, 2017, 16(5):127-160.
[29] HEIDARI S, NASERI M. A novel LSB based quantum watermarking[J]. International journal of theoretical physics, 2016, 55(10):4205-4218.
[30] NASERI M, HEIDARI S, BAGHFALAKI M, et al. A new secure quantum watermarking scheme[J]. Optik, 2017, 139:77-86.
[31] ZHOU R G, HU W, FAN P. Quantum watermarking scheme through Arnold scrambling and LSB steganography[J]. Quantum information processing, 2017, 16(9):212.
[32] ZHOU R G, ZHOU Y, ZHU C, et al. Quantum watermarking scheme based on INEQR[J]. International journal of theoretical physics, 2018, 57(4):1120-1131.
[33] ZHOU Y, ZHOU R G, LIU X, et al. A quantum image watermarking scheme based on two-bit superposition[J].

International journal of theoretical physics, 2019, 58(3):950-968.

[34] ZHOU R G, CHENG Y, IAN H, et al. Quantum watermarking algorithm based on chaotic affine scrambling[J]. International journal of quantum information, 2019, 17(4):1950038.

[35] HU W, ZHOU R G, LI Y. Quantum watermarking based on neighbor mean interpolation and LSB steganography algorithms[J]. International journal of theoretical physics, 2019, 58(7): 2134-2157.

[36] ZHOU R G, HU W, LUO G, et al. Optimal LSBs-based quantum watermarking with lower distortion[J]. International journal of quantum information, 2018, 16(5):1850058.

[37] EL-LATIF A A A, ABD-EL-ATTY B, HOSSAIN M S. Efficient quantum information hiding for remote medical image sharing[J]. IEEE access, 2018, 6:21075-21083.

[38] LI P, XIAO H, LI B. Quantum representation and watermark strategy for color images based on the controlled rotation of qubits[J]. Quantum information processing, 2016, 15(11):4415-4440.

[39] ZHOU R G, HU W, FAN P, et al. Quantum color image watermarking based on Arnold transformation and LSB steganography[J]. International journal of quantum information, 2018, 16(3):1850021.

[40] ZHOU R G, YANG P L, LIU X A, et al. Quantum color image watermarking based on fast bit-plane scramble and dual embedded[J]. International journal of quantum information, 2018, 16(7):1850060.

[41] HU W, ZHOU R G, LUO J, et al. LSBs-based quantum color images watermarking algorithm in edge region[J]. Quantum information processing, 2019, 18(1):16.

[42] HEIDARI S, GHEIBI R, HOUSHMAND M, et al. A robust blind quantum copyright protection for colored images based on owner's signature[J]. International journal of theoretical physics, 2017, 56(8):2562-2578.

[43] JIANG N, LUO W. A novel strategy for quantum image steganography based on Moire pattern[J]. International journal of theoretical physics, 2015, 54(3):1021-1032.

[44] JIANG N, ZHAO N, WANG L. LSB based quantum image steganography algorithm[J]. International journal of theoretical physics, 2015, 55(1):107-123.

[45] WANG S, SANG J, SONG X, et al. Least significant qubit (LSQb) information hiding algorithm for quantum image[J]. Measurement, 2015, 73:352-59.

[46] ZHOU R G, LUO J, LIU X A, et al. A novel quantum image steganography scheme based on LSB[J]. International journal of theoretical physics, 2018, 57(6):1848-1863.

[47] EL-LATIF A A A, ABD-EL-ATTY B, VENEGAS-ANDRACA S E. A novel image steganography technique based on quantum substitution boxes[J]. Optics and laser technology, 2019, 116: 92-102.

[48] QU Z G, CHENG Z W, LIU W J, et al. A novel quantum image steganography algorithm based on exploiting modification direction[J]. Multimedia tools and applications, 2019, 78(7): 7981-8001.

[49] SANG J, WANG S, LI Q. Least significant qubit algorithm for quantum images[J]. Quantum information processing, 2016, 15(11):4441-4460.

[50] HEIDARI S, POURARIAN M R, GHEIBI R, et al. Quantum red-green-blue image steganography[J]. International journal of quantum information, 2017, 15(5):1750039.

[51] HEIDARI S, FARZADNIA E. A novel quantum LSB-based steganography method using the Gray code for colored quantum images[J]. Quantum information processing, 2017, 16(10):242.

[52] LI P, LIU X. A novel quantum steganography scheme for color images[J]. International journal of quantum information, 2018, 16(2):1850020.

[53] LI P, LU A. LSB-based steganography using reflected Gray code for color quantum images[J]. International journal of theoretical physics, 2018, 57(5):1516-1548.

[54] SAHIN E, YILMAZ I. QRMW: quantum representation of multi-wavelength images[J]. Turkish journal of electrical engineering & computer sciences, 2018, 26: 768-779.

[55] SAHIN E, YILMAZ I. A novel quantum steganography algorithm based on LSBq for multi-wavelength quantum images[J]. Quantum information processing, 2018, 17: 319.

[56] LE P Q, ILIYASU A M, DONG F, et al. Strategies for designing geometric transformations on quantum images[J]. Theoretical computer science, 2011, 412(15):1406-1418.

[57] LE P Q, ILIYASU A M, DONG F. Fast geometric transformation on quantum images[J]. IAENG international journal of applied mathematics, 2010, 40(3):113-123.

[58] WANG J, JIANG N, WANG L. Quantum image translation[J]. Quantum information processing, 2015, 14(5):1589-1604.

[59] ZHOU R G, TAN C, IAN H. Global and local translation designs of quantum image based on FRQI[J]. International journal of theoretical physics, 2017, 56(4):1382-1398.

[60] FAN P, ZHOU R G, JING N, et al. Geometric transformations of multidimensional color images based on NASS[J]. Information sciences, 2016, 340:191-208.

[61] ZHOU R G, HU W, FAN P, et al. Quantum realization of the bilinear interpolation method for NEQR[J]. Scientific reports, 2017, 7:2511.

[62] ZHOU R G, HU W, LUO G, et al. Quantum realization of the nearest neighbor value interpolation method for INEQR[J]. Quantum information processing, 2018, 17(7):166.

[63] JIANG N, WU W Y, WANG L. The quantum realization of Arnold and Fibonacci image scrambling[J]. Quantum information processing, 2014, 13(5):1223-1236.

[64] JIANG N, WANG L. Analysis and improvement of the quantum Arnold image scrambling[J]. Quantum information processing, 2014, 13(7):1545-1551.

[65] JIANG N, WANG L, WU W. Quantum hilbert image scrambling[J]. International journal of theoretical physics, 2014, 53(7):2463-2484.

[66] ZHOU R G, SUN Y, FAN P. Quantum image Gray-code and bit-plane scrambling[J]. Quantum information processing, 2015, 14(5):1717-1734.

[67] HEIDARI S, VAFAEI M, HOUSHMAND M, et al. A dual quantum image scrambling method[J]. Quantum information processing, 2019, 18(1): 9.

[68] LI P, ZHAO Y. A simple encryption algorithm for quantum color image[J]. International journal of theoretical physics, 2017, 56(6):1961-1982.

[69] SONG X H, WANG S, EL-LATIF A A A, et al. Quantum image encryption based on restricted geometric and color transformations[J]. Quantum information processing, 2014, 13(8):1765-1787.

[70] ZHOU R G, WU Q, ZHANG M Q, et al. Quantum image encryption and decryption algorithm based on quantum image geometric transformations[J]. International journal of theoretical physics, 2013, 52: 1802-1817.

[71] ZHOU N, HU Y, GONG L, et al. Quantum image encryption scheme with iterative generalized Arnold transforms and quantum image cycle shift operations[J]. Quantum information processing, 2017, 16(6):164-186.

[72] ZHOU N, CHEN W, YAN X, et al. Bit-level quantum color image encryption scheme with quantum cross-exchange operation and hyper-chaotic system[J]. Quantum information processing, 2018, 17(6): 137.

[73] GONG L H, HE X T, CHENG S, et al. Quantum image encryption algorithm based on quantum image XOR operations[J]. International journal of theoretical physics, 2016, 55(7):3234-3250.

[74] YANG Y G, TIAN J, LEI H, et al. Novel quantum image encryption using one-dimensional quantum cellular

automata[J]. Information sciences, 2016, 345:257-270.

[75] LUO G, ZHOU R G, HU W W. Novel quantum secret image sharing scheme[J]. Chinese physics B, 2019, 28(4): 040302.

[76] SONG X H, WANG S, SANG J Z, et al. Flexible quantum image secret sharing based on measurement and strip[C]//Proceedings of the 2014 Tenth International Conference on Intelligent Information Hiding and Multimedia Signal Processing, Washington, 2014: 215-218.

[77] ZHANG Y, LU K, XU K, et al. Local feature point extraction for quantum images[J]. Quantum information processing, 2015, 14(5):1573-1588.

[78] ZHANG Y , LU K, GAO Y H. QSobel: a novel quantum image edge extraction algorithm[J]. Science China information sciences, 2014, 58(1):012106.

[79] FAN P, ZHOU R G, HU W W, et al. Quantum image edge extraction based on classical Sobel operator for NEQR[J]. Quantum information processing, 2019, 18(1):24.

[80] FAN P, ZHOU R G, HU W W, et al. Quantum image edge extraction based on Laplacian operator and zero-cross method[J]. Quantum information processing, 2019, 18(1):27.

[81] FAN P, ZHOU R G, HU W W, et al. Quantum circuit realization of morphological gradient for quantum grayscale image[J]. International journal of theoretical physics, 2019, 58:415-435.

[82] YAO X W, WANG H Y, LIAO Z Y, et al. Quantum image processing and its application to edge detection: theory and experiment[J]. Physical review X, 2017, 7(3):031041.

[83] YANG Y G, ZHAO Q Q, SUN S J. Novel quantum gray-scale image matching[J]. Optik, 2015, 126(22):3340-3343.

[84] JIANG N, DANG Y, WANG J. Quantum image matching[J]. Quantum information processing, 2016, 15(9):3543-3572.

[85] DANG Y, JIANG N, HU H, et al. Analysis and improvement of the quantum image matching[J]. Quantum information processing, 2017, 16(11):269.

[86] LUO G, ZHOU R G, LIU X, et al. Fuzzy matching based on gray-scale difference for quantum images[J]. International journal of theoretical physics, 2018, 57(8):2447-2460.

[87] CARAIMAN S, MANTA V I. Quantum image filtering in the frequency domain[J]. Advances in electrical and computer engineering, 2013, 13(3):77-84.

[88] YUAN S, MAO X, ZHOU J, et al. Quantum image filtering in the spatial domain[J]. International journal of theoretical physics, 2017, 56(8):2495-2511.

[89] YUAN S, LU Y, MAO X, et al. Improved quantum image filtering in the spatial domain[J]. International journal of theoretical physics, 2017, 57(3):804-813.

[90] LI P, LIU X, XIAO H. Quantum image median filtering in the spatial domain[J]. Quantum information processing, 2018, 17(3):49.

[91] LI P, LIU X, XIAO H. Quantum image weighted average filtering in spatial domain[J]. International journal of theoretical physics, 2017, 56(11):3690-3716.

[92] LI P, XIAO H. An improved filtering method for quantum color image in frequency domain[J]. International journal of theoretical physics, 2018, 57(5):258-278.

[93] JIANG S, ZHOU R G, HU W W, et al. Improved quantum image median filtering in the spatial domain[J]. International journal of theoretical physics, 2019, 58(7):2115-2133.

[94] YOUSSRY A, EL-RAFEI A, ELRAMLY S. A quantum mechanics-based framework for image processing and its

application to image segmentation[J]. Quantum Information processing, 2015, 14(10):3613-3638.

[95] CARAIMAN S, MANTA V I. Image segmentation on a quantum computer[J]. Quantum information processing, 2015, 14(5):1693-1715.

[96] YAN F, LE P O, ILIYASU A M, et al. Assessing the similarity of quantum images based on probability measurements[C]//Proceedings of IEEE Congress on Evolutionary Computation, Piscataway, 2012: 10-15.

[97] ZHOU R G, LIU X, ZHU C, et al. Similarity analysis between quantum images[J]. Quantum information processing, 2018, 17(6):121.

[98] LIU X, ZHOU R, XU R, et al. Similarity assessment of quantum images[J]. Quantum information processing, 2019, 18(8):244.

[99] QU Z G, HE H X, LI T. Novel quantum watermarking algorithm based on improved least significant qubit modification for quantum audio[J]. Chinese physics B, 2018, 27(1):010306.

[100] YAN F, ILIYASU A M, VENEGAS-ANDRACA S E, et al. Video encryption and decryption on quantum computers[J]. International journal of theoretical physics, 2015, 54(8):2893-2904.

[101] ZHOU R G, XU R, IAN H. Bidirectional quantum teleportation by using six-qubit cluster state[J]. IEEE access, 2019, 7:44269-44275.

[102] JIANG S X, ZHOU R G, XU R, et al. Cyclic hybrid double-channel quantum communication via bell-state and GHZ-state in noisy environments[J]. IEEE access, 2019, 7:80530-80541.

[103] JIANG S X, ZHOU R G, XU R, et al. Controlled joint remote preparation of an arbitrary N-qubit state[J]. Quantum information processing, 2019, 18(9):265.

[104] ZHOU R G, ZHANG Y N, XU R, et al. Asymmetric bidirectional controlled teleportation by using nine-qubit entangled state in noisy environment[J]. IEEE access, 2019, 7:75247-75264.

[105] ZHOU R G, QIAN C, IAN H. Cyclic and bidirectional quantum teleportation via pseudo multi-qubit states[J]. IEEE access, 2019, 7:42445-42449.

[106] YUAN S, MAO X , CHEN L, et al. Quantum digital image processing algorithms based on quantum measurement[J]. Optik, 2013, 124(23):6386-6390.

[107] YAN F, ILIYASU A M , LE P Q, et al. A parallel comparison of multiple pairs of images on quantum computers[J]. International journal of innovative computing and applications, 2013, 5(4):199.

[108] RUAN Y, CHEN H, TAN J, et al. Quantum computation for large-scale image classification[J]. Quantum information processing, 2016, 15(10):4049-4069.

[109] RUAN Y, CHEN H, LIU Z, et al. Quantum image with high retrieval performance[J]. Quantum information processing, 2016, 15(2):637-650.

[110] JIANG N, DANG Y, ZHAO N. Quantum Image Location[J]. International journal of theoretical physics, 2016, 55(10):4501-4512.

[111] YAN F, CHEN K, VENEGAS-ANDRACA S E, et al. Quantum image rotation by an arbitrary angle[J]. Quantum information processing, 2017, 16(11):282.

[112] YAN F, ILIYASU A M, YANG H, et al. Strategy for quantum image stabilization[J]. Science China information sciences, 2016, 59(5):052102.

第 2 章　量子信息基础

本章基于赵千川翻译的《量子计算和量子信息（一）：量子计算部分》[1]、李士勇和李盼池的《量子计算与量子优化算法》[2]、姜楠的《量子图像处理》[3]、闫飞等的《量子图像处理及应用》[4]及袁素真和罗元的《量子图像处理及其实现方法》[5]，整理介绍部分量子计算与量子信息理论基础，这些内容是后续章节研究必不可少的部分。

2.1　量子信息基本概念

2.1.1　量子力学概念及基本假设

量子力学起源于研究双缝干涉实验时发现的诡异现象，是研究微观粒子及其运动规律的理论，微观粒子的状态称为量子态。量子力学理论是对微观世界的数学描述，是理解和预测物理宇宙最完备的理论。量子力学相关的一些概念介绍如下。

1. 波粒二象性

在量子力学中，微观粒子有时呈现波动性，有时呈现粒子性，在不同条件下显现出波动或粒子的性质。量子力学认为，自然界所有的粒子都能用薛定谔方程来描述。爱因斯坦对波粒二象性的描述如下：“好像有时我们必须用一套理论，有时又必须用另一套理论来描述，有时又必须两者都用。”

2. 相干叠加性

微观粒子具有波动性，同一粒子不同动量的本征态彼此间是相干的，这些相干性导致态的叠加。测量结果的概率特性及量子态的相干叠加性原理称为态叠加原理，它是量子力学中的一个基本原理，既使量子系统具有指数增长的存储能力，也使量子计算具有并行能力，是量子系统区别于经典系统的重要特性之一。

3. 纠缠

纠缠是指两粒子叠加态的一种特殊特性。在量子力学中，对量子体系进行测量时，量子体系的相干性被破坏，从而使由叠加态转化为某一基本态的过程称为量子态的坍缩。量子纠缠是一种纯粹发生于量子系统的现象。

4. 测量

不同于经典力学中的测量，量子测量会对被测量子系统产生影响，如改变被测量子系统的状态。处于相同态的量子系统被测量后可能得到不同的结论，这些结论符合某一概率分布。每次测量之前不可能判定测量结果，也不能预测下一次测量值。换句话说，测量结果的不确定性是量子力学不同于经典力学的重要特性。

由于微观粒子的坐标和动量不能同时取得确定值，经典描述方法对微观粒子失效。量子力学中，描述一个或多个微观粒子系统的状态存在一些假设，下面具体进行说明。

（1）状态空间

假设 2.1　任一孤立物理系统都有一个希尔伯特空间与之对应，系统状态可由该空间的一个单位向量来描述。

一量子比特有一个二维的状态空间。设$|0\rangle$和$|1\rangle$构成该状态空间的一个标准正交基，则状态空间中的任意状态向量可写作如下形式：

$$|\psi\rangle=\alpha|0\rangle+\beta|1\rangle \tag{2.1}$$

式中，α 和 β 分别为复数。因此，$|\psi\rangle$ 为单位向量的必要条件，即 $\langle\psi|\psi\rangle=1$，等价于$|\alpha|^2+|\beta|^2=1$。条件$\langle\psi|\psi\rangle=1$ 称为状态向量的归一化条件。由假设 2.1 可知，状态向量的线性组合仍是状态向量，即量子态叠加原理。

（2）演化

假设 2.2　一个封闭量子系统的演化可由一个酉变换来描述，即系统在 t_1 的状态与系统在 t_2 的状态能通过酉变换 $\boldsymbol{U}$ 建立联系，即

$$|\psi(t_2)\rangle=\boldsymbol{U}|\psi(t_1)\rangle \tag{2.2}$$

假设 2.3　封闭量子系统的演化可由薛定谔方程描述，即

$$\mathrm{i}\hbar\frac{\mathrm{d}|\psi\rangle}{\mathrm{d}t}=\mathrm{H}|\psi\rangle \tag{2.3}$$

式中，i 为虚数，$\hbar$ 是普朗克（Planck）常数；H 是一个被称为封闭系统的 Hamilton 量的固定 Hermite 算子（厄米算子）。

（3）测量

在量子力学中，测量破坏了量子系统的封闭性，即量子系统不再遵循演化假设。因此，引入假设 2.4 为描述量子系统的测量提供一条途径。

假设 2.4　量子测量由一组算子$\{M_m\}$来描述，这些算子作用在被测系统状态空间上，指标 m 表示实验的可能测量结果。假设测量前量子系统状态为$|\psi\rangle$，则结果 m 发生的概率为

$$p(m)=\langle\psi|M_m^{\dagger}M_m|\psi\rangle \tag{2.4}$$

测量后的系统状态为

$$\frac{M_m|\psi\rangle}{\sqrt{\langle\psi|M_m^{\dagger}M_m|\psi\rangle}} \tag{2.5}$$

测量算子 M_m 满足完备性条件，即 $\sum M_m^{\dagger}M_m = I$ 。该方程是为了保证概率和为 1，即

$$\sum_m \langle\psi|M_m^{\dagger}M_m|\psi\rangle = \sum_m p(m) = 1 \tag{2.6}$$

2.1.2　量子比特

类似于经典计算机比特（bit）的两个状态："0" 态或 "1" 态，在量子计算机中，基本的信息单元称为量子比特（qubit，又称量子位），它可以处于 "0" 态或 "1" 态，还可以处于两种状态的叠加态，这些状态常用狄拉克（Dirac）符号$|\ \rangle$表示。$\langle\ |$与$|\ \rangle$分别定义为左矢与右矢，其中左矢是右矢的共轭转置向量。一量子比特的两种基态可以用$|0\rangle$和$|1\rangle$表示，量子比特可以是两种基态的线性组合，即叠加态。对于式（2.1），在测量量子比特时，量子态$|\psi\rangle$以$|\alpha|^2$的概率坍缩为$|0\rangle$，以$|\beta|^2$的概率坍缩为$|1\rangle$。基态$|0\rangle$和$|1\rangle$也称为计算基态，可表示为

$$|0\rangle = \begin{bmatrix}1\\0\end{bmatrix}, |1\rangle = \begin{bmatrix}0\\1\end{bmatrix} \tag{2.7}$$

张量积是指将向量空间组合在一起，构成更大向量空间的一种方法，用符号$\otimes$表示。设 V 和 W 是维数分别为 m 和 n 的向量空间，并假定 V 和 W 是希尔伯特空间，于是$V\otimes W$ 的元素是 V 的元素$|\boldsymbol{v}\rangle$和 W 的元素$|\boldsymbol{w}\rangle$的张量积$|v\rangle\otimes|w\rangle$的线性组合。对于两个基态$|v\rangle$和$|w\rangle$，其张量积$|\boldsymbol{v}\rangle\otimes|\boldsymbol{w}\rangle$可以简化为$|\boldsymbol{v}\rangle|\boldsymbol{w}\rangle, |\boldsymbol{v},\boldsymbol{w}\rangle$或$|\boldsymbol{vw}\rangle$表示。例如，对于基态$|0\rangle$和$|1\rangle$，两量子比特可处于量子态$|0\rangle\otimes|1\rangle\equiv|0\rangle|1\rangle\equiv|01\rangle$，即

$$|0\rangle\otimes|1\rangle\equiv|01\rangle = \begin{bmatrix}1\\0\end{bmatrix}\otimes\begin{bmatrix}0\\1\end{bmatrix} = \begin{bmatrix}0\\1\\0\\0\end{bmatrix} \tag{2.8}$$

对于 n 次张量积$V\otimes V\otimes\cdots\otimes V$，可以简写为$V^{\otimes n}$；对于量子态$|v\rangle$的 n 次张量积$|\boldsymbol{v}\rangle\otimes|\boldsymbol{v}\rangle\cdots\otimes|\boldsymbol{v}\rangle$，可以简写为$|v\rangle^{\otimes n}$。例如，哈达玛门（Hadamard gate，$\boldsymbol{H}$门）算子的矩阵表示为

$$\boldsymbol{H} = \frac{1}{\sqrt{2}}\begin{bmatrix}1 & 1\\1 & -1\end{bmatrix} \tag{2.9}$$

根据张量积定义，有

$$\boldsymbol{H}^{\otimes 2} = \boldsymbol{H}\otimes\boldsymbol{H} = \frac{1}{\sqrt{2}}\begin{bmatrix}\boldsymbol{H} & \boldsymbol{H}\\\boldsymbol{H} & -\boldsymbol{H}\end{bmatrix} = \frac{1}{2}\begin{bmatrix}1 & 1 & 1 & 1\\1 & -1 & 1 & -1\\1 & 1 & -1 & -1\\1 & -1 & -1 & 1\end{bmatrix} \tag{2.10}$$

对两量子比特，共有 4 种状态：00、01、10 和 11。相应的，一个双量子比特，它的 4 个基态 ($|00\rangle$、$|01\rangle$、$|10\rangle$ 和 $|11\rangle$) 可由 2 个单量子比特通过张量运算得到，该双量子比特的量子状态也可处于这 4 个基态的叠加状态，其状态向量为

$$|\psi\rangle=\alpha_{00}|00\rangle+\alpha_{01}|01\rangle+\alpha_{10}|10\rangle+\alpha_{11}|11\rangle \tag{2.11}$$

进行量子测量时，分别以 $|\alpha_{00}|^2$、$|\alpha_{01}|^2$、$|\alpha_{10}|^2$ 及 $|\alpha_{11}|^2$ 的概率呈现测量结果为 $|00\rangle$、$|01\rangle$、$|10\rangle$ 及 $|11\rangle$，并且满足归一化条件 $|\alpha_{00}|^2+|\alpha_{01}|^2+|\alpha_{10}|^2+|\alpha_{11}|^2=1$。

考虑 n 量子比特系统，该系统有 2^n 个基本状态 $|i_1i_2\cdots i_n\rangle$，$i_1,i_2,\cdots,i_n\in\{0,1\}$。类似于单量子比特，多量子比特系统处于 2^n 个基本状态的叠加之中，即

$$|\psi\rangle=\sum_{i=0}^{2^n-1}\alpha_i|i\rangle \tag{2.12}$$

式中，$i=i_1i_2\cdots i_n$ 是整数 i 的二进制形式；$|i\rangle$ 是 n 量子比特张量积 $|i_1i_2\cdots i_n\rangle$ 的简化表示，并且满足如下归一化条件：

$$\sum_{i=0}^{2^n-1}|\alpha_i|^2=1 \tag{2.13}$$

2.1.3　幺正变换

量子信息中，一个封闭系统中量子比特状态的演化是通过酉变换实现的，其数学表示如下：

$$|\psi'\rangle=\boldsymbol{U}|\psi\rangle \tag{2.14}$$

式中，$|\psi\rangle$ 为初始状态；$|\psi'\rangle$ 为随着时间演化后得到的状态；$\boldsymbol{U}$ 为依赖于初始时间和结束时间的酉变换，满足如下条件：

$$\boldsymbol{U}\boldsymbol{U}^\dagger=\boldsymbol{U}^\dagger\boldsymbol{U}=\boldsymbol{I} \tag{2.15}$$

式中，$\boldsymbol{U}^\dagger$ 为 $\boldsymbol{U}$ 的共轭转置；$\boldsymbol{I}$ 为恒等算子。在量子信息中，酉变换又被称为幺正变换，并且其自身可逆的性质使量子信息中的操作也是可逆的，因此量子计算与经典计算相比在硬件操作中的能耗现象上具有显著优势。

2.2　量子线路

经典计算机由包含连线和逻辑门的线路构成，一些复杂的布尔运算可以分解为一系列简单的操作，主要的逻辑门包括与门（AND gate）、或门（OR gate）、非门（NOT gate）及异或门（exclusive-OR gate）等。同样，由于量子计算机有类似于经典计算机的量子比特，量子计算机同样可以通过量子位状态进行一系列酉变换实现某些逻辑变换功能，即量子逻辑门。

2.2.1 量子逻辑门

1. 单量子比特门

量子逻辑门可以用矩阵形式表示，如单量子比特门可以用一个 2×2 的矩阵 $\boldsymbol{U}$ 表示

$$\boldsymbol{U}=\begin{bmatrix} u_{00} & u_{01} \\ u_{10} & u_{11} \end{bmatrix} \tag{2.16}$$

式中，矩阵 $\boldsymbol{U}$ 满足的条件是 $\boldsymbol{U}^{\dagger}\boldsymbol{U}=\boldsymbol{I}$，即酉性，其中 $\boldsymbol{U}^{\dagger}$ 是 $\boldsymbol{U}$ 的共轭转置，$\boldsymbol{I}$ 是 2×2 的单位阵。酉变换具有可逆性，即量子位的态经过 $\boldsymbol{U}$ 算符对其变换后，得到一个新态，$\boldsymbol{U}^{\dagger}$ 对新态进行变换又可得到原来的态。

将酉矩阵 $\boldsymbol{U}$ 作用在量子态 $|\psi\rangle=\alpha|0\rangle+\beta|1\rangle$ 上，可以得到

$$\boldsymbol{U}|\psi\rangle=(\alpha u_{00}+\beta u_{01})|0\rangle+(\alpha u_{10}+\beta u_{11})|1\rangle \tag{2.17}$$

例如，量子非门的矩阵可以表示为

$$\boldsymbol{X}=\begin{bmatrix} 0 & 1 \\ 1 & 0 \end{bmatrix} \tag{2.18}$$

当它作用于量子态 $|\psi\rangle$ 上时，如果 $|\psi\rangle$ 为 $|0\rangle$，那么输出为 $|1\rangle$；同理，如果为 $|1\rangle$，那么输出为 $|0\rangle$。当 $|\psi\rangle$ 为两个基态 $|0\rangle$ 和 $|1\rangle$ 的线性叠加态时，量子非门的作用表现为

$$\boldsymbol{X}|\psi\rangle=\boldsymbol{X}(\alpha|0\rangle+\beta|1\rangle)=\alpha|1\rangle+\beta|0\rangle \tag{2.19}$$

除非门外，还有一个常用且很重要的量子门，即 $\boldsymbol{H}$ 门，其矩阵为

$$\boldsymbol{H}=\frac{1}{\sqrt{2}}\begin{bmatrix} 1 & 1 \\ 1 & -1 \end{bmatrix} \tag{2.20}$$

易得到

$$\begin{cases} \boldsymbol{H}|0\rangle=\dfrac{1}{\sqrt{2}}(|0\rangle+|1\rangle) \\ \boldsymbol{H}|1\rangle=\dfrac{1}{\sqrt{2}}(|0\rangle-|1\rangle) \end{cases} \tag{2.21}$$

可见，$\boldsymbol{H}$ 门把 $|0\rangle$ 变为 $|0\rangle$ 至 $|1\rangle$ 的中间态 $(|0\rangle+|1\rangle)/\sqrt{2}$，而把 $|1\rangle$ 变为同样是 $|0\rangle$ 至 $|1\rangle$ 的中间态 $(|0\rangle-|1\rangle)/\sqrt{2}$。容易看到，由于 $\boldsymbol{H}\boldsymbol{H}^{\dagger}=\boldsymbol{I}$，$\boldsymbol{H}$ 变换是可逆的酉变换。令 $|x\rangle=|x_{n-1}x_{n-2}\cdots x_0\rangle$，则有

$$(\boldsymbol{H}\otimes\boldsymbol{H}\otimes\cdots\otimes\boldsymbol{H})|x\rangle=\boldsymbol{H}|x_{n-1}\rangle\otimes\boldsymbol{H}|x_{n-2}\rangle\otimes\cdots\otimes\boldsymbol{H}|x_0\rangle \tag{2.22}$$

对于 n 个量子位，初态全为 0 时，对每一位分别进行 $\boldsymbol{H}$ 变换，能产生 2^n 个态的叠加，即产生从 0 到 2^n-1 的所有二进制数，且存在概率相等，均为 $1/2^n$。$\boldsymbol{H}$ 门十分重要，将在本书后续章节量子线路设计中经常用到。

此外，还有一些常用的单量子门，其名称、符号及相应的矩阵表示如表 2.1

所示。

表 2.1　常用的单量子比特门

名称	表示符号	矩阵
I	——	$\begin{bmatrix}1 & 0\\0 & 1\end{bmatrix}$
泡利-***X*** 门(***X***)	***X***	$\begin{bmatrix}0 & 1\\1 & 0\end{bmatrix}$
泡利-***Y*** 门(***Y***)	***Y***	$\begin{bmatrix}0 & -i\\i & 0\end{bmatrix}$
泡利-***Z*** 门(***Z***)	***Z***	$\begin{bmatrix}1 & 0\\0 & -1\end{bmatrix}$
哈达玛门(***H*** 门)	***H***	$\frac{1}{\sqrt{2}}\begin{bmatrix}1 & 1\\1 & -1\end{bmatrix}$
相位门(***S***)	***S***	$\begin{bmatrix}1 & 0\\0 & i\end{bmatrix}$

2. 两量子比特门

多量子比特量子逻辑门的原型是受控非门（controlled-NOT 或 CNOT），其线路和矩阵描述如图 2.1 所示。该门有两个输入量子比特，分别为控制量子比特与目标量子比特。输出也是两个量子比特，其中控制量子比特保持不变（仍然为 $|A\rangle$）。目标量子比特是两个量子比特的异或，即 $|B\oplus A\rangle$。受控非门的作用是当控制量子比特为 1 时，目标量子比特翻转；如果控制量子比特为 0，那么目标量子比特保持不变，可以用如下方程形式表示：

$$|00\rangle\to|00\rangle,|01\rangle\to|01\rangle,|10\rangle\to|11\rangle,|11\rangle\to|10\rangle \tag{2.23}$$

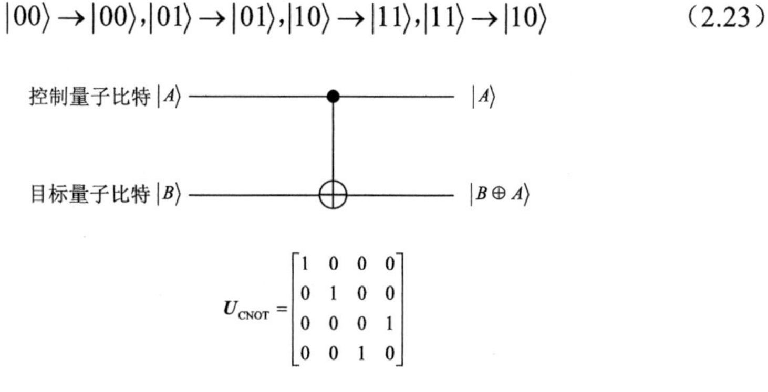

图 2.1　两位受控非门及矩阵表示

也可以用酉矩阵 $\boldsymbol{U}_{\text{CNOT}}$ 进行描述，如当输入为基本态 $|11\rangle$ 时，即控制量子比特 $|A\rangle$ 和目标量子比特 $|B\rangle$ 输入端均为 $|1\rangle$，此时该基本状态的向量可表示为

$$|11\rangle=|1\rangle\otimes|1\rangle=\begin{bmatrix}0\\1\end{bmatrix}\otimes\begin{bmatrix}0\\1\end{bmatrix}=\begin{bmatrix}0\times\begin{bmatrix}0\\1\end{bmatrix}\\1\times\begin{bmatrix}0\\1\end{bmatrix}\end{bmatrix}=\begin{bmatrix}0\\0\\0\\1\end{bmatrix} \tag{2.24}$$

即$[0\quad 0\quad 0\quad 1]^{\mathrm{T}}$，经过酉矩阵$\boldsymbol{U}_{\mathrm{CNOT}}$的作用可描述为

$$\begin{bmatrix}1&0&0&0\\0&1&0&0\\0&0&0&1\\0&0&1&0\end{bmatrix}\begin{bmatrix}0\\0\\0\\1\end{bmatrix}=\begin{bmatrix}0\\0\\1\\0\end{bmatrix} \tag{2.25}$$

可见，基本状态$|00\rangle$经$\boldsymbol{U}_{\mathrm{CNOT}}$作用后变为$[0\quad 0\quad 1\quad 0]^{\mathrm{T}}$，即$\boldsymbol{U}_{\mathrm{CNOT}}|11\rangle=|10\rangle$。

受控非门的重要性有以下几点。

（1）可看成经典异或门的推广

由上面的分析可知，将目标位作为输出，当$|A\rangle$和$|B\rangle$相同时，输出位$|B\rangle$为 0；当$|A\rangle$和$|B\rangle$不同时，输出位$|B\rangle$为 1。因此用异或符号“$\oplus$”（模 2 加法）表示受控非门的目标位。

（2）能实现两个量子比特的纠缠

受控非门是实现两个量子纠缠的常用方法之一。当$|\boldsymbol{\psi}\rangle=\alpha|0\rangle+\beta|1\rangle$、$|\boldsymbol{\varphi}\rangle=|0\rangle$时，输入端两量子所处的态为

$$|\boldsymbol{\psi\varphi}\rangle=(\alpha|0\rangle+\beta|1\rangle)\otimes|0\rangle=\alpha|00\rangle+\beta|10\rangle \tag{2.26}$$

经过受控非门作用后，输出端两个量子所处的态为

$$\begin{aligned}\mathrm{CNOT}|\boldsymbol{\psi\varphi}\rangle&=\mathrm{CNOT}(\alpha|00\rangle+\beta|10\rangle)\\&=\alpha\mathrm{CNOT}|00\rangle+\beta\mathrm{CNOT}|10\rangle\\&=\alpha|00\rangle+\beta|11\rangle\end{aligned} \tag{2.27}$$

可见，输出端的两个量子不是同时处于$|0\rangle$态，就是同时处于$|1\rangle$态，两个量子纠缠在一起。如果$|\boldsymbol{\varphi}\rangle$的初态为$|1\rangle$，通过受控非门作用后，输出的量子状态一个处于$|0\rangle$态，另一个必然处于$|1\rangle$态，同样说明了两个量子纠缠在一起。本书还将用到零受控非门：当控制量子位为$|0\rangle$时，目标位取反，即

$$\begin{cases}0\mathrm{CNOT}|00\rangle=|01\rangle,0\mathrm{CNOT}|01\rangle=|00\rangle\\0\mathrm{CNOT}|10\rangle=|10\rangle,0\mathrm{CNOT}|11\rangle=|11\rangle\end{cases} \tag{2.28}$$

零受控非门及其矩阵可以用图 2.2 表示，其中空的圆圈符号表示量子比特被置为 0。

另外一个重要的两量子比特门是交换门（swap gate），其作用是将两个输入的量子比特状态交换，交换门及其矩阵表示如图 2.3 所示。此外，交换门的实现还可以通过 3 个受控非门实现，如图 2.4 所示。

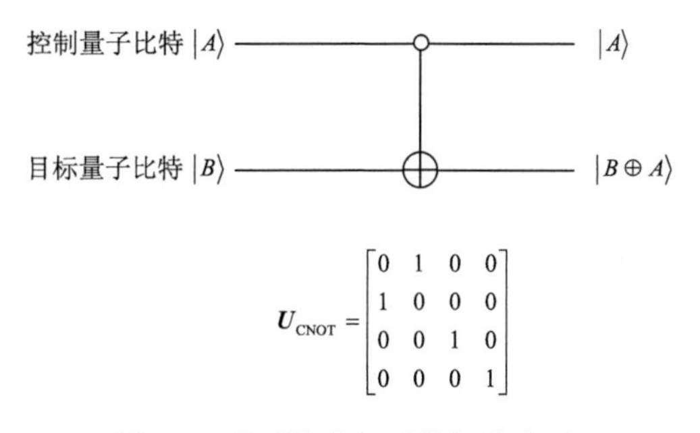

图 2.2　零受控非门及其矩阵表示

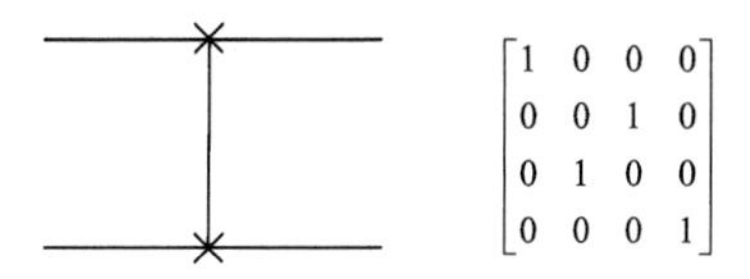

图 2.3　交换门及其矩阵表示

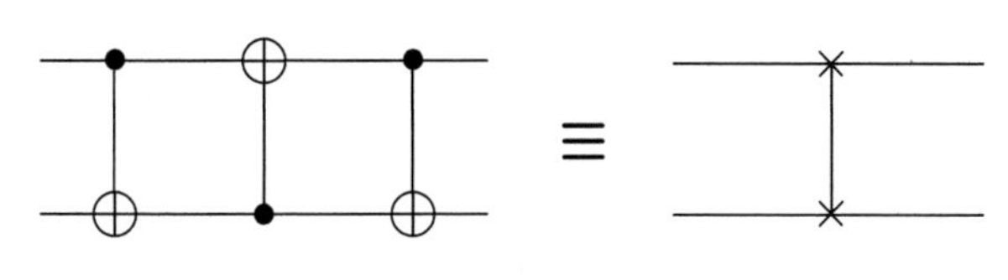

图 2.4　交换门的实现

3. 多量子比特门

一个重要的多量子比特门是托佛利门（Toffoli 门），有 3 个输入比特和 3 个输出比特，该门有 2 个控制量子比特，其中一个为目标量子比特，Toffoli 门及其对应的矩阵表示如图 2.5 所示。Toffoli 门当且仅当两个控制比特都为$|1\rangle$时，目标量子比特发生翻转，如初态$|110\rangle$在该门的作用下将转变为$|111\rangle$。

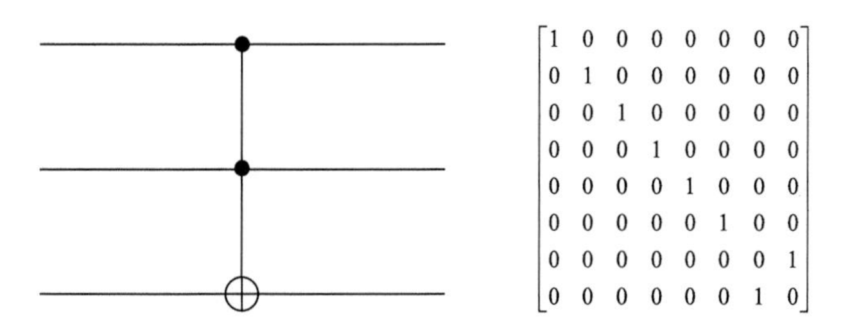

图 2.5　Toffoli 门及其对应的矩阵表示

从 CNOT 门到 Toffoli 门，控制量子比特个数从 1 到 2，当控制量子比特数增加到 n 时，称其为 n-CNOT 门。n-CNOT 门的控制位可以是量子态$|1\rangle$，也可以是$|0\rangle$，量子线路中分别用实心圆圈（●）和空心圆圈（○）表示。如图 2.6 所示，

该受控非门共有 n 位量子控制比特，其控制值按从上到下的顺序排列，即 $(101\cdots0)_2$。

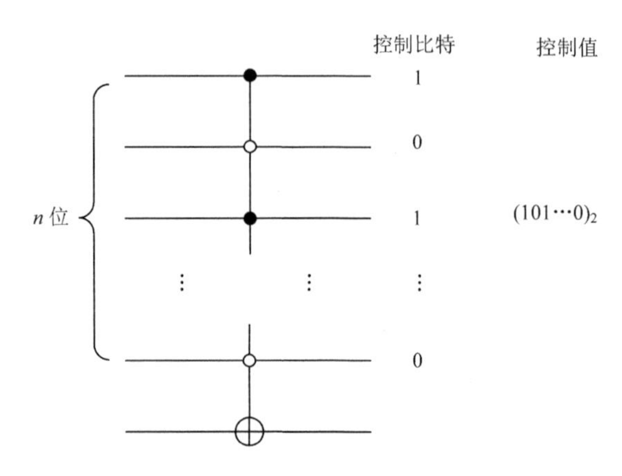

图 2.6　n-CNOT 受控非门及控制值

2.2.2　量子线路模块

为了研究工作的方便，通过不同的量子比特门级联可以构建出一些量子线路模块。这些具有特定功能的线路设计能够加快运行某一特定算法，其中包括量子全加器[6-7]、量子全减器[8-10]、绝对值计算[8]、循环移位[11]、量子除法器[12]及量子比较器[13-14]等。本节对后续章节可能用到的一些量子线路模块进行详细介绍。

1. 量子加法器

对于两个量子寄存器中的值而言，它们是两个量子比特序列，分别定义为$|A\rangle$和$|B\rangle$。量子加法器实现的是将两个量子比特序列的值相加并存至第二个量子比特序列当中，第一个量子比特序列保持不变。该过程可以表示为

$$|A,B\rangle \rightarrow |A,A+B\rangle \tag{2.29}$$

假设需要相加的两个量子比特序列的长度为 $n-1$ 个量子比特，因为存在进位的问题，所以第二个寄存器的量子比特数量应该是 n 个量子比特，并且此线路需要 $n-1$ 个辅助量子比特，其初始状态设为$|0\rangle$态。该量子寄存器的线路表示如图 2.7（a）所示，可以看到该电路是由一系列较小的线路模块组合构成的，包括求和（sum）模块、进位（carry）模块及进位模块的逆线路。

上述量子加法器用于计算两个数的和，而在某些应用场景中需要使用模 N 加法器，如图 2.7（b）所示，其数学表达式为

$$|A,B\rangle \rightarrow |A,(A+B)\bmod N\rangle \tag{2.30}$$

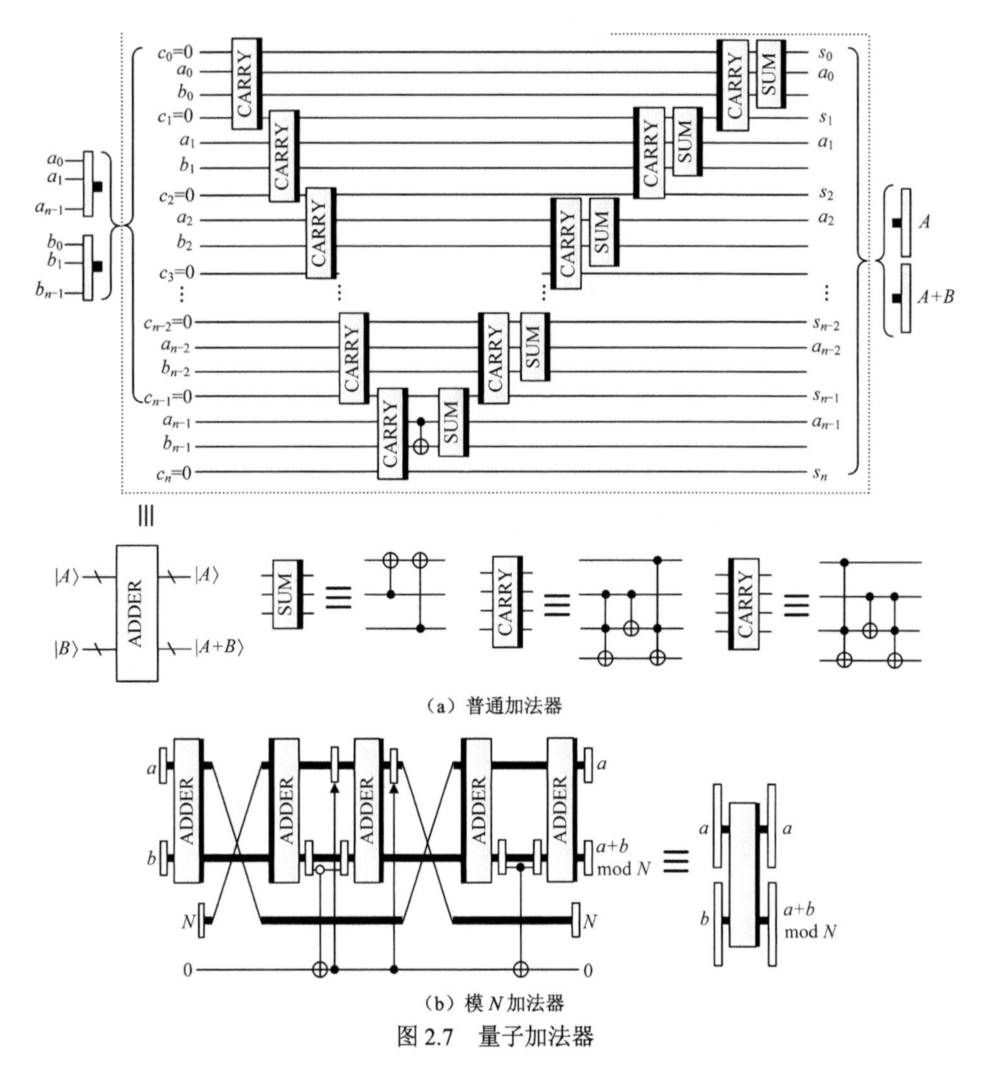

(a) 普通加法器

(b) 模 N 加法器

图 2.7 量子加法器

2. 量子减法器

Zhou 等使用可逆半减器（reversible half subtracter，RHS）与可逆全减器（reversible full subtracter，RFS），构造了量子并行减法器（reversible parallel subtracter，RPS）[8]。其中 RHS、RFS 由一系列受控量子门构成，它们的量子线路分别如图 2.8 和图 2.9 所示。为方便后续量子线路的设计，将其进行简化表示。

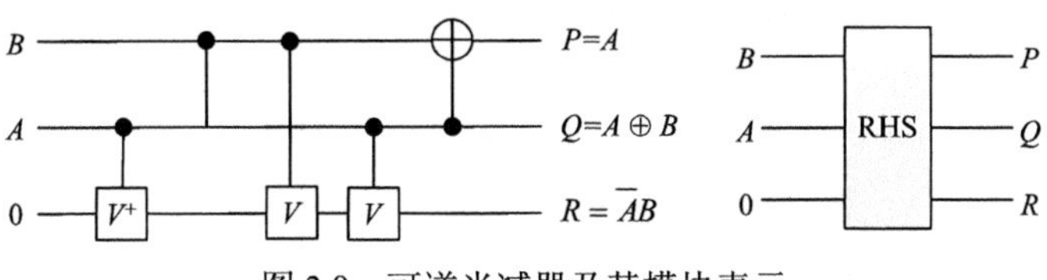

图 2.8 可逆半减器及其模块表示

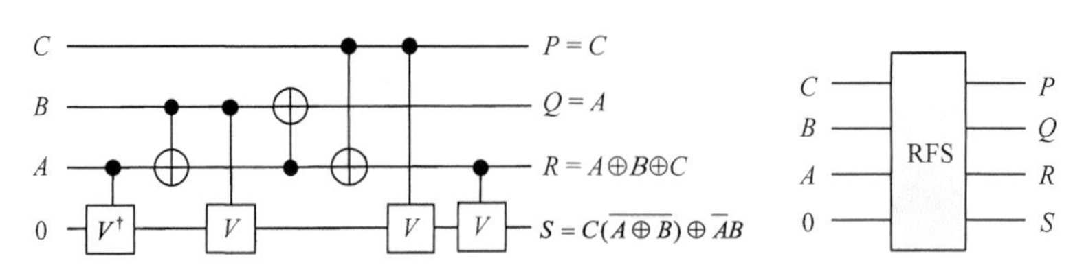

图 2.9　可逆全减器及其模块表示

在图 2.9 中，A 为减数，B 和 C 为被减数；R 表示借位；V 与 $V^{\dagger}$ 满足以下性质：

$$\begin{cases} V\times V=V^{\dagger}\times V^{\dagger}=\boldsymbol{X} \\ V\times V^{\dagger}=V^{\dagger}\times V=\boldsymbol{I} \end{cases} \tag{2.31}$$

在此基础上，设计了量子并行减法器，其量子线路图及简化模块表示如图 2.10 所示。在图 2.10 中，S 表示的是 $X-Y$ 的值，并且其最高位量子比特为标志位。当最高位的值为 0 时，说明 $X-Y$ 的值为正数；当最高位的值为 1 时，表示 Y 大于 X。

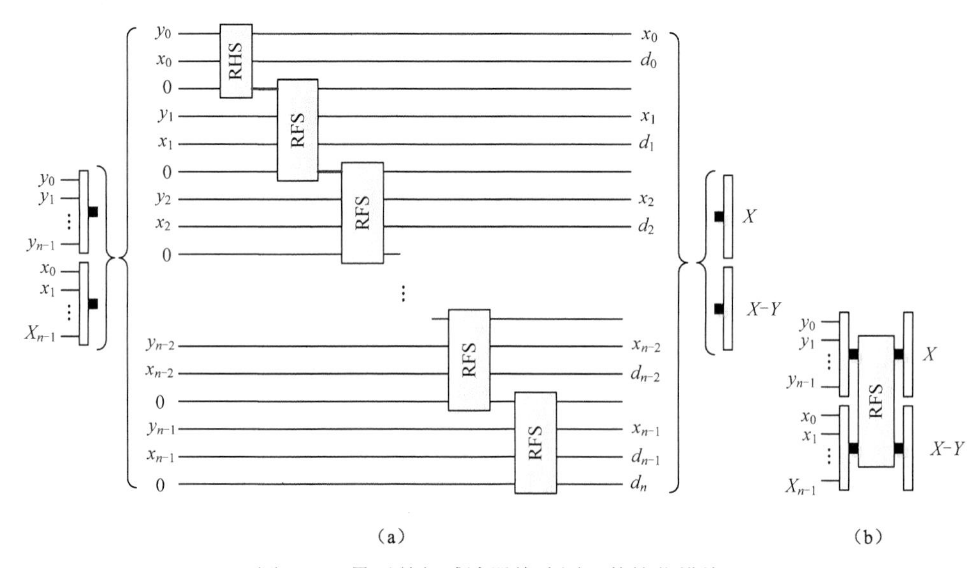

图 2.10　量子并行减法器线路图及其简化模块

3. 绝对值计算

在量子并行减法器的基础上，文献[8]给出了两值相减的绝对值计算（absolute value calculation，CAV）量子线路。为了计算绝对值，引入二进制中的补码（complement code，CO）操作并设计相应的量子补码线路，其线路及其简化模块如图 2.11 所示。通过量子并行减法器和量子补码线路的组合可以得到最终的绝对值计算的量子线路模块，如图 2.12 所示。

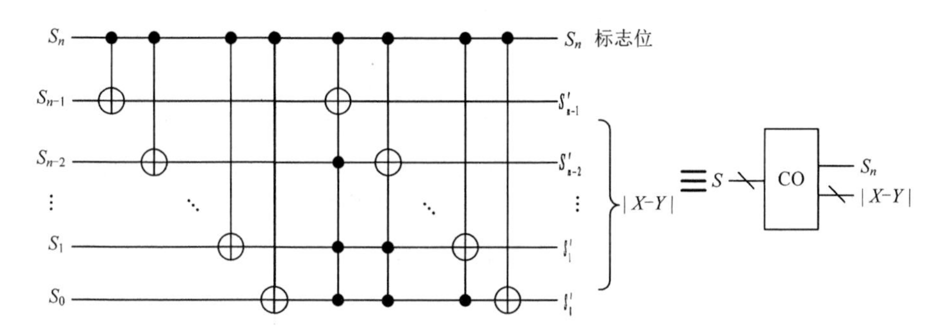

图 2.11　量子补码线路及其简化模块

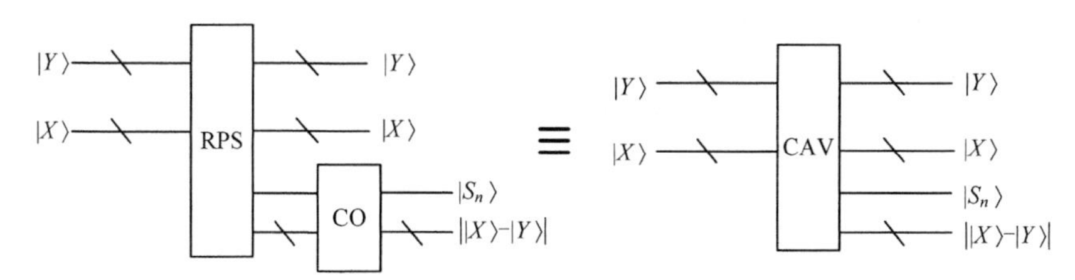

图 2.12　绝对值计算量子线路模块

4. 循环移位

循环移位（cyclic shift，CS）是文献[11]中提出的位置移位变换的实现，其实现的功能可以表示为

$$|x_{n-1}x_{n-2}\ldots x_2x_1x_0\rangle \rightarrow |(x_{n-1}x_{n-2}\ldots x_2x_1x_0+1)\mathrm{mod}2^n\rangle \tag{2.32}$$

式中，n 是循环移位操作量子比特序列的量子位数。在量子图像处理的算法中，循环移位操作可以遍历图像中的每一个像素位置，为后续研究提供了便利。其量子线路及其简化模块表示如图 2.13 所示。

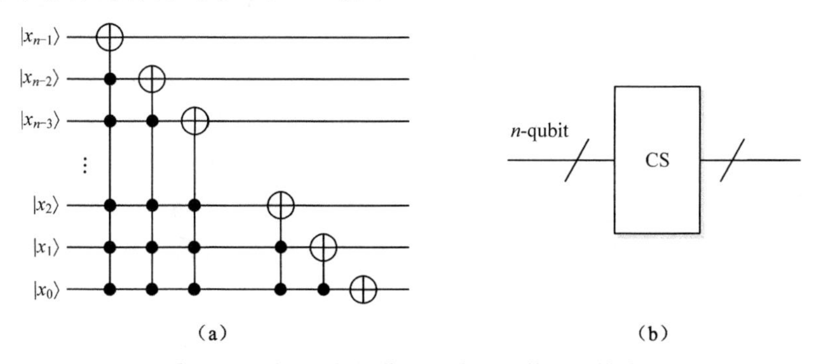

图 2.13　循环移位操作量子线路及其简化模块

5. 量子除法器

Lee 等通过恢复余数法的思想利用向左移位（left shift，LSH）模块[15]、加法

器（addition，ADD）模块、减法器（substraction，SUB）模块[16]、量子傅里叶变换（quantum Fourier transform，QFT）和量子傅里叶逆变换（QFT^{-1}）等量子线路模块设计了量子除法器（quantum divider，QD）线路，如图 2.14 所示。其中，寄存器$|p_1p_2\cdots p_{2n}\rangle$中较低位的 n 个量子比特用来存储除数，其余部分初始态为 0；寄存器 D 用来存储被除数；寄存器$|q_1q_2\cdots q_n\rangle$用作除法操作后存放商（quotient）；余数（remainder）用作存放在原本表示除数的量子比特上。

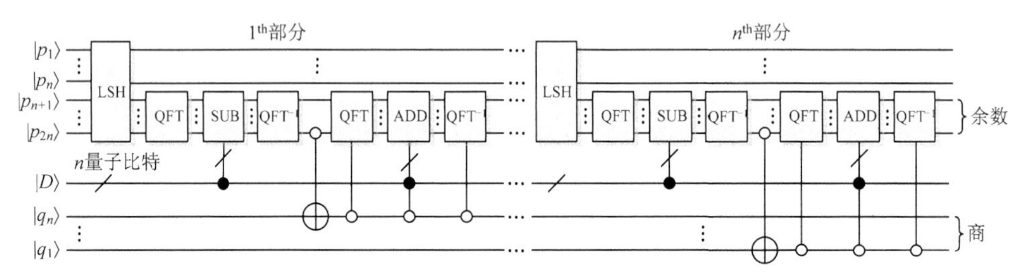

图 2.14　量子除法器

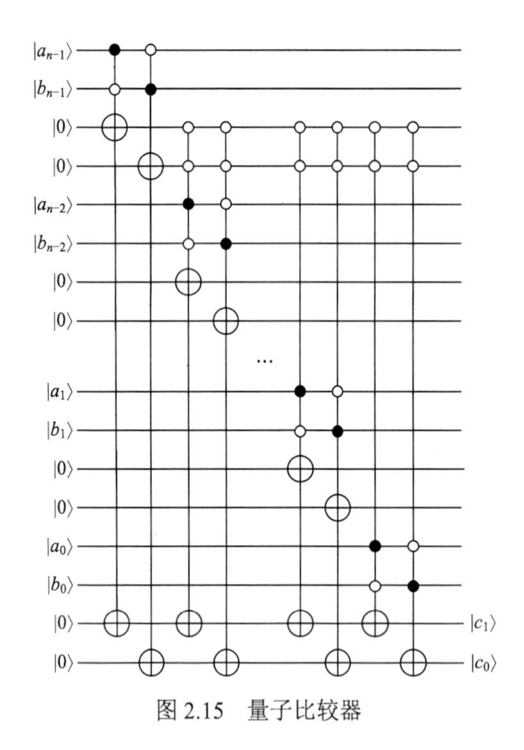

图 2.15　量子比较器

6. 量子比较器

量子比较器在量子计算中的应用较广，除了可以应用于量子图像信息隐藏算法，还可以应用于量子神经网络、量子搜索算法等多个领域。因此，量子比较器方面的研究也比其他量子线路模型更为丰富[17-20]。

王东等利用多目标拓展通用 Toffoli 门设计了量子比较器[14]，该量子比较器利用 $2n$ 个辅助量子比特比较两个长度为 n 的量子比特序列 a 和 b 的大小，其线路图如 2.15 所示。其中，c_0 和 c_1 是输出量子比特，当 c_0、c_1 的值为 10 时，$a>b$；当 c_0、c_1 的值为 01 时，$a<b$；当 c_0、c_1 的值为 00 时，$a=b$。

当只需判断两个量子比特序列是否相等时，该量子比较器的功能有些冗余。因此，Zhou 等设计了只判断两个量子比特序列相等的量子等价线路（quantum equality，QE）[21]。图 2.16 给出了判断$|YX\rangle$和$|AB\rangle$是否相等的线路图，只采用一个辅助量子比特 c，并将其作为结果标志位。若 c 等于 1，则$|YX\rangle$和$|AB\rangle$相等；若 c 等于 0，则$|YX\rangle$和$|AB\rangle$不相等。

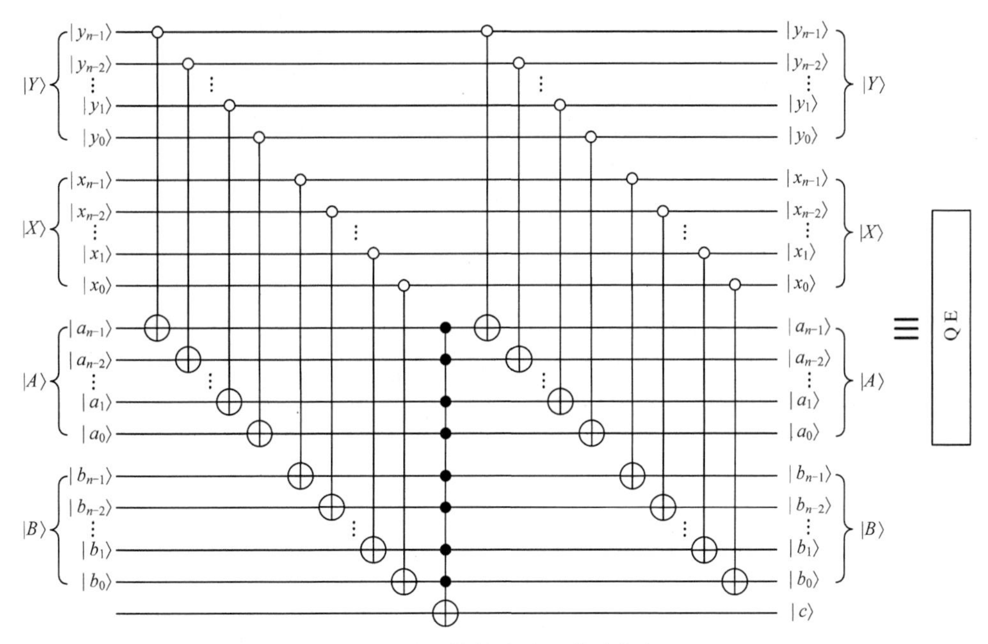

图 2.16　量子等价线路及其简化表示

2.3　量子计算的并行性

根据量子叠加性原理，一个 n 位的量子存储器能同时存储 2^n 个数，因此，量子计算机在一次运算中能同时处理 2^n 个输入数，相当于经典计算机重复进行 2^n 次操作。也就是说，量子计算能在同一个量子线路中完成并行处理。量子并行处理大大提高了计算机的计算效率，使其可以完成经典计算机无法完成的工作。简言之，量子并行性使量子计算机能同时计算函数 $f(x)$ 在许多不同的 x 处的值。

考虑 2 个 $\boldsymbol{H}$ 门同时作用到 2 个初态为$|0\rangle$的量子比特上，其作用可描述为

$$\begin{aligned}\boldsymbol{H}^{\otimes 2}|0\rangle|0\rangle &= (\boldsymbol{H}\otimes\boldsymbol{H})(|0\rangle\otimes|0\rangle)\\ &= \boldsymbol{H}|0\rangle\otimes\boldsymbol{H}|0\rangle\\ &= \left(\frac{|0\rangle+|1\rangle}{\sqrt{2}}\right)\left(\frac{|0\rangle+|1\rangle}{\sqrt{2}}\right)\\ &= \frac{|00\rangle+|01\rangle+|10\rangle+|11\rangle}{2}\end{aligned} \tag{2.33}$$

式中，$\boldsymbol{H}^{\otimes 2}$ 表示两个 $\boldsymbol{H}$ 门的并行作用，推广到 n 维量子比特（初态全为$|0\rangle$）上的 Hadamard 变换（$\boldsymbol{H}^{\otimes n}$），得到

$$\frac{1}{\sqrt{2^n}}\sum_x|x\rangle \tag{2.34}$$

式中，求和是指对 x 的所有可能取值求和。由此得到，Hadamard 变换产生了所有计算基态的平衡叠加，即用 n 个门就产生了 2^n 个状态的叠加。

因此，可以采用下述方法进行 n 量子比特输入 x 和单比特输出 $f(x)$ 函数的量子并行计算。首先制备 n+1 量子比特的初态 $|0\rangle^{\otimes n}|0\rangle$，对前 n 位用 Hadamard 变换，并连接实现酉变换的量子线路，产生状态

$$\frac{1}{\sqrt{2^n}}\sum_x |x\rangle|f(x)\rangle \tag{2.35}$$

由此可知，表面上只进行了一次 $f(x)$ 计算，量子并行性使 $f(x)$ 的所有可能值同时被计算出来。因此，传统计算机每对 N 个存储器操作一次只能变换一个数据，而量子计算机在相同情况下可以变换 N 个数据，其数据处理能力是传统计算机的 2^N 倍。量子计算机工作原理可分为数据输入、初态制备、幺正操作、末态、量子测量、输出结果等步骤，其流程如图 2.17 所示[22]。

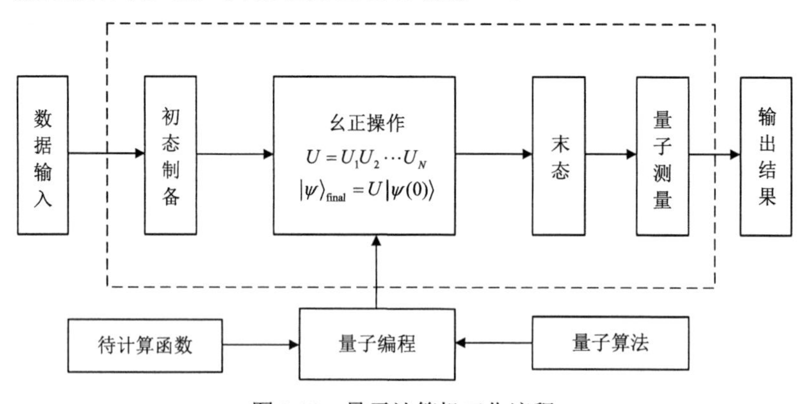

图 2.17　量子计算机工作流程

本 章 小 结

本章简述了有关量子图像信息隐藏技术研究的量子信息、量子计算基础。首先，介绍了量子力学概念及基本假设，接下来对量子比特、张量积、多量子比特和幺正变换进行了分析。然后，详细介绍了量子信息中的单量子比特、双量子比特及多量子比特逻辑门，并对后续章节可能用到的一些量子线路模块进行了分析。最后，简要叙述了量子计算的并行性。这些基础理论知识为本书的后续研究提供理论支持和基础。

参 考 文 献

[1] NIELSEN M A，CHUANG I L. 量子计算和量子信息（一）：量子计算部分[M]. 赵千川，译. 北京：清华大学出版社，2009.

[2] 李士勇，李盼池. 量子计算与量子优化算法[M]. 哈尔滨：哈尔滨工业大学出版社，2009.

[3] 姜楠. 量子图像处理[M]. 北京：清华大学出版社，2006.

[4] 闫飞，杨华民，蒋振刚. 量子图像处理及其应用[M]. 北京：科学出版社，2016.

[5] 袁素真，罗元. 量子图像处理及其实现方法[M]. 北京：科学出版社，2019.

[6] VEDRAL V, EKERT A. Quantum networks for elementary arithmetic operations[J]. Physical review A, 1996, 54: 147.

[7] CUCCARO S A, DRAPER T G, KUTIN S A. A new quantum ripple-carry addition circuit[EB/OL]. (2004-10-22)[2008-02-01]. https://arxiv.org/pdf/quant-ph/0410184.pdf.

[8] ZHOU R G, HU W W, LOU G F, et al. Quantum realization of the nearest neighbor value interpolation method for INEQR[J]. Quantum information processing, 2018, 17(7): 166-203.

[9] BOMBLE L, LAUVERGNAT D, REMACLE F, et al. Controlled full adder or subtractor by vibrational quantum computing[J]. Physical review A, 2009, 80(2):1-8.

[10] MOHAMMADI M, ESHGHI M, HAGHPARAST M, et al. Design and optimization of reversible BCD adder/subtractor circuit for quantum and nanotechnology based systems[J]. World applied sciences journal, 2008, 4(6): 787-792.

[11] LE P Q, ILIYASU A M, DONG F, et al. Strategies for designing geometric transformations on quantum images[J]. Theoretical computer science, 2011, 412(15): 1406-1418.

[12] KHOSROPOUR A, AGHABABA H, FOROUZANDEH B. Quantum division circuit based on restoring division algorithm[C]// Proceedings of 2011 Eighth International Conference on Information Technology: New Generations, Piscataway, 2011: 1037-1040.

[13] CHENG S T, WANG C Y. Quantum switching and quantum merge sorting[J]. IEEE transactions on circuits and systems I: regular papers, 2006, 53(2): 316-325.

[14] 王东，刘志昊，朱皖宁，等. 基于多目标扩展通用 Toffoli 门的量子比较器设计[J]. 计算机科学, 2012, 39(9): 302-306.

[15] LEE J, LEE E K, KIM J, et al. Quantum shift register[EB/OL]. (2001-12-19)[2002-02-01]. https://arxiv.org/pdf/quant-ph/0112107.pdf.

[16] DRAPER T G. Addition on a quantum computer[EB/OL]. (2000-08-07)[2000-12-01]. https://arxiv. org/pdf/quant-ph/0008033.pdf.

[17] PHANEENDRA P S, VUDADHA C, SREEHARI V, et al. An optimized design of reversible quantum comparator[C]//Proceedings of the IEEE International Conference on VLSI Design, Washington, 2014: 557-562.

[18] MONFARED A T, HAGHPARAST M. Novel design of quantum/reversible ternary comparator circuits[J]. Journal of computational and theoretical nanoscience, 2015, 12(12): 5670-5673.

[19] DOSHANLOU A N, HAGHPARAST M, HOSSEINZADEH M, et al. Efficient design of quaternary quantum comparator with only a single ancillary input[J]. IET circuits, devices and systems, 2020, 14(1): 80-87.

[20] SLIMANI A, BENSLAMA A. The design of optimal reversible comparator circuit using new quantum gates[J]. Journal of physics: conference series, 2021, 1766(1): 012028.

[21] ZHOU R G, HU W W, FAN P. Quantum watermarking scheme through Arnold scrambling and LSB steganography[J]. Quantum information processing, 2017, 16(9): 212.

[22] 郭光灿，张昊，王琴. 量子信息技术发展概况[J]. 南京邮电大学学报（自然科学版），2017，37(3):1-14.

第 3 章　新型最低有效位量子图像隐写算法

随着量子计算机和量子通信的快速发展，未来的量子信息时代，信息将更多地通过量子态的形式进行传递，量子图像仍将以一种重要的信息媒介形式存在，随之而来的是量子信息的安全问题。信息隐藏作为一种不易被察觉和攻击的信息安全保护技术在经典通信中使用广泛，通过以肉眼无法察觉的微小变化将各类信息隐藏至自然图像中，从而起到保护版权或传递秘密信息等作用。因此，人们可以通过量子信息隐藏的方式对量子图像信息进行安全保护。

2012 年，Iliyasu 等首次提出了基于量子图像的水印技术后，研究者开始关注量子图像安全[1]。类似于经典图像处理，量子图像同样可能受到不同形式的攻击，因此量子图像安全是量子信息时代中不可回避的关键问题。量子图像隐写和水印是量子图像信息隐藏两个重要的研究分支，随着量子图像处理研究的深入，量子图像信息隐藏技术也成为研究者重点关注的研究领域。

在量子信息隐藏相关算法中，基于图像最低有效位的信息嵌入方法被广泛应用于量子图像处理[2]，此类算法通常通过设计不同的量子电路实现信息隐藏算法的嵌入和提取操作。考虑到信息隐藏算法的安全性是十分重要的指标，本章在已有量子图像信息隐藏算法的基础上，引入私有密钥以期提高算法的安全性，并提出一个新型的最低有效位量子图像隐写算法。

3.1　比特位平面置乱

将灰度图像的像素值转化为二进制表示后，每一个比特位都将承载一幅大小相同的二值图像，这些二值图像称为比特位平面。例如，对于一个灰度值属于 0～255 的图像，它具有 8 个位平面。图 3.1 所示为一个灰度为 256 的 Lena 图像的比特位平面。从图 3.1 中可以看出，不同的位平面承载着不同的视觉信息，因此可以通过置乱位平面将图像信息置乱。

针对量子图像各个位平面，使用第 2 章介绍的基本量子门电路，可以设计出相应的量子比特位平面置乱线路。图 3.2 所示为使用四个交换门和四个受控非门设计的一种量子比特位平面置乱线路，通过此线路可以将待嵌入的量子图像信息进行置乱操作。由于位平面置乱操作线路采用的量子门较为简单，因此能提高后续提取信息时的效率和准确性。在图 3.2 中，$|X\rangle$ 和 $|Y\rangle$ 表示图像像素位置，$|C_0\rangle$～$|C_7\rangle$ 表示图像像素值。

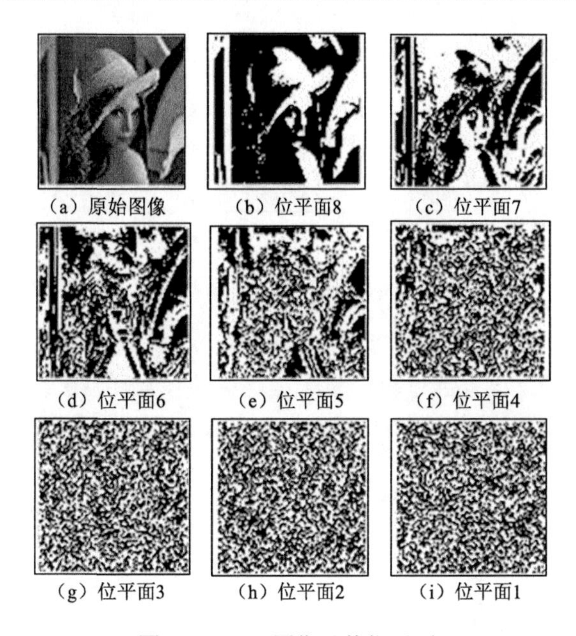

图 3.1　Lena 图像及其位平面

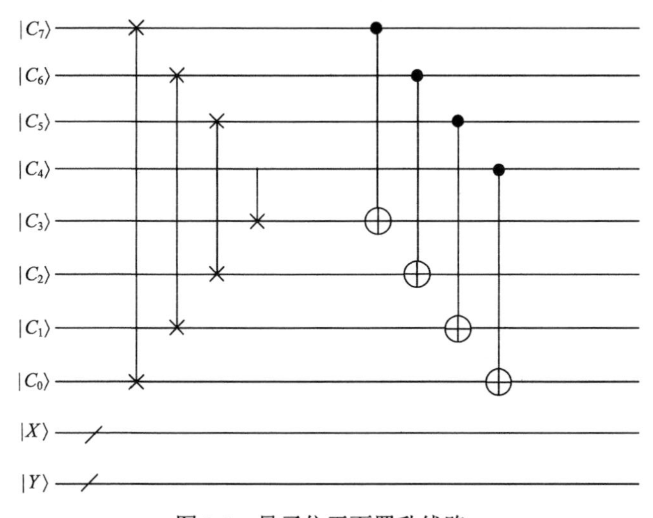

图 3.2　量子位平面置乱线路

3.2　Arnold 变换

Arnold 变换是 Arnold 和 Avez 在解决遍历问题时提出的[3]，之后 Dyson 和 Falk 将该变换应用到图像上，通过改变像素的水平坐标和垂直坐标来干扰原始图像信息[4]。之后，Arnold 变换被广泛应用于数字图像处理。

设一幅大小为 $2^n \times 2^n$ 的图像，(X,Y) 与 (X_A,Y_A) 分别是应用置乱前后的像素坐

标位置。Arnold 变换的数学表示为

$$\begin{bmatrix} X_A \\ Y_A \end{bmatrix} = \begin{bmatrix} 1 & 1 \\ 1 & 2 \end{bmatrix} \begin{bmatrix} X \\ Y \end{bmatrix} \bmod 2^n \tag{3.1}$$

式中，矩阵$\begin{bmatrix} 1 & 1 \\ 1 & 2 \end{bmatrix}$称为置乱矩阵，可以得出置乱后像素坐标值与置乱前像素坐标值的关系为

$$X_A = (X+Y) \bmod 2^n, Y_A = (X+2Y) \bmod 2^n \tag{3.2}$$

可以看出置乱前后坐标的关系可以通过模 N 加法器实现，此处的 N 为图像的宽度或高度，即 2^n。该置乱过程的量子线路模块图如图 3.3 所示。

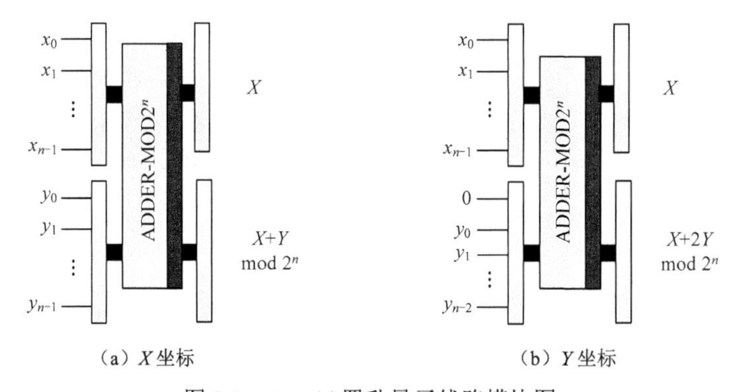

图 3.3　Arnold 置乱量子线路模块图

置乱后的图像可以通过 Arnold 逆变换恢复其原本的坐标信息。下面详细介绍 Arnold 逆变换，其逆置乱的置乱矩阵为$\begin{bmatrix} 1 & 1 \\ 1 & 2 \end{bmatrix}^{-1}$，因此逆变换可以表示为

$$\begin{bmatrix} X \\ Y \end{bmatrix} = \begin{bmatrix} 1 & 1 \\ 1 & 2 \end{bmatrix}^{-1} \begin{bmatrix} X_A \\ Y_A \end{bmatrix} \bmod 2^n = \begin{bmatrix} 2 & -1 \\ -1 & 1 \end{bmatrix} \begin{bmatrix} X_A \\ Y_A \end{bmatrix} \bmod 2^n \tag{3.3}$$

也就是

$$X = (2X_A - Y_A) \bmod 2^n, Y = (Y_A - X_A) \bmod 2^n \tag{3.4}$$

Arnold 逆变换的量子线路模块图如图 3.4 所示。

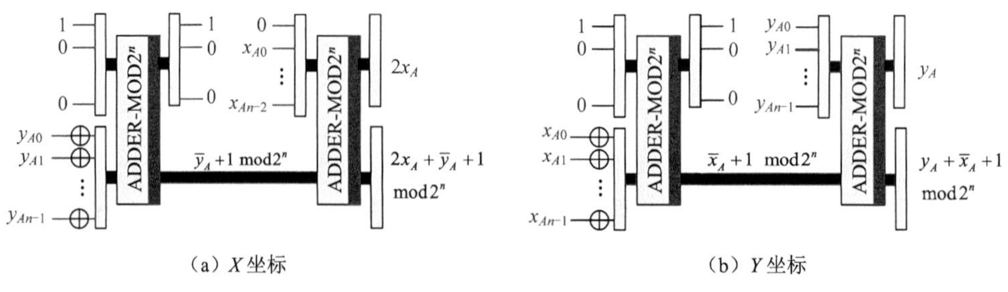

图 3.4　Arnold 逆变换的量子线路模块图

3.3　最低有效位量子图像隐写方案

本节首先介绍所提出的量子图像隐写方案的流程，随后具体分析其嵌入提取算法及相对应的量子线路。本方案使用 NEQR 表示灰度图像，将一幅大小为 $2^{n-2}\times 2^{n-2}$ 的秘密图像嵌入大小为 $2^n\times 2^n$ 的载体图像的最低位平面中。

首先，使用 NEQR 将大小为 $2^n\times 2^n$ 的载体图像及大小为 $2^{n-2}\times 2^{n-2}$ 的秘密信息图像分别表示为

$$|\boldsymbol{C}\rangle=\frac{1}{2^n}\sum_{YX=0}^{2^{2n}-1}\bigotimes_{i=0}^{7}C_{YX}^{i}\otimes|YX\rangle \tag{3.5}$$

$$|\boldsymbol{I}\rangle=\frac{1}{2^n}\sum_{Y=0}^{2^{n-2}-1}\sum_{X=0}^{2^{n-2}-1}|C_{YX}\rangle|Y\rangle|X\rangle \tag{3.6}$$

式中，$|C_{YX}\rangle=|C_{YX}^0C_{YX}^1\cdots C_{YX}^7\rangle$；$C_{YX}^i\in\{0,1\}$，$i=0,1,\cdots,7$。

其次，将量子密钥图像使用 NEQR 编码为量子态。该图像是一幅二值图像，因此其位深度为 1，其量子态表示为

$$|\boldsymbol{K}\rangle=\frac{1}{2^n}\sum_{Y=0}^{2^{n-2}-1}\sum_{X=0}^{2^{n-2}-1}|C_{YX}\rangle|Y\rangle|X\rangle \tag{3.7}$$

该密钥的作用是在秘密信息图像每个像素点展开的过程中依据密钥的值采用不同的展开方式。

在秘密信息嵌入过程中也采用了一个密钥，该密钥是一个大小和载体图像相同的二值图像，使用 NEQR 方法将其编码为量子态，即

$$|\boldsymbol{K}_1\rangle=\frac{1}{2^n}\sum_{j=0}^{2^{2n}-1}|K_1^j\rangle\otimes|YX\rangle, K_1^j\in\{0,1\} \tag{3.8}$$

式中，$|YX\rangle=|y_{n-1}y_{n-2}\cdots y_0\rangle|x_{n-1}x_{n-2}\cdots x_0\rangle$，$y_i,x_i\in\{0,1\}$，$i=0,1,\cdots,n-1$。

图 3.5 为该方案嵌入信息的流程图，具体如下。

1）将一幅大小为 $2^n\times 2^n$ 的灰度图像即载体图像使用 NEQR 方法编码为量子图像 $|\boldsymbol{C}\rangle$。

2）将一幅大小为 $2^{n-2}\times 2^{n-2}$ 的灰度图像即秘密信息图像使用 NEQR 方法编码为量子图像 $|\boldsymbol{I}\rangle$。

3）使用比特位平面置乱方法将秘密信息图像 $|\boldsymbol{I}\rangle$ 置乱加密为一幅混乱无序的图像 $|\boldsymbol{I}_1\rangle$。

4）将上述无序图像 $|\boldsymbol{I}_1\rangle$ 通过密钥图像 $|\boldsymbol{K}\rangle$ 扩展为大小与载体图像相同的位深度为 1 的信息图像 $|\boldsymbol{I}_1'\rangle$，并使用 Arnold 置乱将其加密为最终待嵌入的无序信息图像 $|\boldsymbol{I}_2\rangle$。

5）通过预备的密钥图像 $|\boldsymbol{K}_1\rangle$ 将无序信息图像 $|\boldsymbol{I}_2\rangle$ 嵌入载体图像 $|\boldsymbol{C}\rangle$ 中，得到

含密图像$|\mathbf{CI}\rangle$。

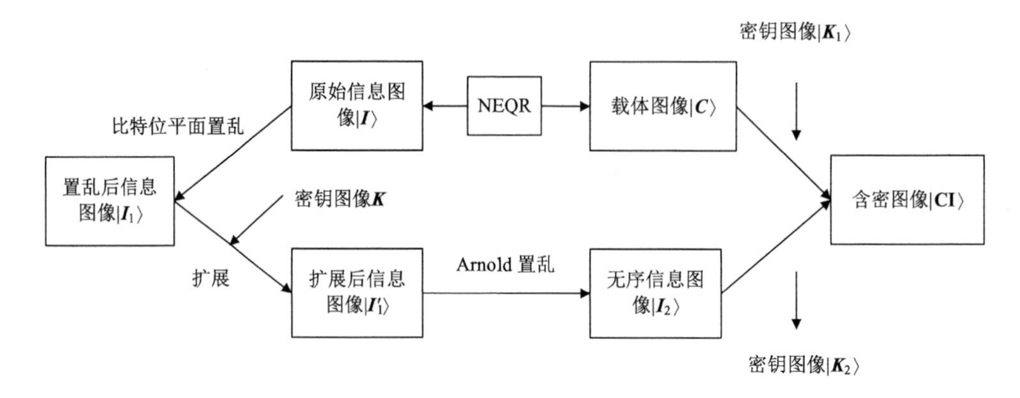

图 3.5　量子信息嵌入流程图

3.3.1　量子信息嵌入

由上述嵌入流程可知，首先需要将秘密信息图像$|\boldsymbol{I}\rangle$进行位平面置乱操作，本方案采用的位平面置乱线路如图 3.2 所示。该线路分为两部分，第一部分采用量子交换门将表示像素颜色信息的最高位量子比特$|C_7\rangle$和最低位量子比特$|C_0\rangle$交换，次高位量子比特$|C_6\rangle$与次低位量子比特$|C_1\rangle$交换。以此类推，第一部分共使用 4 个量子交换门。第二部分使用受控非门进行操作，最高位量子比特为控制位，第五个量子比特为受控位。当每一个量子比特都成为控制位或受控位后，共采用 4 个受控非门。在$|\boldsymbol{I}\rangle$经过上述位平面置乱后，其颜色信息会混乱无序，并将此未改变图像像素坐标位置的无序图像命名为$|\boldsymbol{I}_1\rangle$。

为方便后续的信息嵌入操作，需要将上述置乱后的秘密信息图像进行扩大。在此引入一幅大小与秘密信息图像相同的密钥图像$|\boldsymbol{K}\rangle$。当$|\boldsymbol{K}\rangle$中的像素值为 1 时，$|\boldsymbol{I}_1\rangle$中对应坐标位的像素比特顺序展开；当其值为 0 时，逆序展开。之后展开的像素比特连同$|\boldsymbol{K}\rangle$的像素值组成一个大小为3×3像素的图像。当采用 NEQR 方法制备量子态表示一幅量子图像时，其坐标大小一般为 2 的倍数。此处组成的是一幅大小为3×3的图像，因此需要将其余像素位置的值填 1 处理。图 3.6 所示为图像中某一像素值展开过程示例。

假设某一像素点的坐标为(i,j)，采用图中的扩展方式，可以得到该像素点表示颜色的八位量子比特信息将分别转入$(4i,4j+1)$、$(4i,4j+2)$、$(4i+1,4j)$、$(4i+1,4j+1)$、$(4i+1,4j+2)$、$(4i+2,4j)$、$(4i+2,4j+1)$、$(4i+2,4j+2)$。秘密信息图像的全局扩展可以采用如图 3.7 所示的量子线路，并将扩展得到的量子图像表示为$|\boldsymbol{I}_1'\rangle$。

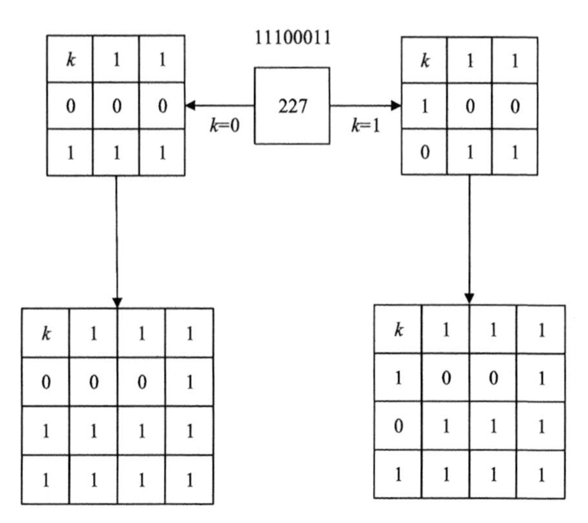

图 3.6　图像中某一像素值展开过程示例

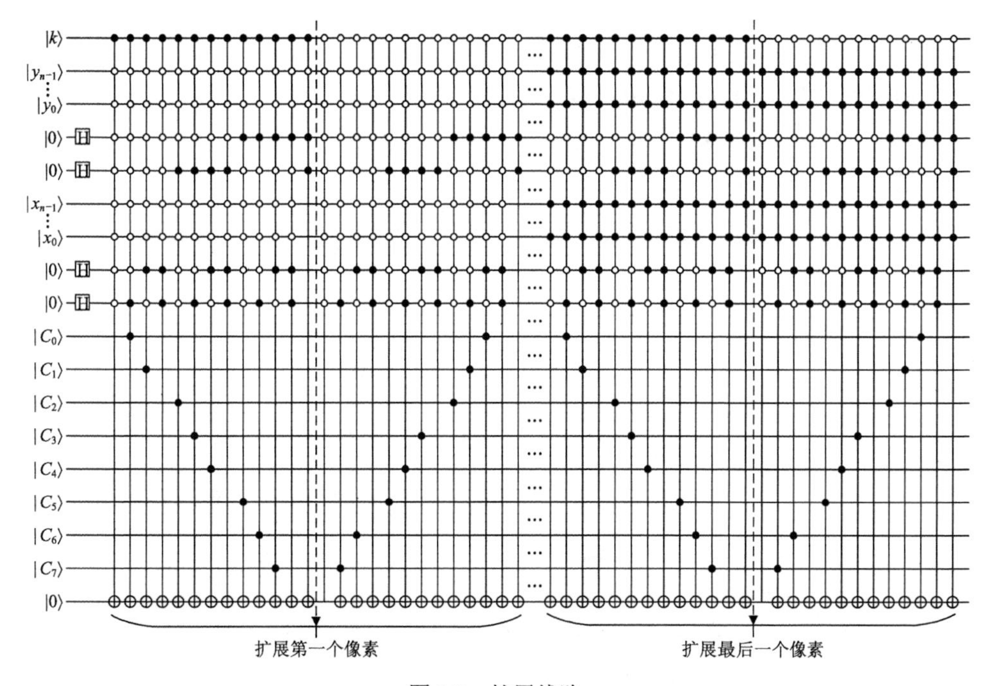

图 3.7　扩展线路

为使本方案的安全性更好，在此引入 Arnold 变换，将扩展后的秘密信息图像 $|\boldsymbol{I}_1'\rangle$ 的位置坐标进行置乱，其量子态表示为

$$|\boldsymbol{I}_2\rangle = \frac{1}{2^n}\sum_{j=0}^{2^{2n}-1}\left|I_2^j\right\rangle \otimes |YX\rangle, I_2^j \in \{0,1\} \tag{3.9}$$

随后通过第 2 章介绍的量子等价线路(QE)，判断载体图像 $|\boldsymbol{C}\rangle$ 和嵌入图像 $|\boldsymbol{I}_2\rangle$

的坐标位置是否相等。当它们的坐标相等时，再与密钥$|\boldsymbol{K}_1\rangle$的坐标位置进行比较，$|\boldsymbol{K}_1\rangle$的量子态表示为

$$|\boldsymbol{K}_1\rangle = \frac{1}{2^n}\sum_{j=0}^{2^{2n}-1}\left|K_1^j\right\rangle \otimes |YX\rangle, K_1^j \in \{0,1\} \tag{3.10}$$

当位置坐标都相等时，如果$\left|I_2^j\right\rangle$的值为 0 且$\left|K_1^j\right\rangle$的值为 1，那么将信息嵌入载体图像的最低比特位中；如果$\left|I_2^j\right\rangle$的值为 0 且$\left|K_1^j\right\rangle$的值也为 0，那么将信息转存至另一载密图像$|\boldsymbol{K}_2\rangle$中，其也将成为后续秘密信息提取时的密钥。该信息嵌入算法伪代码可以描述如下：

```
For i=0 to 2^{2n}-1
    If (|I_2^i⟩==|0⟩) then
        If (|K_1^i⟩==|1⟩) then|CI_i^0⟩=|C_i^0⟩⊕|1⟩
        Else if (|K_1^i⟩==|0⟩) then|K_2^i⟩==|1⟩
End
```

可以使用两个两比特受控非门来实现信息的嵌入，再结合上述位置坐标比较量子线路，本方案总的嵌入量子线路如图 3.8 所示，其只考虑了有作用的量子比特，而省略了辅助量子比特等后续无操作的量子比特。其中，$|c_0\rangle$和$|c_1\rangle$分别是载体图像与嵌入图像，载体图像与密钥的坐标比较输出，只有当它们同时为 1 时，嵌入线路才产生作用。

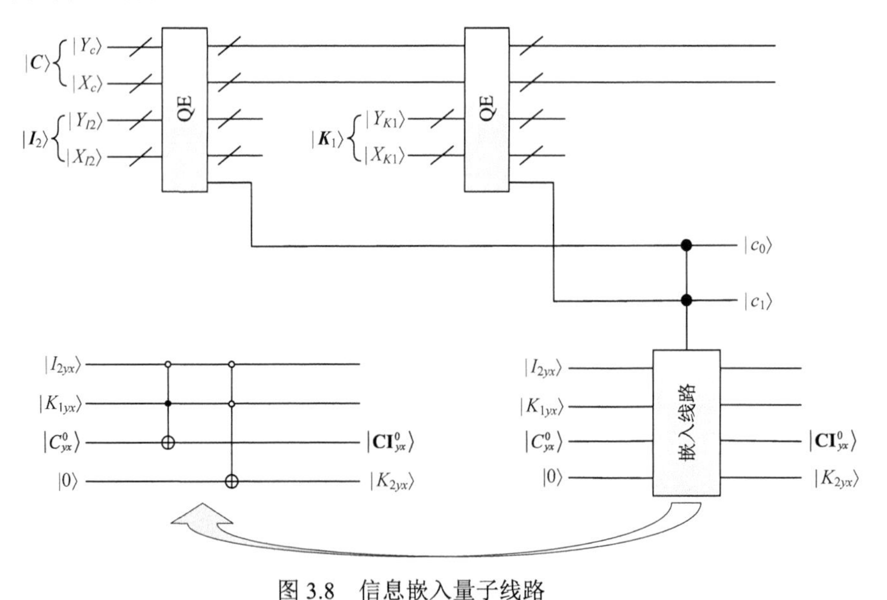

图 3.8 信息嵌入量子线路

3.3.2 信息提取

秘密信息的提取过程为嵌入过程的逆操作，其流程如图 3.9 所示。

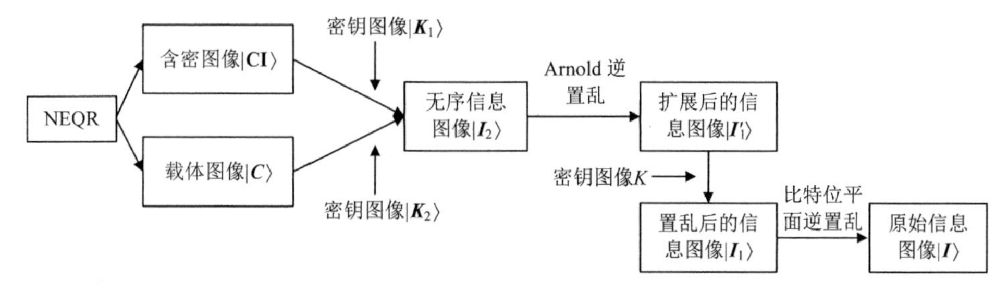

图 3.9　量子信息提取流程

由图 3.9 可知，该信息隐藏方案提取流程包括以下步骤。

1）将嵌入信息的隐写图像用 NEQR 方法编码表示为$|\mathbf{CI}\rangle$，并将原载体图像也制备为量子态。

2）利用嵌入算法中的两个密钥$|\boldsymbol{K}_1\rangle$和$|\boldsymbol{K}_2\rangle$从隐写图像中提取秘密信息图像$|\boldsymbol{I}_2\rangle$。

3）对$|\boldsymbol{I}_2\rangle$采取 Arnold 置乱的逆置乱操作，得到扩展后的信息图像$|\boldsymbol{I}_1'\rangle$。

4）将$|\boldsymbol{I}_1'\rangle$按扩大过程的原理进行缩小操作，得到无序的秘密信息图像$|\boldsymbol{I}_1\rangle$。

5）使用嵌入过程的比特位平面置乱线路的逆线路，完成对无序图像的恢复操作，最终得到传输的秘密信息图像$|\boldsymbol{I}\rangle$。

从含密图像$|\mathbf{CI}\rangle$中提取嵌入的信息，需要预先将原载体图像和两个密钥图像都制备为量子态。随后，利用 QE 模块比较这些图像的坐标位置，当坐标位置相等时才能进行下一步提取的操作。当密钥图像像素值$\left|K_1^j\right\rangle$为 1 时，如果载体图像和含密图像像素值最低有效位不相同，那么将信息提取至预先准备好的空白图像中。此外，当密钥图像像素值$\left|K_1^j\right\rangle$为 0 且另一密钥图像像素值$\left|K_2^j\right\rangle$为 1 时，将信息提取至空白图像中，最终获得发送方嵌入的秘密信息$|\boldsymbol{I}_2\rangle$，该过程量子线路如图 3.10 所示。伪代码描述如下：

```
For i=0 to 2^{2n}-1
If |K_1^i⟩==|1⟩ then
      If |C_i^0⟩⊕|CI_i^0⟩==|1⟩ then|I_2^i⟩==|0⟩
Else if |K_1^i⟩==|0⟩ then
      If |K_2^i⟩==|1⟩ then|I_2^i⟩==|0⟩
End
```

图像$|\boldsymbol{I}_2\rangle$经过 Arnold 置乱的逆置乱后，按照嵌入过程中的扩展原理进行缩小。首先判断坐标$(4i,4j)$的像素值，当其值为 1 时，缩小后图像坐标位置(i,j)表示像素值的 8 位量子比特的值分别为$(4i,4j+1)$、$(4i,4j+2)$、$(4i+1,4j)$、$(4i+1,4j+1)$、$(4i+1,4j+2)$、$(4i+2,4j)$、$(4i+2,4j+1)$、$(4i+2,4j+2)$；当值为 0 时，其 8 位量子比特的值分别是上述 8 个坐标值的逆序排列。该过程的量子线路如图 3.11 所示。

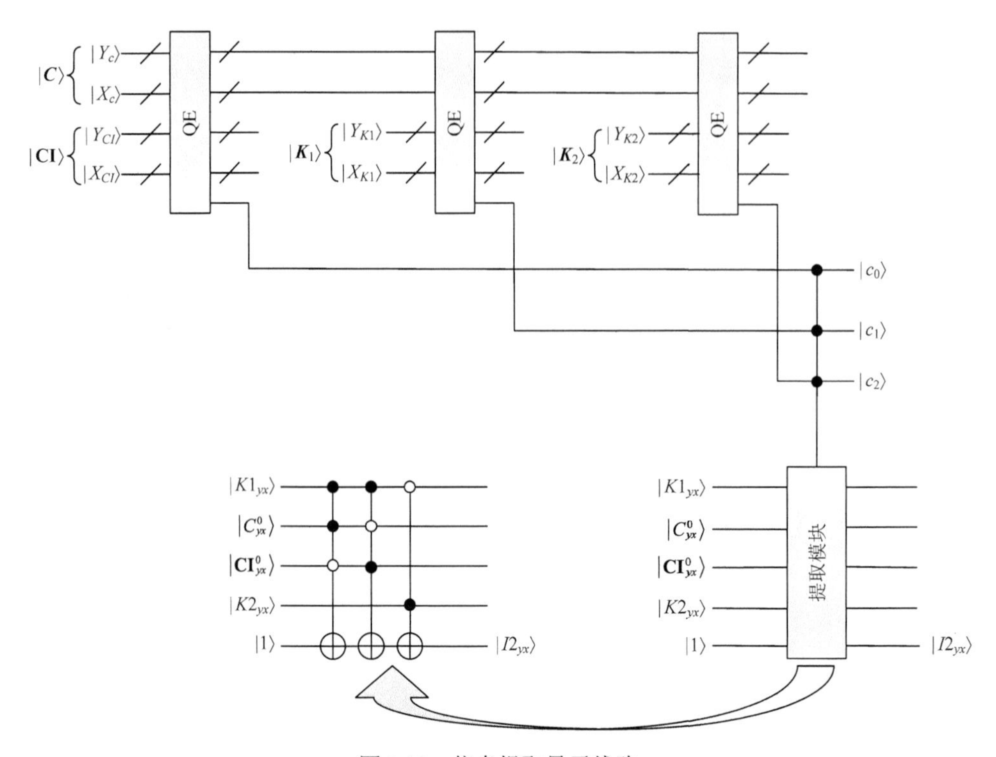

图 3.10　信息提取量子线路

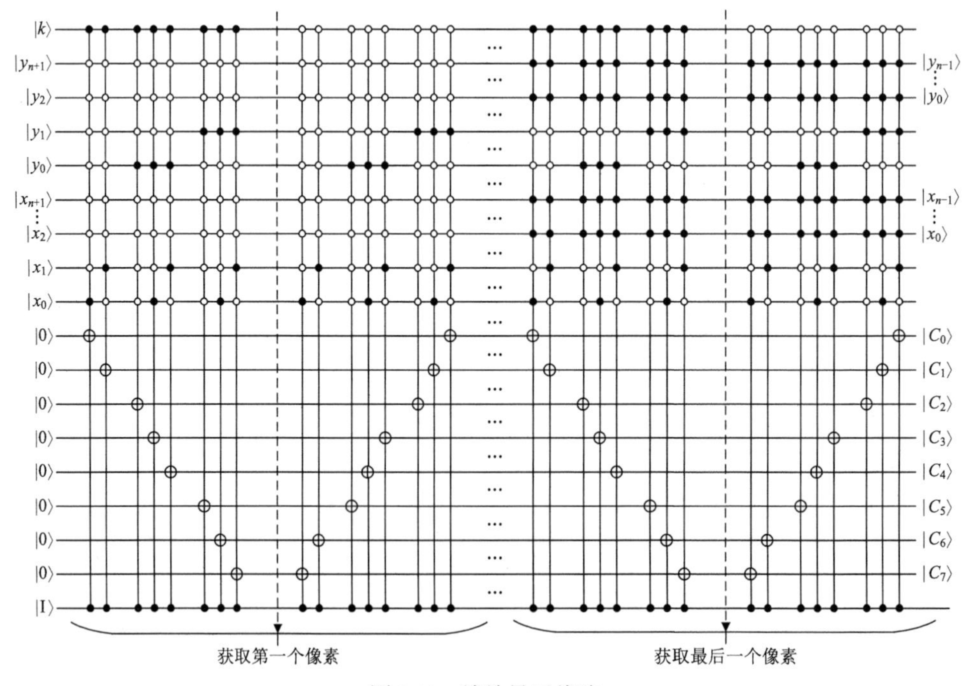

图 3.11　缩放量子线路

信息提取的最后一步是对缩小后的信息图像进行位平面逆置运算，其量子线路为图 3.2 所示的逆线路。

3.4　仿真结果与分析

当前，受限于通用的量子计算机及其相应的物理硬件，本书各章节所涉及的仿真实验如无特殊说明，均指通过经典计算机上的 MATLAB 软件进行仿真分析。使用仿真实验的方式虽不能模拟量子计算所特有的并行性，但是量子计算的变换本质上为矩阵运算，因此可以仿真验证所提出的量子图像信息隐藏算法的操作可行性和图像嵌入信息后的视觉效果。

对 6 幅常用的图像（图 3.12）Baboon、Cameraman、Pepper、Lena、Airplane、Rice 进行量子操作的仿真。当这些图像作为载体图像时，其大小为 256×256 像素；当其作为待嵌入的信息图像时，其大小为 64×64 像素。

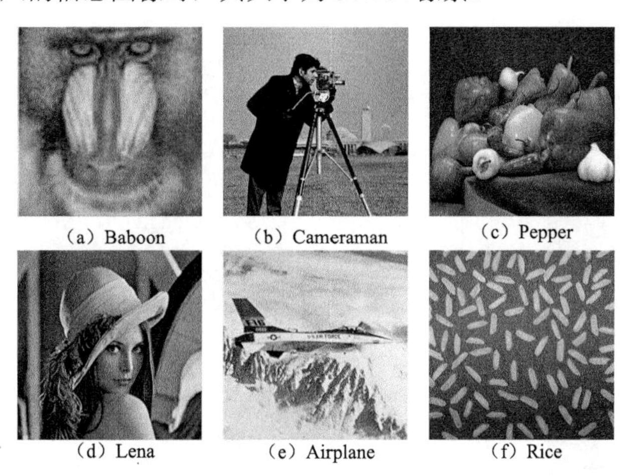

（a）Baboon　（b）Cameraman　（c）Pepper　（d）Lena　（e）Airplane　（f）Rice

图 3.12　仿真图像

接下来从视觉质量、嵌入容量及安全性、线路复杂度 3 个方面对信息隐写算法进行分析。

1. 视觉质量

含密图像与载体图像之间像素差的评估方法较多，其中峰值信噪比（peak signal-to-noise ratio，PSNR）是常用的方法之一，计算所得的 PSNR 数值与两幅图像的相似程度成正比。对于两幅大小为 $m\times n$ 的载体图像 P 及对应的嵌入信息后的含密图像 Q，PSNR 计算公式如下：

$$\text{PSNR}=20\log_{10}\left(\frac{\text{MAX}_P}{\sqrt{\text{MSE}}}\right)\tag{3.11}$$

式中，MAX_p 表示该图像像素值的最大灰度值；MSE 为均方误差（mean squared error），其定义为

$$\mathrm{MSE}=\frac{1}{mn}\sum_{i=0}^{m-1}\sum_{j=0}^{n-1}[(P(i,j)-Q(i,j))^2] \tag{3.12}$$

图 3.13 所示为本方案载体图像和含密图像及它们对应的像素直方图，肉眼难以察觉其视觉质量的变化，并且直方图也极其相似。表 3.1 所示为载体图像和含密图像的 PSNR 值，可以看到 PSNR 值都在 50dB 左右。表 3.2 所示为文献[5]的 PSNR 值，其值都在 44dB 左右。相比之下，本章方案嵌入信息之后对载体图像造成的扰动更少，并在 PSNR 值上提高了 6dB 左右。

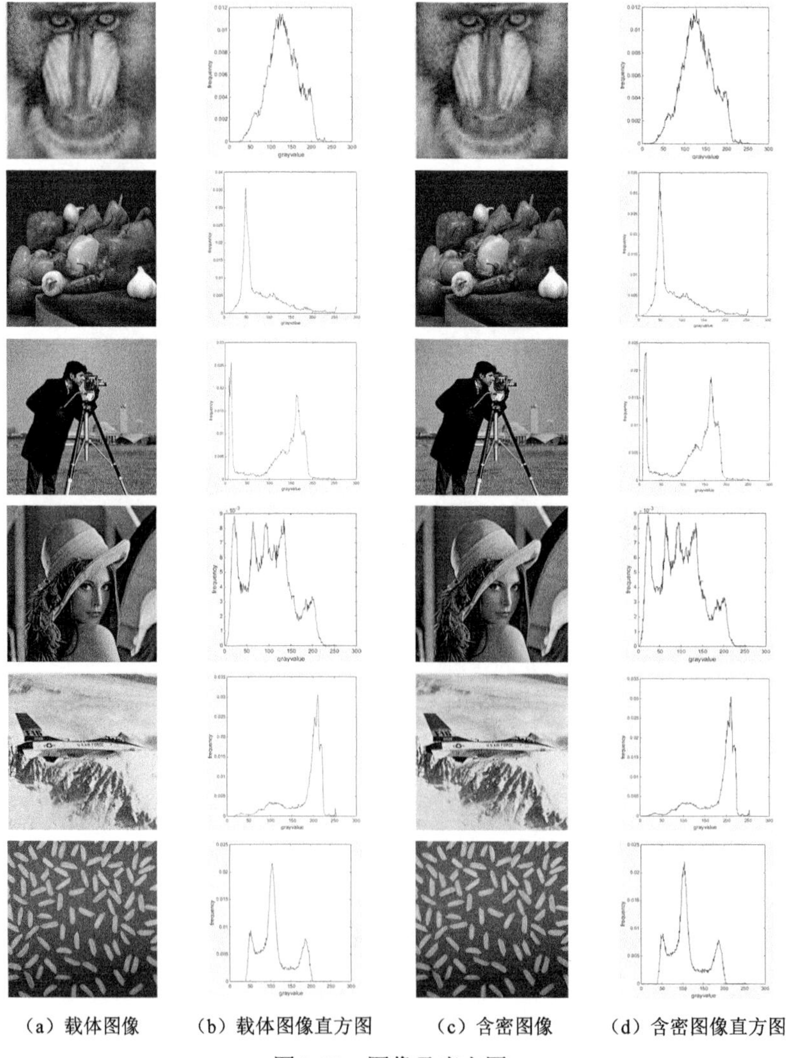

（a）载体图像　（b）载体图像直方图　（c）含密图像　（d）含密图像直方图

图 3.13　图像及直方图

表 3.1　嵌入信息后的 PSNR 值

载体图像	含密图像	PSNR/dB
Baboon	Lena	50.22
Pepper	Airplane	50.23
Cameraman	Pepper	50.19
Lena	Rice	50.21
Airplane	Cameraman	50.28
Rice	Baboon	50.23

表 3.2　文献[5]的 PSNR 值

载体图像	含密图像	PSNR/dB
Cameraman	Lena	44.17
Cameraman	Baboon	44.05
Lena	Cameraman	43.88
Lena	Baboon	44.05

2. 嵌入容量及安全性

嵌入容量表示载体图像中隐藏秘密信息的大小，可以表述为嵌入的秘密信息比特量（the number of information bits）与载体图像的像素数（the number of cover image pixels）之比，本章方案的嵌入容量为

$$C=\frac{\text{the number of information bits}}{\text{the number of cover image pixels}}=\frac{8\times 2^{n-2}\times 2^{n-2}}{2^{2n}}=\frac{1}{2}\left(\frac{\text{bit}}{\text{pixel}}\right) \tag{3.13}$$

由于在扩展秘密信息图像时加入了部分干扰像素点，嵌入的秘密信息比特只占载体图像像素个数的一半。但是干扰像素点与秘密信息在经过置乱算法后混杂难辨，即使提取出嵌入的所有信息也无法得到传输的信息，从而提高了隐写算法的安全性。

3. 线路复杂度

1）量子线路中复杂的酉变换可以分解为单量子比特门和 CNOT 门。因此，量子线路的复杂度往往通过采用的基本量子门的个数来判定。例如，1 个 Toffoli 门可用 6 个受控非门、1 个交换门可用 3 个受控非门进行模拟实现[6]。本书采用 CNOT 门和单量子比特门作为基本的计算单元。需要说明的是，本书频繁使用的 $n(n\geqslant 3)$ 控制比特的受控非门的复杂度为 $12n-9$ [6]。设定使用的载体图像和秘密信息图像的大小分别为 $2^n\times 2^n$ 和 $2^{n-2}\times 2^{n-2}$，量子线路复杂度分析如下。

对于信息嵌入过程而言，在比特位平面置乱量子线路中，使用到的是交换门和受控非门，每个交换门由 3 个受控非门组成，因此其复杂度为 $4\times 3+4$ 。

2）在秘密信息扩展电路中，采用的是 2n−2 个控制比特的多量子比特控制非

门（为方便计算，少量控制比特少于此数的多量子比特受控非门也按此数计算），其复杂度为$12(2n+2)-9$。扩展一个像素点需要 26 个这样的受控非门且秘密信息的像素点总数为$2^{n-2}\times 2^{n-2}$，因此扩展电路的复杂度为

$$2^{2n-4}\times 26\times[12(2n+2)-9] \tag{3.14}$$

3）文献[7]指出 Arnold 置乱对某一维度的置乱量子线路的复杂度为 28n，所以置乱的量子线路复杂度为 56n。

4）由于 QE 线路采用的是一个 2n 个控制比特的受控非门和 4n 个受控非门，其线路复杂度为$4n+(12\times 2n-9)$。信息嵌入线路采用两个 QE 线路及两个类 Toffoli 门，其量子基本门数量为$2\times[4n+(12\times 2n-9)]+2\times 6$。

因此，整个信息嵌入过程采用的量子基本门数量为

$$\begin{aligned}&4\times 3+4+28n+28n+2^{2n-4}\times 26\times[12(2n+2)-9]+2\times[4n+(12\times 2n-9)]+2\times 6\\&=16+56n+2^{2n-4}\times 26(24n+15)+56n-6\\&=2^{2n-4}\times(624n+390)+112n+10\end{aligned} \tag{3.15}$$

对于信息提取过程而言，信息提取量子线路由 3 个 QE 线路、两个 3 控制量子比特受控非门以及一个 Toffoli 门组成，其线路复杂度为$3\times[4n+(12\times 2n-9)]+2\times(12\times 3-9)+6$。

此外，对于 Arnold 置乱逆置乱及比特位平面逆置乱而言，其量子线路复杂度未发生改变，仍然是 56n 及 16。

量子图像缩放电路采用 16 个含有 2n−2 个控制比特的多量子比特受控非门，因此其量子线路复杂度为$2^{2n-4}\times 16\times[12(2n+2)-9]$。

所以，信息提取过程中使用的总的基本量子门数量为

$$\begin{aligned}&4\times 3+4+56n+56n+2^{2n-4}\times 16\times[12(2n+2)-9]+3\times[4n+(12\times 2n-9)]\\&+2\times(12\times 3-9)+6\\&=16+112n+2^{2n-4}\times 16(24n+15)+84n+33\\&=2^{2n-4}\times(384n+240)+196n+49\end{aligned} \tag{3.16}$$

综上所述，本章方案的量子线路复杂度为$O\left(n2^{2n-4}\right)$，其复杂度主要来源于对量子信息图像每个像素值缩放的复杂度，而嵌入与提取本身线路本身的复杂度只为常数级。

本 章 小 结

本章介绍了新型最低有效位量子图像隐写算法，算法关键在于比特位平面和 Arnold 变换算法的引入及两个密钥图像的使用，从而提高量子图像隐写算法的安全性。其中，比特位平面置乱应用于原始秘密信息图像像素值上，Arnold 置乱应用于扩展后的秘密信息图像的像素坐标上，使待嵌入信息的像素坐标及像素值都

处于混乱无序的状态，并且本章算法采用 QE 线路取代量子比较器线路，减少了辅助量子比特的使用及线路复杂度。此外，通过对实验结果的分析可知，相较于已有的类似量子图像信息隐藏方案，本章算法有更好的秘密信息嵌入视觉效果及更高的峰值信噪比，并且更具有安全性。

参考文献

[1] ILIYASU A M, LE P Q, DONG F, et al. Watermarking and authentication of quantum images based on restricted geometric transformations[J]. Information sciences, 2012, 186(1): 126-149.

[2] JIANG N, ZHAO N, WANG L. LSB based quantum image steganography algorithm[J]. International journal of theoretical physics, 2016, 55(1): 107-123.

[3] ARNOLD V I, AVEZ A. Ergodic problems of classical mechanics[M]. New Jersey: Addison-Wesley Longman Publishing Company, 1989.

[4] DYSON F J, FALK H. Period of a discrete cat mapping[J]. The American mathematical monthly, 1992, 99(7): 603-614.

[5] MIYAKE S, NAKAMAE K. A quantum watermarking scheme using simple and small-scale quantum circuits[J]. Quantum information processing, 2016, 15(5): 1849-1864.

[6] BARENCO A, BENNETT C H, CLEVE R, et al. Elementary gates for quantum computation[J]. Physical review A, 1995, 52(5): 3457-3467.

[7] JIANG N, WANG J, MU Y. Quantum image scaling up based on nearest-neighbor interpolation with integer scaling ratio[J]. Quantum information processing, 2015, 14(11):4001-4026.

第 4 章　基于翻转模式的高效量子图像隐写

随着多媒体数据的迅猛发展，信息安全问题日益突出，信息隐藏技术越来越重要。近年来，结合量子计算技术的信息隐藏技术更是得到了研究者的广泛关注。在第 3 章的基础上，本章继续研究以量子图像为载体的信息隐写技术。

Jiang 和 Luo 最开始提出了基于莫尔条纹的量子图像信息隐藏算法[1]，该算法根据莫尔原理，将信息嵌入载体像素值中，提取时需要原始载体的辅助。之后，经典图像处理中最低有效位算法的量子方案及线路得到了深入研究，基于量子灰度图像和彩色图像的隐写算法[2-7]不断涌现。这些算法大多基于最低有效位隐写方法设计，距离理想的嵌入容量及图像视觉质量还存在一定差距。特别是，文献[8]提出了一种优化的最低有效位隐写方法，在秘密信息嵌入时，载体图像的每一个像素都对应 3 个隐写像素，选取灰度变化最小的隐写像素作为最终像素值，该方法获得了不错的隐写图像视觉质量及嵌入容量，但量子线路复杂度较高。

通过对已有量子图像隐写相关算法的综合分析可知，信息隐藏算法较重要的 2 个评价指标为嵌入容量及隐写图像视觉质量。然而，这 2 个指标之间本身存在互斥，嵌入更多的信息往往意味着隐写图像质量的下降。受文献[9]启发，本章提出基于翻转模式的高效量子图像隐写方法，相比较类似的量子隐写方法，该方法具有可变的嵌入容量，并且计算复杂度低，能在大容量嵌入时仍有很好的隐写图像视觉质量。

4.1　翻转模式 LSB 替代

设载体图像大小为 $2^n \times 2^n$，灰度为 2^q，第 i 个像素的二进制表示形式为 $H_i = h_{q-1}h_{q-2}\cdots h_0$，其中 $i = 0,1,\cdots,2^{2n}-1$。对于载体的每个像素，待嵌入的秘密信息为 k-qubit，使用 k-qubit 的 LSB 方法，将载体图像最右边的 k 位最低有效位进行替换，如图 4.1 所示。

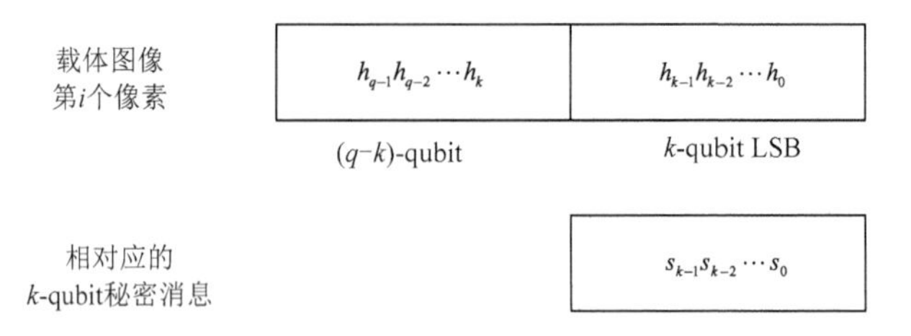

图 4.1　k-qubit LSB 替代示意图

由图 4.1 可知，k-qubit LSB 替代方法简单，直接用 k 位信息比特取代载体图像的相对应的 k 位最低有效位即可。然而，当 k 的取值较大时，若 $k=4$，根据 PSNR 客观评价方法计算公式可知，隐写图像的视觉质量将受到较大的影响。因此，考虑采用对秘密信息进行优化调整后再嵌入的方法提高 PSNR 值。翻转模式替代方法的核心思想是对秘密信息进行必要的比特位翻转，使嵌入的信息比特不一定是原始比特形式，可能是原始比特进行翻转之后的形式，如原始秘密信息为“110”，嵌入信息可能是“110”或“001”。下面具体分析所提出的量子图像隐写方法，即翻转模式替代方法在量子图像隐写中的应用。

4.2　高效量子图像隐写方法

量子图像隐写技术分为嵌入及提取两部分，图 4.2 所示为基于翻转模式的量子图像隐写嵌入与提取的过程。由图 4.2 可知，待隐藏嵌入的秘密图像为 k 幅二值图像所构建，该图像与载体图像均使用 NEQR 模型，具体的嵌入及提取过程随后分析。

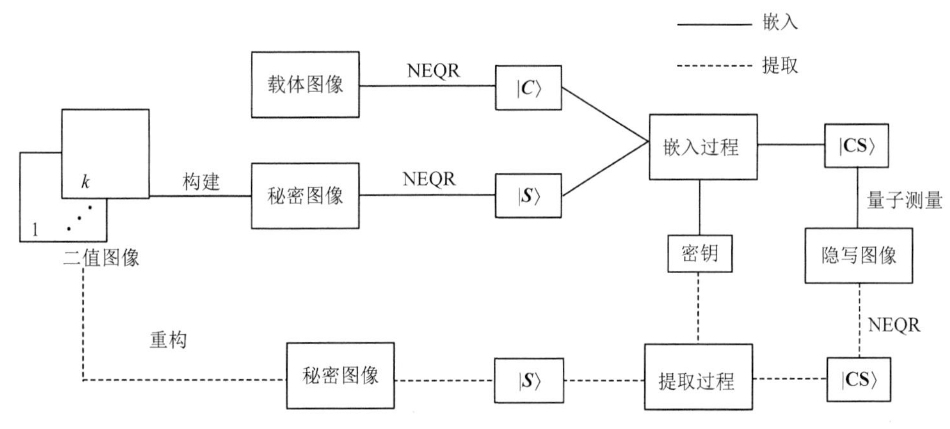

图 4.2　基于翻转模式的量子图像隐写嵌入及提取过程

4.2.1　准备工作

设有一幅灰度为 256 的载体图像，以及 k 幅二值图像（作为待嵌入的秘密图像），其大小都为 $2^n \times 2^n$。为了实现将所有的二进制秘密图像嵌入载体图像，首先对秘密图像进行预处理。如图 4.3 所示，k 幅二值图像构建为一幅 k-qubit 的秘密图像，大小仍然为 $2^n \times 2^n$。使用 NEQR 模型，秘密图像和载体图像可以分别表示如下：

$$|S\rangle = \frac{1}{2^n}\sum_{i=0}^{2^{2n}-1}|S_i\rangle|i\rangle = \frac{1}{2^n}\sum_{Y=0}^{2^n-1}\sum_{X=0}^{2^n-1}|S_{YX}\rangle|YX\rangle,\quad S_i = s_i^{k-1}\cdots s_i^1 s_i^0 \tag{4.1}$$

$$|\boldsymbol{C}\rangle=\frac{1}{2^n}\sum_{i=0}^{2^{2n}-1}|C_i\rangle|i\rangle=\frac{1}{2^n}\sum_{Y=0}^{2^n-1}\sum_{X=0}^{2^n-1}|C_{YX}\rangle|YX\rangle,\ C_i=c_i^7\cdots c_i^1c_i^0 \tag{4.2}$$

式中，$|\boldsymbol{S}\rangle$ 表示 k-qubit 量子秘密图像；$|\boldsymbol{C}\rangle$ 表示量子载体图像。

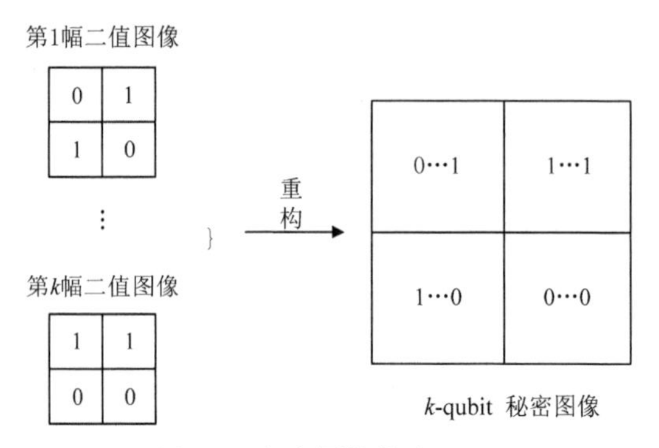

图 4.3　秘密图像构建

本方法中，为了进行秘密信息的提取，还需要制备一幅空的密钥图像，即大小为 $2^n\times 2^n$ 像素的二值图像，该二值图像的像素量子位比特初始化为全 $|0\rangle$。使用 NEQR 模型，其表达式为

$$|\mathbf{Key}\rangle=I\otimes H^{\otimes 2n}|0\rangle^{\otimes(2n+1)}=\frac{1}{2^n}\sum_{i=0}^{2^{2n}-1}|\mathrm{Key}_i\rangle|i\rangle=\frac{1}{2^n}\sum_{Y=0}^{2^n-1}\sum_{X=0}^{2^n-1}|0\rangle|YX\rangle \tag{4.3}$$

式中，$|\mathbf{Key}\rangle$ 表示像素初始量子比特全 $|0\rangle$ 的量子二值图像。

设 $|C_i\rangle=\left|c_i^7\cdots c_i^1c_i^0\right\rangle$ 为量子载体图像 $|\boldsymbol{C}\rangle$ 的第 i 个像素的灰度值，$|S_i\rangle=\left|s_i^{k-1}\cdots s_i^1s_i^0\right\rangle$ 为量子秘密图像 $|\boldsymbol{S}\rangle$ 的第 i 个像素的灰度值，其中 $i=0,\cdots,2^{2n}-1$。在简单的 k-qubit LSB 方法中，直接使用载体像素最右边 k-qubit 最低有效位 $\left|c_i^{k-1}\cdots c_i^1c_i^0\right\rangle$ 替换 $\left|s_i^{k-1}\cdots s_i^1s_i^0\right\rangle$，嵌入后的载体图像（量子隐写图像）为 $|\mathbf{CS}\rangle$。提取过程不需要用到原始量子载体图像，直接将最右边 k 位最低有效位提取出来，从而构建出秘密信息比特。

假设量子载体图像的所有像素都采用简单的 LSB 替代，根据图像峰值信噪比 PSNR 的定义，均值方差 MSE 为

$$\mathrm{MSE}=\frac{1}{2^{2n}}\sum_{i=0}^{2^{2n}-1}(C_i-\mathrm{CS}_i)^2 \tag{4.4}$$

式中，C_i 与 CS_i 分别代表载体图像与隐写图像的第 i 个像素的灰度值。理论上，最坏情况下的隐写图像 PSNR 值为

$$\mathrm{PSNR}_{\mathrm{worst}}=10\times\lg\frac{255^2}{(2^k-1)^2}\mathrm{dB} \tag{4.5}$$

容易验证，当 $k>4$ 时，隐写图像视觉质量失真很大。事实上，简单的 LSB 替代方法如果对灰度为 8-qubit 像素的高四位进行修改，视觉质量将明显下降，不

符合信息隐藏的要求。因此，在本章所提的翻转模式量子图像隐写方法中，考虑 k 的可能取值为 1、2、3、4 这 4 种情形。

4.2.2 嵌入及其量子线路

通过上述分析可知，对隐写图像与载体图像的对应像素的灰度值求差，并取绝对值，得到 $|C_i - \mathrm{CS}_i|$，其中 $i = 0,1,\cdots,2^{2n}-1$。若对于每个像素，都能获得一个更小的差值，那么其最终的 PSNR 值就会更高，意味着隐写图像的视觉质量将更好。基于此，本章方案采用对秘密图像进行嵌入前的处理。

对于秘密图像每一个像素的量子比特序列 $|S_i\rangle = |s_i^{k-1}\cdots s_i^1 s_i^0\rangle$，都对应着其翻转模式，即 $|\overline{S_i}\rangle = |\overline{s_i^{k-1}}\cdots\overline{s_i^1}\,\overline{s_i^0}\rangle$。该翻转模式是指将其中的每个量子比特都进行翻转，即 $|0\rangle$ 翻转为 $|1\rangle$，或者 $|1\rangle$ 翻转为 $|0\rangle$。若翻转后的量子比特序列 $|\overline{s_i^{k-1}}\cdots\overline{s_i^1}\,\overline{s_i^0}\rangle$ 正好等于载体图像的 k-qubit 最低有效位 $|c_i^{k-1}\cdots c_i^1 c_i^0\rangle$，这时嵌入秘密图像比特序列对该像素的灰度失真没有任何影响。因此，通过嵌入原量子比特序列和其翻转模式下的产生的灰度差值进行比较，选择导致失真小的量子比特序列进行嵌入，即嵌入的量子比特序列可能为原量子比特序列 $|S_i\rangle$ 或其翻转模式 $|\overline{S_i}\rangle$。由于最终隐写图像视觉质量由 MSE 值所确定，算法考虑嵌入原量子比特序列和其翻转模式量子比特序列两种情况下的灰度差值。

为了更清楚地说明上述过程，图 4.4 给出了 k=3 的一个实例，即由 3 幅 2×2 像素图像构成的秘密图像嵌入载体灰度图像中。图 4.4 给出了秘密图像的翻转模式，通过两种情况下的差值绝对值运算得到两组差值，根据灰度变化最小原则，选取

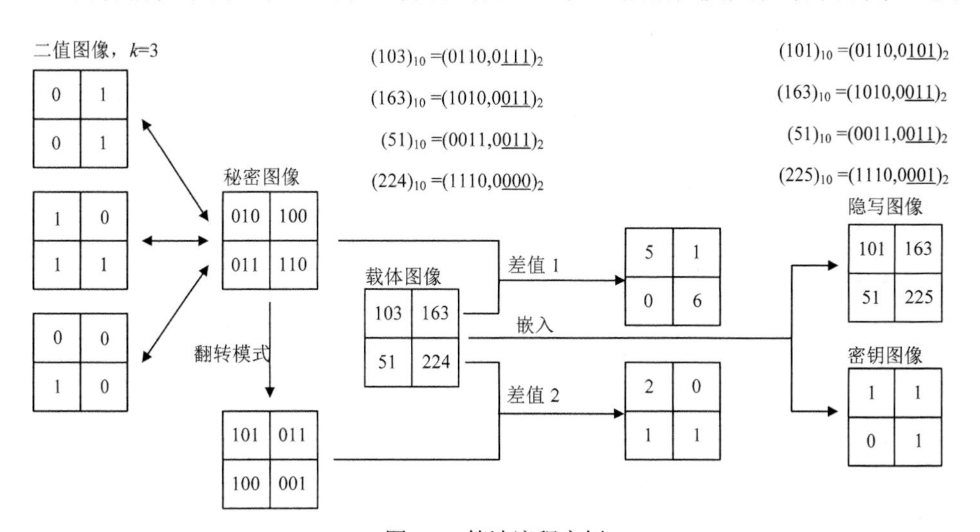

图 4.4 算法流程实例

差值小的量子比特序列作为最终嵌入比特。秘密图像的第 1、2、4 共 3 个像素，最终嵌入的是其翻转模式。为了实现秘密图像信息的提取，嵌入过程中同时制备了一幅量子密钥图像，该密钥图像的第 1、2、4 这 3 个像素的值为 1。

具体的算法如下。

算法 4.1　嵌入算法

```
1)For i=0 to 2^{2n}-1
If |c_i^{k-1}×2^{k-1}+…+c_i^0×2^0-(s_i^{k-1}×2^{k-1}+…+s_i^0×2^0)| >
   |c_i^{k-1}×2^{k-1}+…+c_i^0×2^0-(¬s_i^{k-1}×2^{k-1}+…+¬s_i^0×2^0)|
|Key_i⟩=|1⟩
Else
|Key_i⟩=|0⟩
End
2)For i=0 to 2^{2n}-1
If |Key_i⟩=|0⟩
Embed |S_i⟩ into |C⟩ directly;
Else
Embed |¬S_i⟩ into |C⟩ instead.
```

$$\left|c_i^{k-1}\times 2^{k-1}+\cdots+c_i^0\times 2^0-\left(s_i^{k-1}\times 2^{k-1}+\cdots+s_i^0\times 2^0\right)\right|>\left|c_i^{k-1}\times 2^{k-1}+\cdots+c_i^0\times 2^0-\left(\overline{s_i^{k-1}}\times 2^{k-1}+\cdots+\overline{s_i^0}\times 2^0\right)\right|$$

3) Return the quantum stego image $|CS\rangle$ and the quantum key image $|Key\rangle$, which can be expressed by

$$|CS\rangle=\frac{1}{2^n}\sum_{i=0}^{2^{2n}-1}|CS_i\rangle|i\rangle=\frac{1}{2^n}\sum_{Y=0}^{2^n-1}\sum_{X=0}^{2^n-1}|CS_{YX}\rangle|YX\rangle, CS_i=cs_i^7\cdots cs_i^{k-1}\cdots cs_i^1cs_i^0,$$

and

$$|Key\rangle=\frac{1}{2^n}\sum_{i=0}^{2^{2n}-1}|Key_i\rangle|i\rangle=\frac{1}{2^n}\sum_{Y=0}^{2^n-1}\sum_{X=0}^{2^n-1}|Key_{YX}\rangle|YX\rangle, Key_i\in\{0,1\},$$

respectively. Therein, $\left|cs_i^{k-1}\cdots cs_i^1cs_i^0\right\rangle$ is equal to $\left|s_i^{k-1}\cdots s_i^1s_i^0\right\rangle$ or $\left|\overline{s_i^{k-1}}\cdots\overline{s_i^1}\,\overline{s_i^0}\right\rangle$.

为了设计相应的量子线路，需要对两幅量子图像进行坐标控制，因此使用量子等价线路（QE），如图 4.5 所示。该量子线路用于判断两个量子比特序列$|Y\rangle|X\rangle$与$|A\rangle|B\rangle$是否相等，其中，$|Y\rangle=|y_{n-1}\cdots y_1y_0\rangle$，$|X\rangle=|x_{n-1}\cdots x_1x_0\rangle$，$|A\rangle=|a_{n-1}\cdots a_1a_0\rangle$，$|B\rangle=|b_{n-1}\cdots b_1b_0\rangle$。其输出结果用量子比特$|r\rangle$表示，如果$|r\rangle=|1\rangle$，则$|YX\rangle=|AB\rangle$，否则$|YX\rangle\neq|AB\rangle$。

完整的嵌入量子线路包括四个部分，分别是坐标比较模块（使用量子等价线路 QE）、绝对值计算模块（使用 CAV 模块）、差值比较（使用量子比较器 QC）及量子比特序列交换模块（使用有控制比特的量子交换门），具体的嵌入量子线路如图 4.6 所示。量子线路第一部分的第一个量子等价线路（QE）用来比较载体图像$|\boldsymbol{C}\rangle$与秘密图像$|\boldsymbol{S}\rangle$的像素坐标是否相等，输出结果$|r_1\rangle$作为线路第二

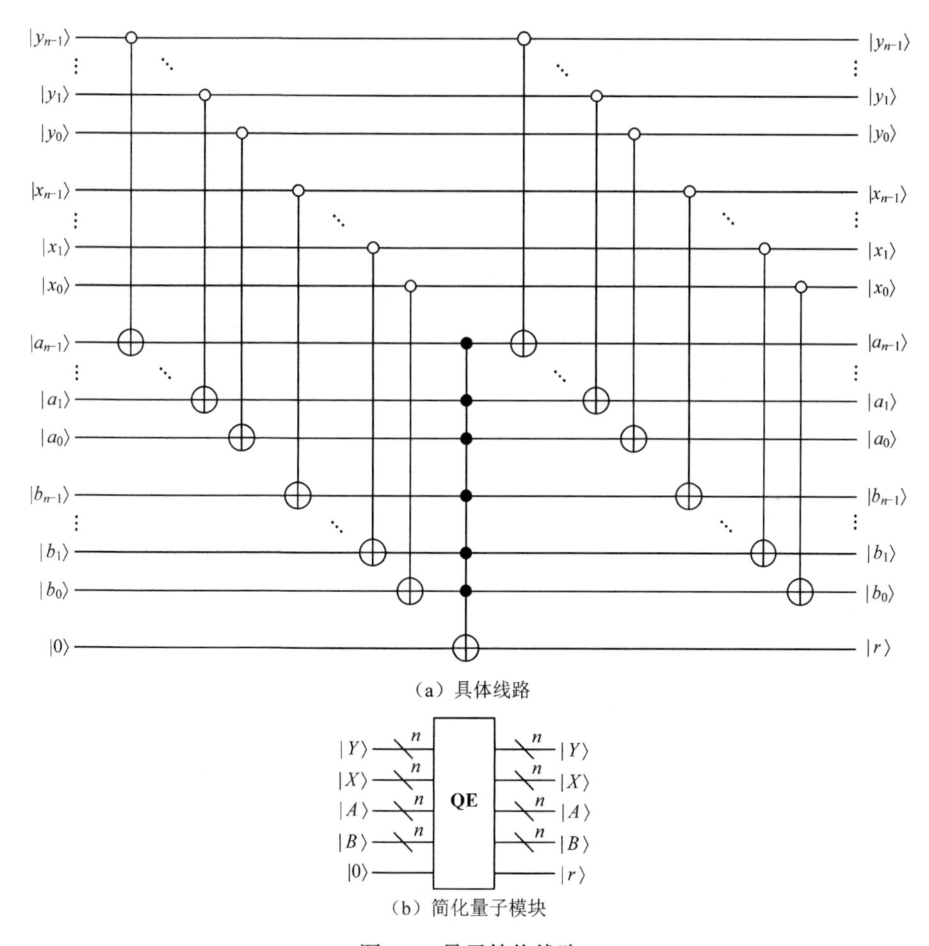

（a）具体线路

（b）简化量子模块

图 4.5　量子等价线路

部分绝对值计算模块（CAV）的控制量子比特。显然，当输入的两幅图像坐标相等，即$|r_1\rangle=|1\rangle$时，对$\left|c_i^{k-1}\cdots c_i^1c_i^0\right\rangle$与$\left|s_i^{k-1}\cdots s_i^1s_i^0\right\rangle$及翻转模式$\left|\overline{s_i^{k-1}}\cdots\overline{s_i^1}\,\overline{s_i^0}\right\rangle$进行灰度差值计算，设差值分别是$D_1$及$D_2$。接下来使用量子线路图第三部分的量子比较器对差值进行大小比较，比较器输出结果$|c_0\rangle$作为嵌入操作的控制量子比特。显然，当$|c_0\rangle=|0\rangle$时，$D_1\leqslant D_2$，这时原量子比特序列$\left|s_i^{k-1}\cdots s_i^1s_i^0\right\rangle$用于嵌入载体图像的 *k*-qubit 最低有效位。否则，将使用其翻转模式$\left|\overline{s_i^{k-1}}\cdots\overline{s_i^1}\,\overline{s_i^0}\right\rangle$进行嵌入。

最后，值得注意的是，当$|c_0\rangle=|1\rangle$时，由于需要将密钥图像的初始值$|0\rangle$置$|1\rangle$，该量子线路第一部分第二个量子等价线路的输出结果$|r_2\rangle$同样作为控制量子比特。当$|r_2\rangle=|1\rangle$且$|r_1\rangle=|1\rangle$时，3 幅图像像素坐标均相等，嵌入其翻转模式的同时生成了密钥图像。通过对量子秘密图像嵌入量子线路的分析可见，整个线路使用了 3 个量子模块线路，流程清晰，其中第四部分仅使用了交换门，线路简单有效，易于实现。

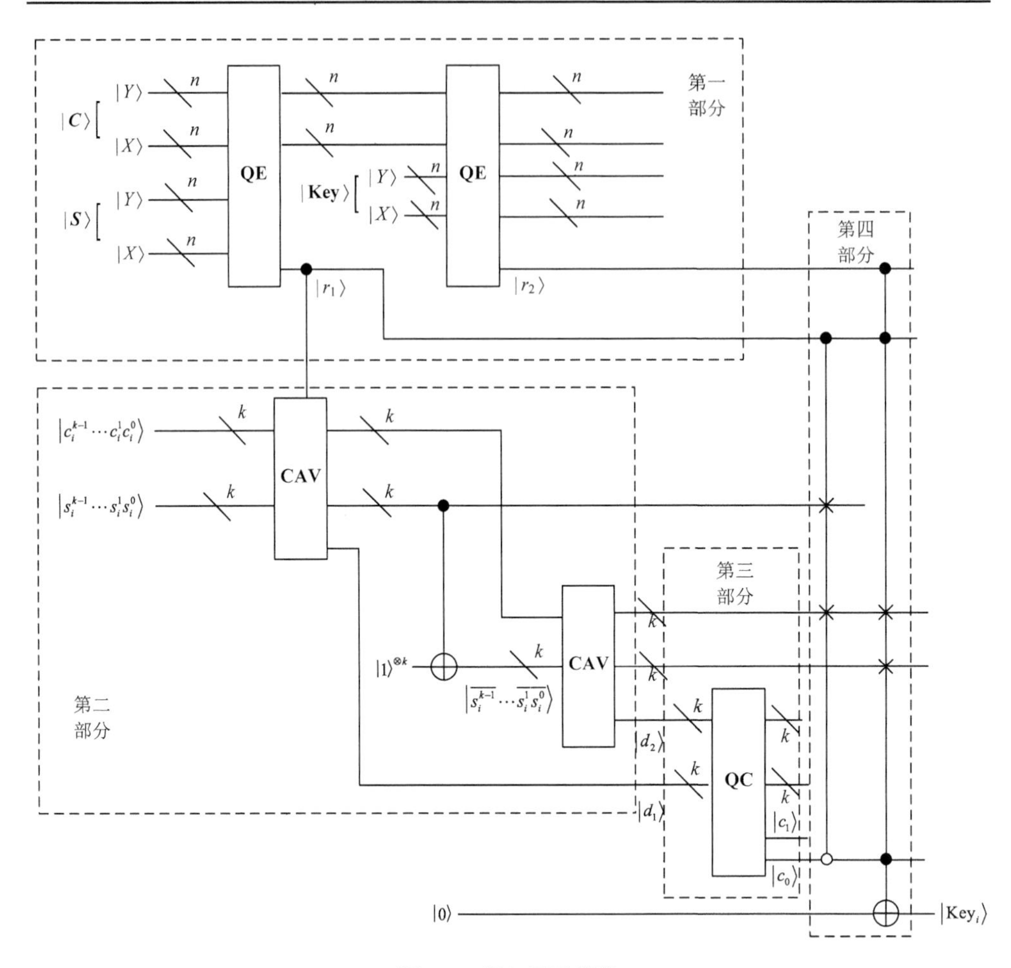

图 4.6　嵌入量子线路

4.2.3　提取及其量子线路

通过上述算法及嵌入量子线路的分析可知，秘密图像嵌入后，得到隐写图像 $|\mathbf{CS}\rangle$ 的同时生成了密钥图像 $|\mathbf{Key}\rangle$。由图 4.2 可知，提取过程是嵌入过程的逆过程。为了恢复原始的秘密图像，需要制备一幅空的大小为 $2^n \times 2^n$ 的 k-qubit 灰度图像，其表达式为

$$|\boldsymbol{E}\rangle = I^{\otimes k} H^{\otimes 2n} |0\rangle^{\otimes(k+2n)} = \frac{1}{2^n}\sum_{i=0}^{2^{2n}-1}|E_i\rangle|i\rangle = \frac{1}{2^n}\sum_{Y=0}^{2^n-1}\sum_{X=0}^{2^n-1}|E_{YX}\rangle|YX\rangle,$$

$$E_i = e_i^{k-1}\cdots e_i^1 e_i^0, e_i^j = 0, j = k-1,\cdots 1,0 \tag{4.6}$$

由上述嵌入过程的分析可知，对隐写图像的 k-qubit 最低有效位直接进行提取即可得到秘密信息。然而，要重构出原始的秘密信息，还需要借助嵌入过程中生成的密钥图像。具体的提取算法描述如下。

算法 4.2　提取算法

```
1)For i=0 to 2^{2n}-1
Extract |cs_i^{k-1}···cs_i^1 cs_i^0⟩ from |CS⟩;
End
2)If |Key_i⟩=|0⟩
|cs_i^{k-1}···cs_i^1 cs_i^0⟩ is the gray value of the i-th pixel in the quantum secret image;
Else |overline{cs_i^{k-1}}···overline{cs_i^1 cs_i^0}⟩ is the gray value of the i-th pixel in the quantum secret image.
End
3)Return the original quantum secret image |S⟩.
```

具体的秘密图像提取量子线路如图 4.7 所示，该线路图主要分为两个部分。第一部分使用两个量子等价线路（QE）对隐写图像$|\mathbf{CS}\rangle$、空秘密图像$|\boldsymbol{E}\rangle$及密钥图像$|\mathbf{Key}\rangle$进行坐标比较。由图 4.7 可知，当 3 幅图像坐标值相等，即$|r_1\rangle=|r_2\rangle=|1\rangle$且$|\mathrm{Key}_i\rangle=|0\rangle$时，隐写图像$|\mathbf{CS}\rangle$中提取出的$|\mathrm{cs}_i^{k-1}\cdots\mathrm{cs}_i^1\mathrm{cs}_i^0\rangle$即为秘密图像中第 i 个像素的灰度值；当$|r_1\rangle=|r_2\rangle=|1\rangle$且$|\mathrm{Key}_i\rangle=|1\rangle$时，使用其翻转模式$|\overline{\mathrm{cs}_i^{k-1}}\cdots\overline{\mathrm{cs}_i^1\mathrm{cs}_i^0}\rangle$重构秘密图像。

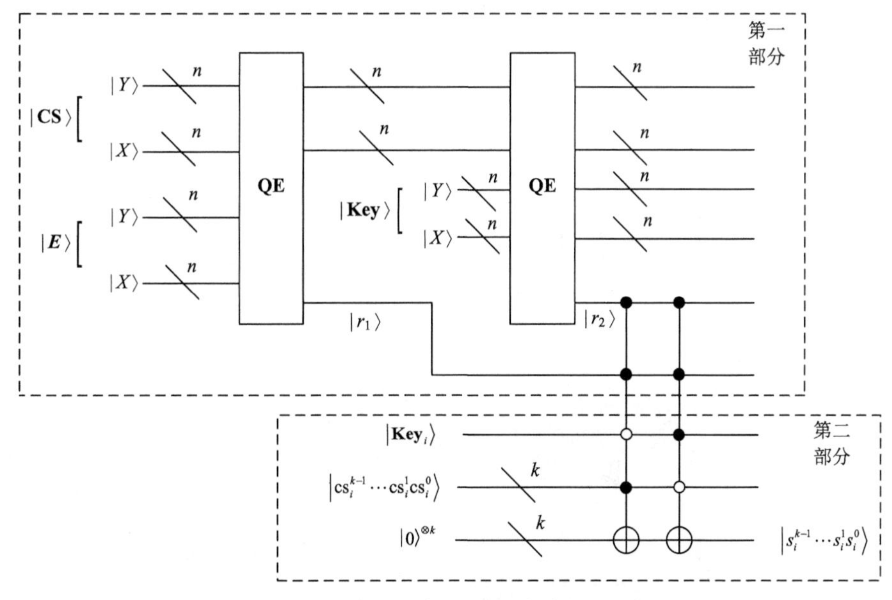

图 4.7　提取量子线路

最后，对 k-qubit 量子秘密图像进行量子测量，得到经典的秘密图像，同时执行图 4.3 所示秘密图像构建的逆操作，即可重构出原始的 k 幅二值图像。

4.3　仿真结果与分析

本章所提算法仿真实验选取大小为 的Lena及Cameraman图像为载体图像(图4.8)，待嵌入的秘密图像由大小为256×256像素的4幅二值图像构成，分别是Airplane、Pirate、Peppers及Baboon（图4.9），仿真实验软件平台为MATLAB 2014b，硬件配置为Intel (R) Core (TM) i5-7200U CPU 2.70GHz 8.00GB RAM。仿真实验结果如图4.10所示，其中图4.10（a）～（d）代表载体图像为Lena，嵌入秘密图像为k幅二值图像（如k=2，秘密图像由Airplane和Pirate构成）的嵌入效果；同理，图4.10（a）～（d）代表载体图像为Cameraman，嵌入秘密图像为k幅二值图像的嵌入效果。

（a）Lena

（b）Cameraman

图4.8　载体图像

（a）Airplane

（b）Pirate

（c）Peppers

（d）Baboon

图4.9　二值图像

（a）嵌入秘密图像 Airplane1

（b）嵌入秘密图像 Airplane、Pirate1

（c）嵌入秘密图像 Airplan、Pirate、Pepper1

（d）嵌入秘密图像 Airplan、Pirate、Peppers、Baboon1

（e）嵌入秘密图像 Airplane2

（f）嵌入秘密图像 Airplane、Pirate2

（g）嵌入秘密图像 Airplan、Pirate、Pepper2

（h）嵌入秘密图像 Airpla、Pirate、Peppers、Baboon2

图 4.10　隐写视觉效果

4.3.1　对比分析

量子图像隐写技术性能评价包括隐藏容量、嵌入后图像视觉质量等多个方面，本节从以下几个方面对仿真结果进行分析，并与文献[2]、[3]及文献[8]进行对比。

1. 嵌入容量

嵌入容量定义为在不影响载体图像明显失真的情况下，隐藏到载体图像中的最大秘密数据量。一般来说，嵌入容量是嵌入秘密比特的数目（the number of secret bits）占载体图像总像素（the number of cover pixels）的比例。在本方案中，嵌入容量为

$$C=\frac{\text{the number of secret bits}}{\text{the number of cover pixels}}=\frac{2^n\times 2^n\times k}{2^n\times 2^n}=k\ \text{bpp} \tag{4.7}$$

式中，k 代表嵌入的容量为 k 比特每像素（bits per pixel，bpp），$k\in\{1,2,3,4\}$。可见，本方案的秘密图像可任意由 k 幅二值图像构建，因此能提供一个可变的嵌入容量。然而，在其他类似文献的隐写方法中，如文献[2]与文献[3]，其固定嵌入容量为 2bpp。当 k=3、4 时，本隐写方案嵌入容量大，能满足一些要求高隐藏容量的应用需求场合。因此，从嵌入容量来看，本算法能根据不同应用需求，适应可变的嵌入容量。

2. 视觉质量

众所周知，隐写图像的视觉质量是衡量信息隐藏算法优劣的重要标准之一，这里仍然采取 PSNR 及 MSE 两种客观评价方法。在文献[8]中，使用了与本方案相同的载体图像及秘密图像，其方法主要是基于嵌入后最小灰度失真像素的选择，获得了比较理想的视觉效果与较高的 PSNR 值。为了进行直观的对比，仿真实验中对采用简单 LSB 替代方法、优化 LSB 隐写方案[8]进行视觉效果对比，对嵌入前后载体图像的 PSNR 值进行了计算，其结果如表 4.1 所示。

表 4.1　PSNR 值对比

载体图像	二值图像	*k*-qubit 秘密图像	PSNR/dB		
			LSB 替代	文献[8]	本章方案
Lena	Airplane	*k*=1	58.426 0		Inf
	Airplane、Pirate	*k*=2	48.274 4	54.122 5	54.124 4
	Airplane、Pirate、Peppers	*k*=3	40.999 1	45.714 9	47.398 2
	Airplane、Pirate、Peppers、Baboon	*k*=4	34.846 7	38.721 1	40.988 5
Cameraman	Airplane	*k*=1	58.540 2		Inf
	Airplane、Pirate	*k*=2	48.350 9	54.141 9	54.155 9
	Airplane、Pirate、Peppers	*k*=3	41.121 5	45.673 9	47.365 1
	Airplane、Pirate、Peppers、Baboon	*k*=4	34.877 1	38.733 4	40.972 1

从表 4.1 可以看出，相对直接采用简单 LSB 替换方法而言，本方案所获的 PSNR 值都高出了 6dB。在嵌入秘密图像 k=1 时，本方案隐写图像与原始载体图像无任何区别，从前述理论分析亦可得到类似的结果。当 k=2 时，本方案 PSNR 值约等于文献[8]中方法的 PSNR 值；当 k=3、4 时，PSNR 值仍然高出了 2dB。由此可知，本方案嵌入后隐写图像视觉质量更好。

在嵌入容量相同的前提下，文献[2]和文献[3]中方法的嵌入容量都是 2bpp，其 PSNR 值分别为 44dB、46dB。在本方案中，嵌入容量相同的情形下（k=2），其 PSNR 值为 54dB，相比较分别提高了约 18%及 15%。随着嵌入容量的增加，当 k=3 时，其 PSNR 值约为 47dB，可见视觉质量仍好于其他两个量子图像隐写方法。因此，从视觉质量上来看，本方法 PSNR 值相比较其他量子图像信息隐藏算法有较大的优势。

3. 直方图分析

直方图反映了图像像素灰度分布情况，一般图像中嵌入秘密信息会改变载体图像的视觉外观和统计信息，因此隐写后直方图随之改变。仿真实验中，选取 Lena 作为载体图像，嵌入 k-qubit 秘密图像后，通过 MATLAB 软件绘制各隐写图像的直方图，如图 4.11 所示。图 4.11（a）表示嵌入容量为 1bpp 时隐写图像的直方图，显然，由上述分析可知，其直方图与原始载体图像直方图完全一样。同理，图 4.11（b）～（d）代表嵌入容量为 2bpp、3bpp、4bpp 时的隐写图像直方图，相比较图 4.11（a），直方图差异并不明显，同样说明嵌入后的隐写图像失真小。

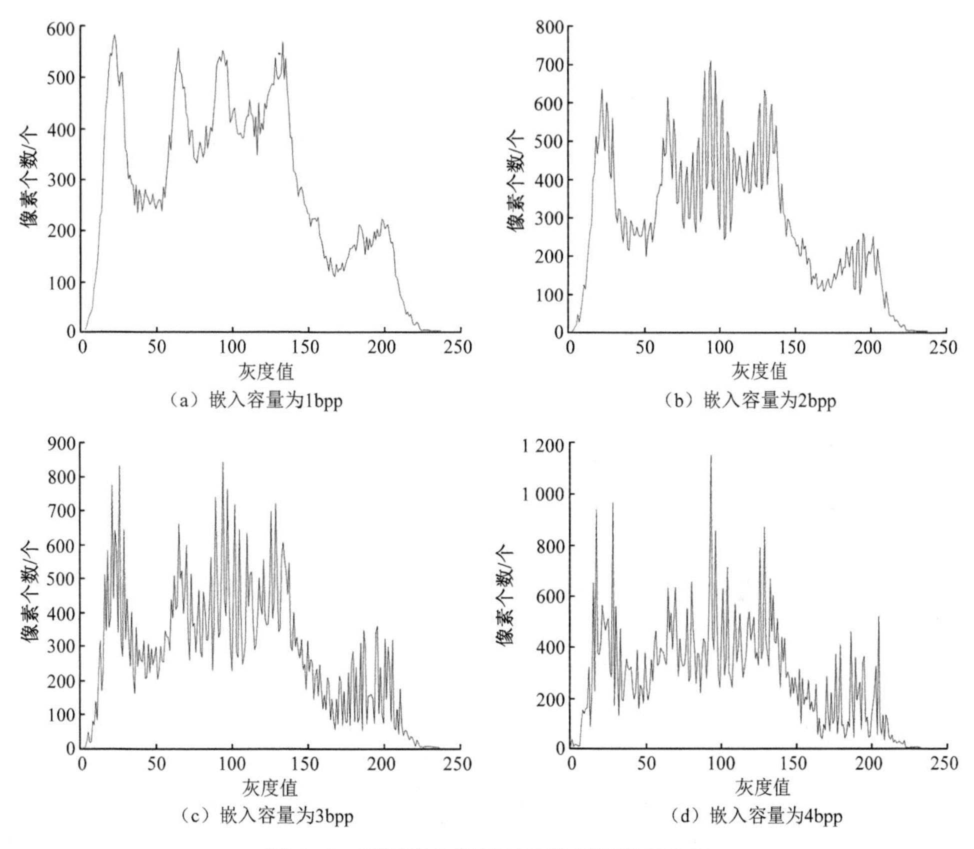

（a）嵌入容量为1bpp　（b）嵌入容量为2bpp　（c）嵌入容量为3bpp　（d）嵌入容量为4bpp

图 4.11　不同嵌入容量时的隐写图像直方图

4. 二维相关性分析

为了比较隐写图像与载体图像之间的相关性，采用二维相关性分析方法。载体图像与相应的隐写图像之间的相关性系数 r_{xy} 可定义如下：

$$r_{xy}=\frac{E\big((x-E(x))(y-E(y))\big)}{\sqrt{D(x)D(y)}} \tag{4.8}$$

式中，$E(x)$ 与 $D(x)$ 分别表示变量 x 的期望和方差。一般，相关性系数取值在-1 到 1 之间。当 $r_{xy}=1$ 时，两幅图像是完全相同的。使用相关性系数公式，令 x 为原载体图像，y 为相对应的隐写图像，计算出本方案与文献[8]的相关性系数值，如表 4.2 所示。可以看出，嵌入容量大时，相应的相关性系数值略小。相比较，该方法的相关性系数值更接近 1，同样也验证了本方案隐写图像失真度非常小。

表 4.2　相关性系数比较

方案	载体图像	嵌入容量/bpp		
		k=2	k=3	k=4
文献[8]	Lena	0.999 8	0.999 0	0.996 1
	Cameraman	0.999 8	0.999 3	0.997 2
本章方案	Lena	0.999 9	0.999 6	0.998 1
	Cameraman	0.999 9	0.999 7	0.998 6

5. 鲁棒性分析

选取 Lena 为载体图像，考虑嵌入容量为 2bpp 时对隐写图像进行鲁棒性分析。对隐写图像进行椒盐噪声攻击，噪声强度分别为 0.05、0.10、0.15，噪声攻击后的隐写图像及其相应的提取结果如图 4.12 所示。显然，对隐写图像添加一定程度的噪声干扰后，仍具有较好的鲁棒性。表 4.3 给出了噪声攻击后提取出来的秘密图像与原图像的 PSNR 值比较，可见，本方案与文献[8]中的方案同样取得了较好的鲁棒性能，同时也表明了该方法能实现秘密图像在噪声干扰下的提取。

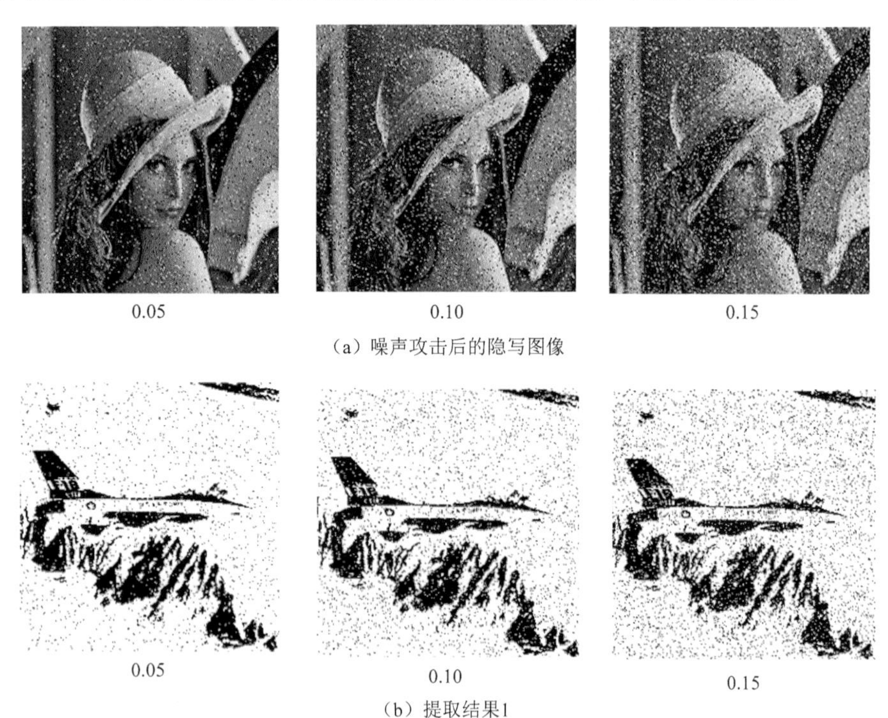

0.05　0.10　0.15

(a) 噪声攻击后的隐写图像

0.05　0.10　0.15

(b) 提取结果1

图 4.12　椒盐噪声下的鲁棒性

0.05

0.10

0.15

（c）提取结果2

图 4.12（续）

表 4.3　椒盐噪声攻击下提取图像 PSNR 值

方案	二值图像	PSNR/dB			
		0	0.05	0.10	0.15
文献[8]	Airplane	Inf	64.126 0	61.119 7	59.434 6
	Pirate	Inf	64.099 8	61.122 3	59.382 1
本方案	Airplane	Inf	64.099 8	61.196 9	59.394 5
	Pirate	Inf	64.076 2	61.233 3	59.406 1

4.3.2　线路复杂度分析

量子计算相关理论[10]指出，对多个量子比特的复杂酉操作可以分解为单量子比特逻辑门与两量子比特受控非门，因此，量子线路的复杂度取决于基本量子逻辑门的个数。文献[11]指出，使用足够的辅助量子比特，具有 n 个控制量子比特的多受控非门（n-CNOT）可使用 $2(n-1)$ 个 Toffoli 门及 1 个 CNOT 门进行模拟，1 个 Toffoli 门可使用 6 个 CNOT 门进行模拟，1 个交换门可以通过 3 个 CNOT 门模拟。基于此，选取 CNOT 门作为基本的逻辑计算单元，本方案的线路复杂度分析如下。

1. 嵌入线路复杂度

如图 4.6 所示，嵌入量子线路由 4 个部分组成。

第一部分，使用量子等价线路对两个 $2n$ 量子比特的坐标序列进行比较。由量子等价线路可知，该模块由 $4n$ 个 CNOT 门及一个 $2n$-CNOT 门组成。多控制量子比特受控非门（n-CNOT）（n 代表控制量子比特数目）的复杂度为 $12n-9$ [12]，因此该部分线路中两个量子等价判断模块的复杂度是 $2\times(4n+12\times 2n-9)$ $(n\geqslant 3)$。

第二部分，根据文献[13]，差值绝对值计算模块量子线路复杂度为 $4n^2-2$。在嵌入线路中，该模块用于计算两个 k-qubit 量子序列的灰度差值，可见，其复杂度为 $2\times(4k^2-2)$。

第三部分，仅使用量子比较器进行差值比较，其复杂度为 $24k^2+6k$。

第四部分，嵌入线路中包含 k 个 2 控制量子比特交换门(2-Controlled-SWAP)、k 个 3 控制量子比特交换门及 1 个 3 控制量子比特 CNOT 门。由于交换门能分解为 3 个 CNOT 门，2 控制量子比特交换门能分解为 3 个 3 控制量子比特 CNOT 门，3 控制量子比特交换门能分解为 3 个 4 控制量子比特 CNOT 门。因此，该部分量子线路复杂度为 $k\times3\times(12\times3-9)+k\times3\times(12\times4-9)+(12\times3-9)$。

基于上述分析，该量子图像隐写方法中秘密图像嵌入的线路复杂度为

$$
\begin{aligned}
&[2\times(4n+12\times2n-9)]+[2\times(4k^2-2)]+[24k^2+6k]\\
&\quad+[k\times3\times(12\times3-9)+k\times3\times(12\times4-9)+(12\times3-9)]\\
&=56n+32k^2+204k+5\\
&=O(n)
\end{aligned}
\tag{4.9}
$$

2. 提取线路复杂度

如图 4.7 所示，提取量子线路包括两个组成部分，即两个量子等价判断线路及提取线路，后者包括 $2k$ 个 4 控制量子比特 CNOT 门。与上述分析类似，整个提取线路的复杂度计算如下：

$$
\begin{aligned}
&[2\times(4n+12\times2n-9)]+[2k\times(12\times4-9)\\
&=56n+78k-18\\
&=O(n)
\end{aligned}
\tag{4.10}
$$

综上所述，忽略量子图像制备及量子测量等复杂度，该量子图像隐写算法中嵌入及提取量子线路的复杂度仅为 $O(n)$。然而，在文献[8]中，由于额外使用了取模操作及相关运算，需要比较和选取最小灰度失真的目标像素，其复杂度为 $O(n^2)$。可见，本算法所对应的量子线路复杂度更低。

此外，考虑经典图像隐写方法的情形，如对两幅 $2^n\times2^n$ 图像进行对应像素值差的绝对值计算，由于需要处理的总像素的个数是 2^{2n}，其复杂度约为 $O(2^{2n})$。另外，针对经典图像的坐标比较与判断操作，同样需要对全部 2^{2n} 个像素进行逐一操作。因此，在使用经典计算机处理的图像隐写方案中，总的复杂度约为 $O(2^{2n})$。显然，得益于量子的态叠加及量子计算的并行性，量子图像隐写方法的执行效率高，线路复杂度低。

本 章 小 结

本章提出了一种高效的量子图像信息隐藏隐写方法。该方法基于秘密信息的嵌入前处理，通过最小灰度失真来判断实际嵌入的秘密图像量子比特序列。通过对秘密信息直接嵌入产生的灰度差及翻转模式嵌入产生的灰度差进行比较，选择

灰度差值小的秘密图像量子比特序列进行嵌入，并且使用空的量子二值图像对嵌入模式进行存储记录，产生密钥图像，并将其应用于接收方对秘密信息的提取。本章还设计了量子图像信息隐藏方法中秘密信息的嵌入及提取量子线路。理论分析及仿真实验表明，该方法实现简单，线路复杂度低，是一种能实现可变嵌入容量的高效量子图像隐写方法。此外，本方案能满足量子图像隐写中大容量嵌入的需求，并且在大容量嵌入时，仍能获得较好的隐写图像视觉质量。

参 考 文 献

[1] JIANG N, LUO W. A novel strategy for quantum image steganography based on Moire pattern[J]. International journal of theoretical physics, 2015, 54(3):1021-1032.

[2] MIYAKE S, NAKAMAE K. A quantum watermarking scheme using simple and small-scale quantum circuits[J]. Quantum information processing, 2016, 15(5):1849-1864.

[3] EL-LATIF A A A, ABD-EL-ATTY B, HOSSAIN M S. Efficient quantum information hiding for remote medical image sharing[J]. IEEE access, 2018, 6:21075-21083.

[4] WANG S, SANG J, SONG X, et al. Least significant qubit (LSQb) information hiding algorithm for quantum image[J]. Measurement, 2015, 73: 352-359.

[5] ZHOU R G, LUO J, LIU X A, et al. A novel quantum image steganography scheme based on LSB[J]. International journal of theoretical physics, 2018, 57(6):1848-1863.

[6] SANG J, WANG S, LI Q. Least significant qubit algorithm for quantum images[J]. Quantum information processing, 2016, 15(11):4441-4460.

[7] HEIDARI S, POURARIAN M R, GHEIBI R, et al. Quantum red-green-blue image steganography[J]. International journal of quantum information, 2017, 15(5):1750039.

[8] ZHOU R G, HU W W, LUO G F, et al. Optimal LSBs-based quantum watermarking with lower distortion[J]. International journal of quantum information, 2018, 16(5):1850058.

[9] YANG C H. Inverted pattern approach to improve image quality of information hiding by LSB substitution[J]. Pattern recognition, 2008, 41(8):2674-2683.

[10] BENENTI G, CASATI G, STRINI G. 量子计算与量子信息原理（第一卷：基本概念）[M]. 王文阁，李保文，译. 北京：科学出版社，2015.

[11] BARENCO A，BENNETT C H, CLEVE R, et al. Elementary gates for quantum computation[J]. Physics review A, 1995, 52(5):3457-3467.

[12] JIANG N, WANG J, MU Y. Quantum image scaling up based on nearest-neighbor interpolation with integer scaling ratio[J]. Quantum information processing, 2015, 14(11): 4001-4026.

[13] ZHOU R G, HU W W, LUO G F, et al. Quantum realization of the nearest neighbor value interpolation method for INEQR[J]. Quantum information processing, 2018, 17(7):166.

第5章 抵抗检测的可追溯量子图像隐写算法

量子图像信息隐藏技术的研究对量子信息时代信息安全的保护及保密通信具有重要的理论意义。然而，非法攻击者往往能对隐藏后的信息进行检测分析，从而还原部分隐藏的信息。为抵抗非法攻击，量子图像信息隐藏检测技术成为重要研究话题[1]。现有量子图像隐写算法大多基于图像空域，如LSB方式进行信息嵌入。本章首先探讨量子图像LSB隐写算法检测技术，利用判别函数将图像所有像素划分为正常组、奇异组和无用组，分析前两组中像素的数量，检测到信息嵌入LSB时造成的不均匀分布，从而大致估计秘密信息的长度。最后，在此基础上提出一种能够抵抗检测的量子图像隐写算法。该算法通过图像中相邻两个像素点的像素差值隐藏信息，信息的嵌入不会造成像素值LSB的不均匀分布。

5.1 量子图像信息隐藏检测技术

设检测的图像大小为$2^n \times 2^n$，灰度为2^8，采用NEQR方法编码，其量子态表示为

$$|\boldsymbol{I}\rangle = \frac{1}{2^n}\sum_{Y=0}^{2^n-1}\sum_{X=0}^{2^n-1}|C(Y,X)\rangle|YX\rangle = \frac{1}{2^n}\sum_{Y=0}^{2^n-1}\sum_{X=0}^{2^n-1}\bigotimes_{k=0}^{q-1}|C_{YX}^k\rangle|YX\rangle \tag{5.1}$$

首先，将图像划分为多个含有连续像素点的像素组；随后利用绝对值计算模块以及量子加法器计算这些像素组的判别函数差值；接着，通过两种不同形式的最低位量子比特的翻转，分别计算得到翻转之后的像素组差值；然后，利用量子比较器判断像素组前后差值的大小情况，即可将像素组划分为正则组（regular，R）、奇异组（singular，S）及无用组（unusable，U）；最后，嵌入信息的长度也可以通过这些分组的概率计算大致得出。下面详细介绍信息隐藏检测技术。

5.1.1 判别函数

判别函数的作用是将划分好的像素组进行分类，对于一幅图像而言，其像素以连续且不重叠的方式遍历所有行划分为多个含有 n 个像素$(x_1,x_2,\cdots,x_n)$的组。然后定义采集空间相关性的判别函数$f(x)$来给每一组像素$G=(x_1,x_2,\cdots,x_n)$赋值一个实数$|f(x_1,x_2,\cdots,x_n)\rangle \in R$。该判别函数可以定义为

$$f(x_1,x_2,\cdots,x_n)=\sum_{i=1}^{n}|x_{i+1}-x_i| \tag{5.2}$$

本方案设定每一组像素只包含4个像素，也就是说$G=(x_1,x_2,x_3,x_4)$，因此判

别函数可以重写成如下形式：

$$\left|f\left(x_1,x_2,x_3,x_4\right)\right\rangle=\left|\left|x_4-x_3\right|\right\rangle+\left|\left|x_3-x_2\right|\right\rangle+\left|\left|x_2-x_1\right|\right\rangle \tag{5.3}$$

因此，待检测量子图像将被划分为含有 4 个连续像素点的 $2^n\times2^{n-2}$ 组，图像量子态可以改写为

$$\begin{aligned}|I\rangle&=\frac{1}{2^n}\sum_{Y=0}^{2^n-1}\sum_{X=0}^{2^n-1}|C(Y,X)\rangle\otimes|YX\rangle\\&=\frac{1}{2^n}\sum_{Y=0}^{2^n-1}\sum_{X_p=0}^{2^{n-2}-1}\sum_{X_q=0}^{3}\left|C(Y,X_pX_q)\right\rangle|Y\rangle\left|X_pX_q\right\rangle\end{aligned} \tag{5.4}$$

式中，X_p 表示 X 坐标的高位量子比特 $x_{n-1}x_{n-2}\cdots x_2$；X_q 表示 X 坐标的最低两位量子比特 x_1x_0，其值分别为 00、01、10 和 11。将这种划分方式代入式（5.3）可得

$$\begin{aligned}\left|f\left(x_1,x_2,x_3,x_4\right)\right\rangle=&\left|\left|C(Y,X_p11)-C(Y,X_p10)\right|\right\rangle\\&+\left|\left|C(Y,X_p10)-C(Y,X_p01)\right|\right\rangle+\left|\left|C(Y,X_p01)-C(Y,X_p00)\right|\right\rangle\end{aligned} \tag{5.5}$$

为方便量子线路计算每组像素的判别函数的值，首先需要将图像像素值分为四组并复制、粘贴至预先准备好的空量子比特中，接下来使用绝对值计算线路模块计算相邻像素的差值，最后使用量子加法器将差值相加得到最后的判别函数值。判别函数计算线路如图 5.1 所示。

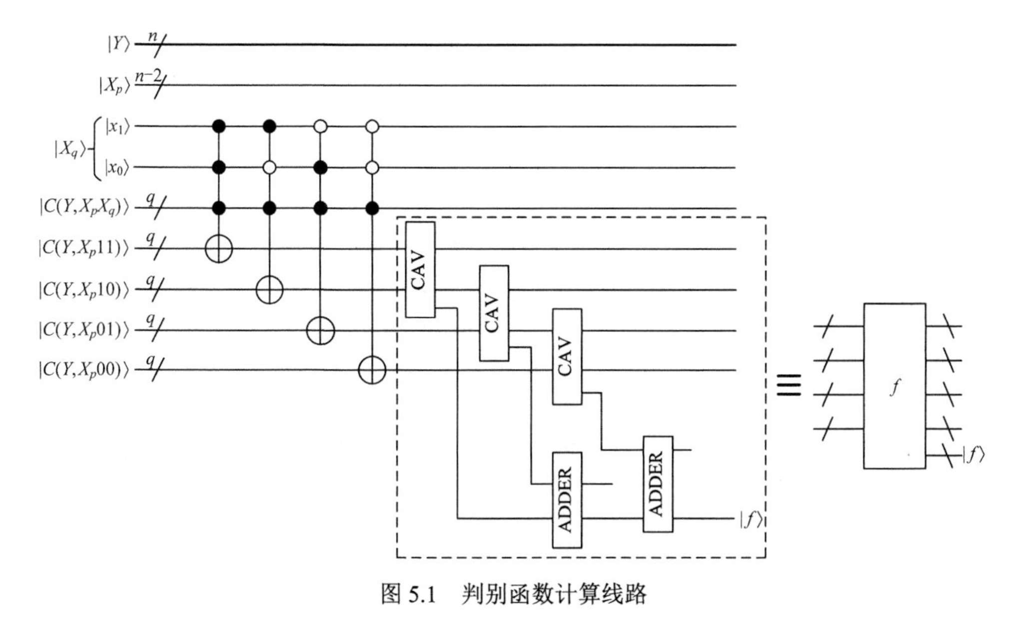

图 5.1　判别函数计算线路

5.1.2　翻转函数

自然图像最低位平面中信息的嵌入会使图像中的噪声增多，因此通过 LSB 嵌

入后判别函数f的值会增大,采用此原理判断一幅自然图像中是否存在 LSB 嵌入。LSB 嵌入造成像素值的改变用函数定义为$F_1: 0 \leftrightarrow 1, 2 \leftrightarrow 3, \cdots, 254 \leftrightarrow 255$，这个函数实际上是一个变换，它定义了像素值的最后一个量子位由 0 到 1 或由 1 到 0 的过程。然而，图像像素值差异为 1 的变换还存在另一种形式，即翻转函数$F_{-1}: 0 \leftrightarrow 0, 1 \leftrightarrow 2, 3 \leftrightarrow 4, \cdots, 253 \leftrightarrow 254, 255 \leftrightarrow 255$。这一形式的变换更加复杂，不仅涉及最低位的变化，还会造成其他表示颜色值的量子比特的变化，而且这两者的区别在量子线路上的呈现会更加明显，其量子线路如图 5.2 所示。

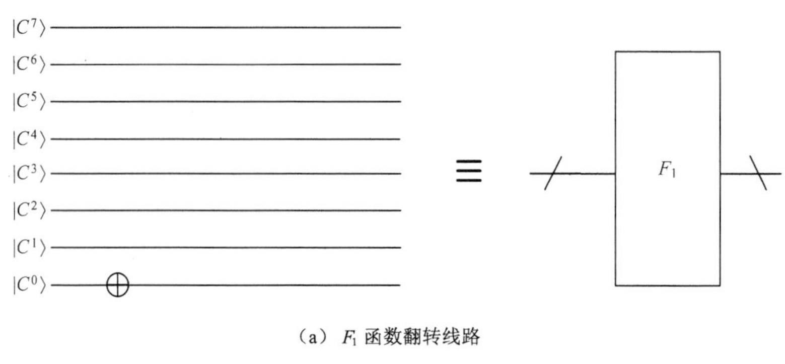

（a）F_1 函数翻转线路

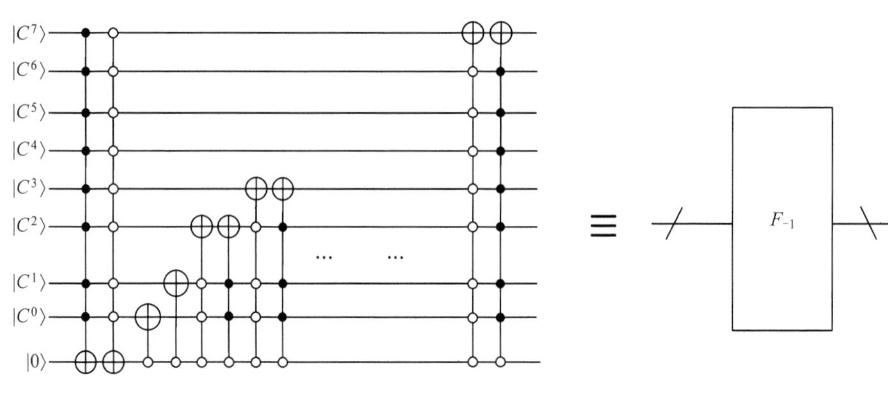

（b）F_{-1} 函数翻转线路

图 5.2　翻转函数线路

可以看到F_1的翻转只需要一个非门即可完成，该线路表示的酉变换作用于量子图像上时发生如下变化：

$$\begin{aligned}\boldsymbol{U}_{F_1}|\boldsymbol{I}\rangle &= \frac{1}{2^n}\sum_{Y=0}^{2^n-1}\sum_{X=0}^{2^n-1}|C(Y,X)\rangle|YX\rangle \\ &= \frac{1}{2^n}\sum_{Y=0}^{2^n-1}\sum_{X=0}^{2^n-1}\boldsymbol{U}_{F_1}\left|C_{YX}^7 C_{YX}^6 \cdots C_{YX}^1 C_{YX}^0\right\rangle|YX\rangle \\ &= \frac{1}{2^n}\sum_{Y=0}^{2^n-1}\sum_{X=0}^{2^n-1}\left|C_{YX}^7 C_{YX}^6 \cdots C_{YX}^1 \overline{C_{YX}^0}\right\rangle|YX\rangle \end{aligned} \tag{5.6}$$

F_{-1} 的变换需要更加复杂的多个多量子受控非门才能实现，并且 0 和 255 具有特殊性，使其在 F_{-1} 中不发生变化，因此在线路中通过前两个多量子比特受控非门将其排除在外。该函数表示的酉变换作用于量子图像如下：

$$\begin{aligned}\boldsymbol{U}_{F_{-1}}|\boldsymbol{I}\rangle &= \frac{1}{2^n}\sum_{Y=0}^{2^n-1}\sum_{X=0}^{2^n-1}|C(Y,X)\rangle|YX\rangle \\ &= \frac{1}{2^n}\sum_{Y=0}^{2^n-1}\sum_{X=0}^{2^n-1}\boldsymbol{U}_{F_{-1}}|C(Y,X)\rangle|YX\rangle \\ &= \frac{1}{2^n}\sum_{Y=0}^{2^n-1}\sum_{X=0}^{2^n-1}\left|(C(Y,X)\pm 1)\bmod 2^8\right\rangle|YX\rangle \end{aligned} \tag{5.7}$$

式中，$|(C(Y,X)\pm 1)\text{mod}2^8\rangle$ 表示：当 $C(Y,X)$ 不等于 0 或 255 时，若 $C(Y,X)$ 是奇数，则 $C(Y,X)=(C(Y,X)+1)\text{mod}2^8$；若 $C(Y,X)$ 为偶数，则 $C(Y,X)=(C(Y,X)-1)\text{mod}2^8$。

5.1.3　嵌入信息判断

对于像素组采取哪一种翻转函数进行翻转，定义一个 4 元组掩码 M，其中元素由 F_1, F_0 和 F_{-1} 这 3 个翻转函数构成。若采用 F_1 或 F_{-1} 翻转，当掩码中的元素为 1 时，将 F_1 或 F_{-1} 应用于像素上；当掩码中的元素为 0 时，应用 F_0 使像素组元素不发生改变。故 $F_{1,-1\text{ or }0}(G)$ 意味着将 $F_{1,-1\text{ or }0}$ 应用于 $G=(x_1,x_2,x_3,x_4)$ 中的像素上。举例来说，假设掩码 M 为(0, 1, 1, 0)，则 $F_1(G)$ 表示将 F_1 应用于像素组上，即可得 $(F_0(x_1),F_1(x_2),F_1(x_3),F_0(x_4))$。所对应的酉变换为 U_{F_1}，其量子线路如图 5.3 所示。

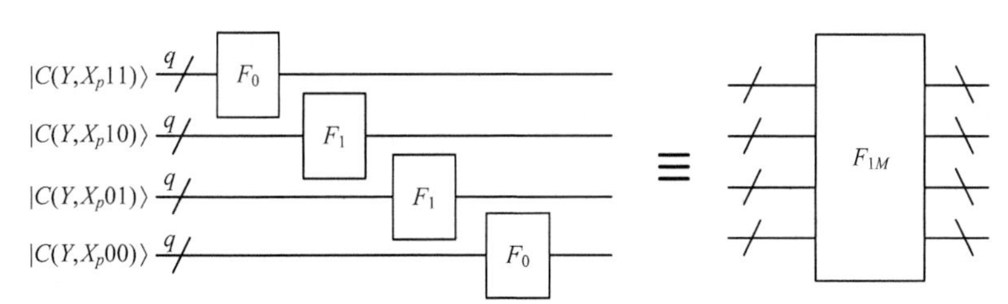

图 5.3　掩码 M 为(0, 1, 1, 0)时像素组 F_1 翻转线路 F_{1M}

因此量子图像的量子态将转化为

$$\begin{aligned}\boldsymbol{U}_{F_1}|\boldsymbol{I}\rangle &= \frac{1}{2^n}\sum_{Y=0}^{2^n-1}\sum_{X=0}^{2^n-1}|C(Y,X)\rangle\otimes|YX\rangle \\ &= \frac{1}{2^n}\sum_{Y=0}^{2^n-1}\sum_{X_p=0}^{2^{n-2}-1}\sum_{X_q=0}^{3}\boldsymbol{U}_{F_1}\left|C(Y,X_pX_q)\right\rangle\otimes\left|YX_pX_q\right\rangle\end{aligned}$$

$$
=\frac{1}{2^{n-1}}\sum_{Y=0}^{2^n-1}\sum_{X_p=0}^{2^{n-2}-1}\begin{pmatrix}\frac{1}{2}\left|C(Y,X_p11)\right\rangle\otimes\left|YX_p11\right\rangle\\+\frac{1}{2}\left|C_{YX_p10}^7C_{YX_p10}^6\cdots C_{YX_p10}^1\overline{C_{YX_p00}^0}\right\rangle\otimes\left|YX_p10\right\rangle\\+\frac{1}{2}\left|C_{YX_p01}^7C_{YX_p01}^6\cdots C_{YX_p01}^1\overline{C_{YX_p01}^0}\right\rangle\otimes\left|YX_p01\right\rangle\\+\frac{1}{2}\left|C(Y,X_p00)\right\rangle\otimes\left|YX_p00\right\rangle\end{pmatrix} \tag{5.8}
$$

类似地，在该掩码下对像素组应用 F_{-1} 翻转，得到 $(F_0(x_1),F_{-1}(x_2),F_{-1}(x_3),F_0(x_4))$，相应的酉变换 $\boldsymbol{U}_{F_{-1}}$ 应用于量子图像，对于像素组的第一个和第四个像素不发生变化，对于第二和第三个像素应用 F_{-1} 翻转。本章算法是将水平方向上的像素进行分组，因此可以根据表示 X 坐标的最后两位量子比特位将表示量子图像的量子态分为 4 部分，其中第一和第四部分不发生改变，第二和第三部分的像素值将发生 ±1 的变化。综上可知，量子图像经过酉变换 $\boldsymbol{U}_{F_{-1}}$ 后可以写成如下形式：

$$
\begin{aligned}
\boldsymbol{U}_{F_{-1}}|\boldsymbol{I}\rangle&=\frac{1}{2^n}\sum_{Y=0}^{2^n-1}\sum_{X=0}^{2^n-1}|C(Y,X)\rangle|YX\rangle\\
&=\frac{1}{2^n}\sum_{Y=0}^{2^n-1}\sum_{X_p=0}^{2^{n-2}-1}\sum_{X_q=0}^{3}\boldsymbol{U}_{F_{-1}}\left|C(Y,X_pX_q)\right\rangle\otimes\left|YX_pX_q\right\rangle\\
&=\frac{1}{2^{n-1}}\sum_{Y=0}^{2^n-1}\sum_{X_p=0}^{2^{n-2}-1}\begin{pmatrix}\frac{1}{2}\left|C(Y,X_p11)\right\rangle\otimes\left|YX_p11\right\rangle\\+\frac{1}{2}\left|C(Y,X_p10)\pm1\right\rangle\otimes\left|YX_p10\right\rangle\\+\frac{1}{2}\left|C(Y,X_p01)\pm1\right\rangle\otimes\left|YX_p01\right\rangle\\+\frac{1}{2}\left|C(Y,X_p00)\right\rangle\otimes\left|YX_p00\right\rangle\end{pmatrix}
\end{aligned} \tag{5.9}
$$

其量子线路如图 5.4 所示。

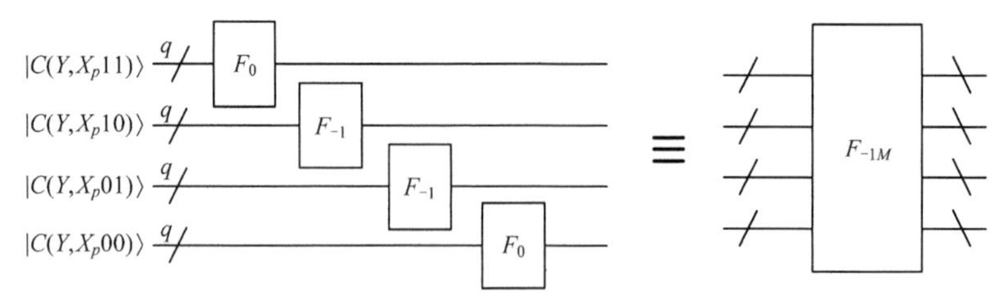

图 5.4　掩码 M 为(0, 1, 1, 0)时像素组 F_{-1} 的翻转线路 F_{-1M}

通过翻转函数后，将像素组再进行判别函数的计算得到的值与原先像素组判别函数的值进行比较，可以将像素组分为正则组、奇异组和无用组。这 3 个类型的判定方式如下所示：

$$\begin{cases} f(F(G)) > f(G), & G \in R \\ f(F(G)) < f(G), & G \in S \\ f(F(G)) = f(G), & G \in U \end{cases} \tag{5.10}$$

为了判断量子图像中的像素组为何种组别，构造如图 5.5 所示的量子线路。该线路首先将图像中的像素分为 4 组，随后通过判别函数线路模块计算像素组的 f 值。为了计算 F_1 翻转之后的 f 值，需要将 F_1 翻转线路模块应用于像素组上。由于量子线路的可逆性，可知 $F_1(F_1(x)) = x$。因此，在计算 F_{-1} 翻转后的 f 值前，再次应用 F_1 翻转线路模块将像素值恢复为原本的状态。最后，通过量子比较器对计算出的 $f(G)$ 和 $f(F(G))$ 及 $f(G)$ 和 $f(F_{-1}(G))$ 进行比较，输出 $|c_1\rangle|c_0\rangle$ 和 $|c_3\rangle|c_2\rangle$ 分别代表它们的比较结果。针对比较结果，定义 R_{1M} 和 R_{-1M} 是掩码 M 下的正则组数量，它们是测量 $|c_1\rangle|c_0\rangle$ 和 $|c_3\rangle|c_2\rangle$ 得到 $|1\rangle|0\rangle$ 的概率；定义 S_{1M} 和 S_{-1M} 是掩码 M 下的奇异组数量，它们是测量 $|c_1\rangle|c_0\rangle$ 和 $|c_3\rangle|c_2\rangle$ 得到 $|0\rangle|1\rangle$ 的概率。

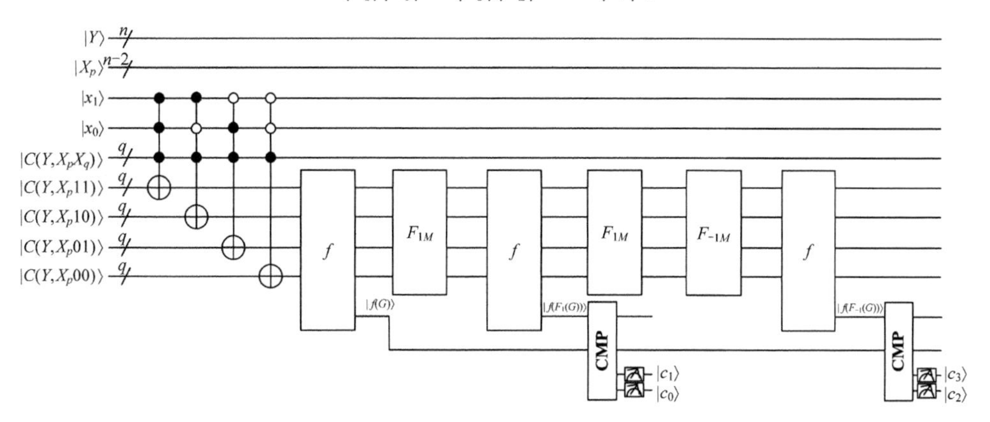

图 5.5　分组概率计算量子线路

在自然图像中，嵌入一定量的信息（如翻转 LSB）会导致辨别函数 f 的值增加而不是减少。因此，R 的总数将大于 S。但是没有一个先验的理由可以解释 R 和 S 组的数量会通过改变像素差 1 而发生显著的变化的原因。

因此，如果一幅图像不经过 LSB 嵌入，采用 F_1 和 F_{-1}。对像素组进行翻转，在统计上图像的混沌程度将增加到相同程度。也就是说，R_{1M} 和 R_{-1M} 近似相等，S_{1M} 和 S_{-1M} 近似相等，并且 $R_{1M} > S_{1M}, R_{-1M} > S_{-1M}$。如果将信息嵌入 LSB 中（即已经使用了一些像素进行 F_1 运算），则 F_1 和 F_{-1} 之间会有明显的差异，这是判断图像是否嵌入的基础。

5.1.4　嵌入率估计

假设量子图像中嵌入的信息长度为 p，其中 p 是像素总数的百分比，则意味着图像中大概有 $\dfrac{p}{2}$ 个像素发生了改变，此时对像素组进行测量可得它们的概率分

别是 $R_{1M}\left(\dfrac{p}{2}\right)$，$S_{1M}\left(\dfrac{p}{2}\right)$，$R_{-1M}\left(\dfrac{p}{2}\right)$ 和 $S_{-1M}\left(\dfrac{p}{2}\right)$。将待检测图像所有像素进行一次全局翻转也就是掩码 $M=(1, 1, 1, 1)$，那么相对于原始图像有 $1-\dfrac{p}{2}$ 的像素被 F_1 翻转。此时再测量一次像素组分组概率可得 $R_{1M}\left(1-\dfrac{p}{2}\right)$，$S_{1M}\left(1-\dfrac{p}{2}\right)$，$R_{-1M}\left(1-\dfrac{p}{2}\right)$ 及 $S_{-1M}\left(1-\dfrac{p}{2}\right)$。该过程的量子线路如图 5.6 所示。

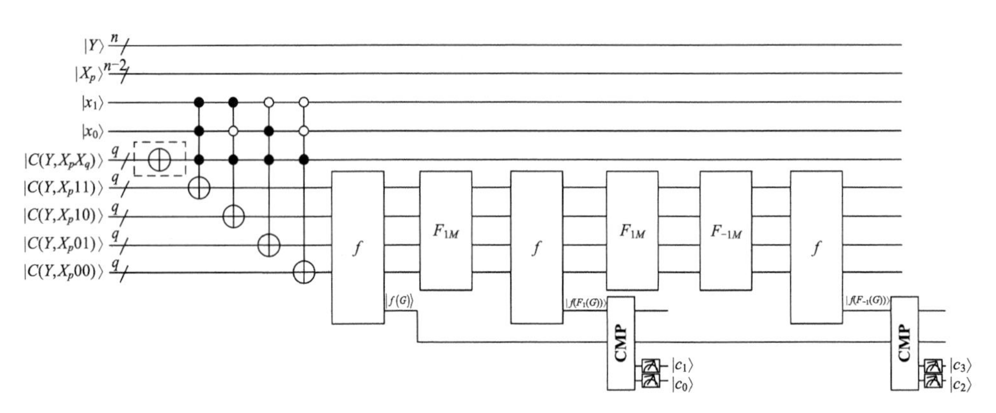

图 5.6　全局翻转后分组概率计算量子线路

相对于图 5.5，只在计算分组概率前在原图最低比特位上添加一个量子非门。

嵌入信息的长度 p 为

$$p=\frac{x}{\left(x-\dfrac{1}{2}\right)} \tag{5.11}$$

式中，x 为如下计算方式的根，即

$$2(d_0+d_1)x^2+(d_{-0}-d_{-1}-d_1-3d_0)x+d_0-d_{-0}=0 \tag{5.12}$$

式中，d_0、d_{-0}、d_1 和 d_{-1} 分别为

$$\begin{cases} d_0=R_{1M}\left(\dfrac{p}{2}\right)-S_{1M}\left(\dfrac{p}{2}\right) \\ d_1=R_{1M}\left(\dfrac{1-p}{2}\right)-S_{1M}\left(\dfrac{1-p}{2}\right) \\ d_{-0}=R_{-1M}\left(\dfrac{p}{2}\right)-S_{-1M}\left(\dfrac{p}{2}\right) \\ d_{-1}=R_{-1M}\left(\dfrac{1-p}{2}\right)-S_{-1M}\left(\dfrac{1-p}{2}\right) \end{cases} \tag{5.13}$$

5.1.5　实验结果及分析

实验采用MATLAB对量子可逆逻辑电路进行仿真模拟。采用大小为256×256像素的图像作为待检测图像（图 5.7），并对 4 种不同量子图像信息隐藏方案[2-5]嵌入信息的图像进行检测。文献[2]的信息通过异或操作嵌入载体图像的最低两个量子位间；文献[3]在载体图像和信息图像坐标相同时通过信息与载体图像 LSB 互换进行嵌入；文献[4]利用一个二值密钥嵌入，当密钥为 0 时，将信息嵌入 LSB 中；文献[5]则是当信息比特与 LSB 不同时进行嵌入。因此，它们的嵌入信息长度分别为 1、1、0.5 和 1。表 5.1 所示为使用量子图像信息隐藏检测技术检测上述 4 个信息隐藏方案的含密图像的结果。可以看到，检测结果已经基本接近理论上的信息嵌入长度。

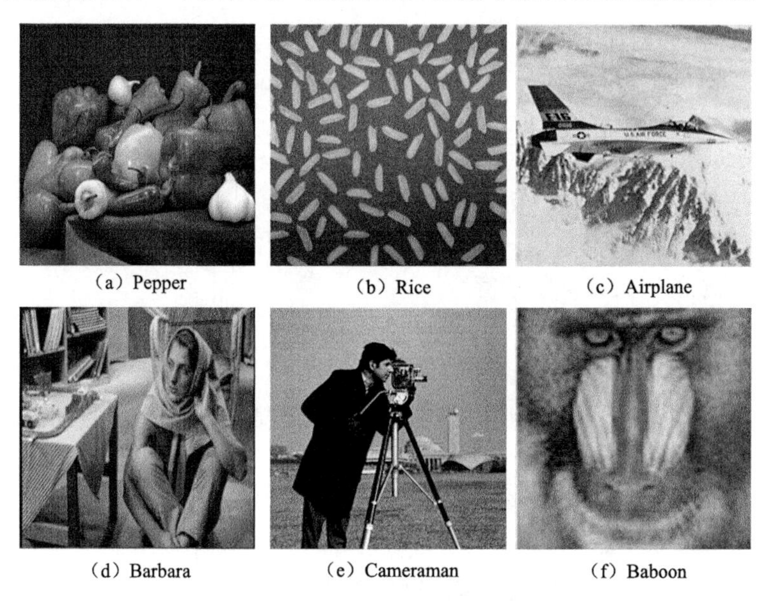

（a）Pepper　（b）Rice　（c）Airplane

（d）Barbara　（e）Cameraman　（f）Baboon

图 5.7　待检测图像

表 5.1　信息隐藏检测结果

文献	Baboon	Cameraman	Airplane	Pepper	Rice	Barbara
[2]	0.990 0	0.994 5	0.991 6	—	—	—
[3]	—	—	0.979 6	0.905 6	0.972 7	—
[4]	—	0.533 6	—	0.503 7	—	0.489 4
[5]	0.874 7	—	—	—	0.999 7	0.962 1

注：“—”表示未检测相关结果。

本章方案包含分组线路、f模块、F_{1M}和F_{-1M}模块以及量子比较器模块。

1）分组线路包含 4 组q个 3 控制比特非门，其线路复杂度为$4\times q\times(12\times3-9)=108q$。

2）f模块由 3 个绝对值计算模块和 2 个加法器模块组成，一个绝对值计算模块包含一个量子减法器模块和量子补码模块。量子减法器模块的线路复杂度为$7(q-1)+5$，量子补码模块线路复杂度为$q+q\times(12q-9)$。因此，绝对值计算模块的线路复杂度为$12q^2-q-2$。对于量子加法器模块来说，其包含 q 个进位模块（电路复杂度为 3），q 个求和模块（电路复杂度为 2），q 个进位模块逆线路（电路复杂度为 3）和一个额外的 CNOT 门。因此，其复杂度为$8q+1$。所以得出f模块的线路复杂度为

$$3\times\left(12q^2-q-2\right)+2\times\left(8q+1\right)=36q^2+13q-4 \tag{5.14}$$

3）F_{1M} 模块是由两个 F_1 模块和两个 F_0 模块组成，但是 F_0 模块不含量子门，因此其复杂度为 2。

4）F_{-1M} 模块由两个 F_{-1} 模块和两个 F_0模块 组成，F_{-1} 模块包含 2 个受控非门和一系列 2-CNOT, 3-CNOT,⋯, (q+1)-CNOT。因此，其复杂度为

$$2\times(12q-9)+2+2\sum_{i=2}^{q}(12i-9)=12q^2+18q-22 \tag{5.15}$$

故 F_{-1M} 模块复杂度为$24q^2+36q-44$。

量子比较器模块也是由一系列多量子比特受控非门 2-CNOT, 4-CNOT,⋯, 2q-CNOT 组成的，其线路复杂度为

$$2\times\left(\sum_{k=2,4,\cdots,2q}(12k-9)\right)=2\times\left(\sum_{t=1}^{q-1}(12\times 2t-9)\right)=24q^2-42q+18 \tag{5.16}$$

总的来说，量子图像信息隐藏检测技术中判断是否嵌入信息所需的基本量子门的数量为

$$\begin{aligned}&\left(24q^2-42q+18\right)+\left(24q^2+36q-44\right)+2+\left(36q^2+13q-4\right)+108q\\&=84q^2+115q-28\end{aligned} \tag{5.17}$$

如果需要预估嵌入的信息长度，则其复杂度为

$$\left(84q^2+115q-28\right)+\left(84q^2+115q-28+1\right)=168q^2+230q-55 \tag{5.18}$$

因此，所提出的量子图像信息隐藏检测技术的量子线路复杂度为 $O(q^2)$，其中 q 是灰度。

5.2 抵抗量子信息检测的量子图像隐写算法

由 5.1 节的分析可知，基于 LSB 的量子图像信息隐藏算法易被检测出信息的嵌入甚至信息嵌入的长度。因此，提出一种可以抵抗上述信息检测技术的量子图像信息隐藏算法，该算法利用图像相邻两个像素的差值大小进行分级，通过等级的下界加上嵌入的比特的方法得到一个新的像素差。这使该算法在最低有效位上的分布情况与自然图像无异，从而能够抵抗针对最低有效位的量子隐写检测，并

且由于人类视觉系统更易察觉在边缘区域像素的修改，为保证嵌入信息后图像的改变不影响视觉质量，图像中不同区域像素的修改是不同的。也就是说，在不引起可感知的失真的情况下，每个像素可以嵌入不同数量的秘密比特。

本章所提出的信息隐藏方案将载体图像分割成多组两个不重叠的像素块。如果该像素块的像素差较小，则表示该块处于平滑区域。这意味着人类的眼睛对它更加敏感，只有较少的秘密信息可以被隐藏。反之，如果像素块的差值较大，则说明该块位于图像的边缘区域。人眼对它不那么敏感，更多的秘密信息可以被嵌入其中。本方案中秘密信息包括秘密图像和操作信息，其中操作信息可以包括操作者信息、操作内容等，可用于跟踪秘密图像。

5.2.1　像素值差分

像素值差分（pixel value differencing，PVD）[6]将图像划分为一些连续的相邻像素对，记为 p_i 和 p_{i+1}，像素差值 d_i 是通过 $p_{i+1}-p_i$ 计算得到且值的范围为-255～255。这里只考虑 d_i 的值为绝对值，并将其划分为连续的等级 R_i，$i=1,2,\cdots,n$。d_i 所属的等级决定了一个像素对中可嵌入的比特位数。一般情况下，d_i 较小的像素对所在位置表示图像的光滑区域，较大的像素对则表示边缘区域。边缘区域可以比平滑区域接受更大的像素值变化，也就可以嵌入更多的信息。信息的嵌入是通过将一个含有信息的新值替换原来的像素差值来实现的，当像素对处于边缘区域时，所替换的新值也较大，这就意味着可以嵌入更多的信息比特。图 5.8 为将灰度为 256 的图像像素差值分级的例子。可以看到，像素差值被分为 6 个等级，并且每个等级中包含的值并不相等。像素差值的等级可以根据实际需求进行划分。

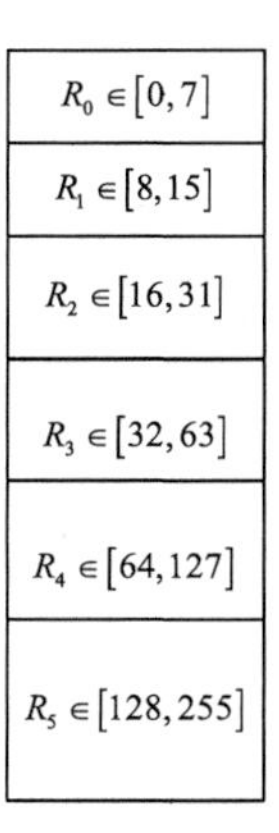

图 5.8　像素差值分级

量子图像的像素值差分算法中，首先将量子载体图像分割成像素对，其方法是以连续不重叠的方式遍历图像的所有行。由于量子图像是由量子比特通过编码表

示，采用 $2^n \times 2^n$ 像素大小的载体图像，能将图像所有的像素划分为对。如图 5.9 所示，相同颜色的两个像素为一对像素对，可以表示为 $|f(Y,X)\rangle$ 和 $|f(Y,X+1)\rangle$。

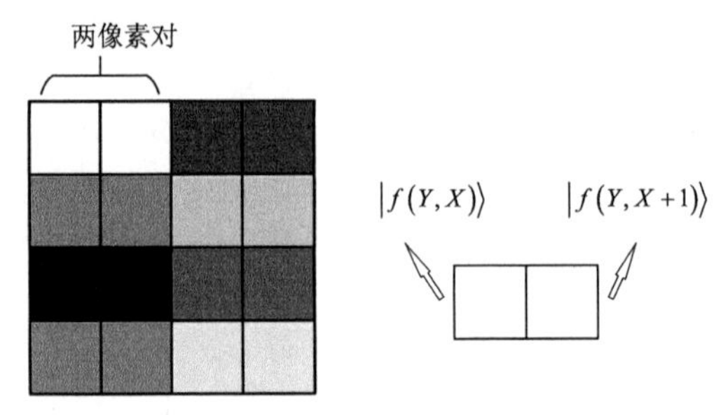

图 5.9　图像中的像素对

像素差值 $|d_i\rangle$ 可以通过前述章节介绍的绝对值计算线路模块进行计算，并将其划分为连续的层级中，其量子态表示为

$$|\boldsymbol{d}\rangle = \frac{1}{2^{(2n-1)/2}} \sum_{Y=0}^{2^n-1} \sum_{X=0}^{2^{n-1}-1} \bigotimes_{i=0}^{7} |d_{YX}^i\rangle |YX\rangle \tag{5.19}$$

将每一层的宽度设为 8、8、16、32 和 192，也就是说 R_i 为 R_0:[0, 7]、R_1:[8, 15]、R_2:[16, 31]、R_3:[32, 63]、R_4:[64, 255]，它们的上界和下界分别表示为 u_i 和 l_i。对于每一层级而言，都将嵌入 2 比特的秘密信息。此外，嵌入的操作者信息比特数则是随着层级变大而增加。如图 5.10 所示，如果像素差值在 R_0 层，那么不嵌入操作者信息比特；如果像素差在 R_1 层，那么嵌入 1 量子比特的操作者信息；以此类推，R_4 层将嵌入 4 量子比特的操作者信息。

层级	秘密图像 +操作者信息
$R_0 \in [0,7]$	2量子比特+0量子比特
$R_1 \in [8,15]$	2量子比特+1量子比特
$R_2 \in [16,31]$	2量子比特+2量子比特
$R_3 \in [32,63]$	2量子比特+3量子比特
$R_4 \in [64,255]$	2量子比特+4量子比特

图 5.10　像素差值分层及嵌入的信息

5.2.2 像素值差值替换

采用 NEQR 方法编码，载体图像$|\boldsymbol{C}\rangle$及秘密图像$|\boldsymbol{S}\rangle$为位深度是 8 且大小分别为$2^n\times 2^n$和$2^{n-1}\times 2^{n-2}$，其量子态表示为

$$|\boldsymbol{C}\rangle=\frac{1}{2^n}\sum_{Y=0}^{2^n-1}\sum_{X=0}^{2^n-1}|f(Y,X)\rangle|YX\rangle=\frac{1}{2^n}\sum_{Y=0}^{2^n-1}\sum_{X=0}^{2^n-1}\bigotimes_{i=0}^{7}|C_{YX}^i\rangle|YX\rangle \tag{5.20}$$

$$\begin{aligned}|\boldsymbol{S}\rangle&=\frac{1}{2^{\frac{2n-1}{2}}}\sum_{Y=0}^{2^n-1}\sum_{X=0}^{2^{n-1}-1}|f(Y,X)\rangle|YX\rangle\\&=\frac{1}{2^{(2n-1)/2}}\sum_{Y=0}^{2^n-1}\sum_{X=0}^{2^{n-1}-1}|S_{YX}^1S_{YX}^0\rangle|YX\rangle\end{aligned} \tag{5.21}$$

操作者信息则是一串比特流。为了将秘密图像的信息匹配至每一层级所需的两个信息比特，将大小为$2^{n-1}\times 2^{n-2}$的量子灰度图像扩展为位深度为 2 量子比特的大小为$2^n\times 2^{n-1}$的图像。图 5.11 所示为图像扩展示例，即将 1 个位深度为 8 的像素扩展为位深度为 2 的图像。

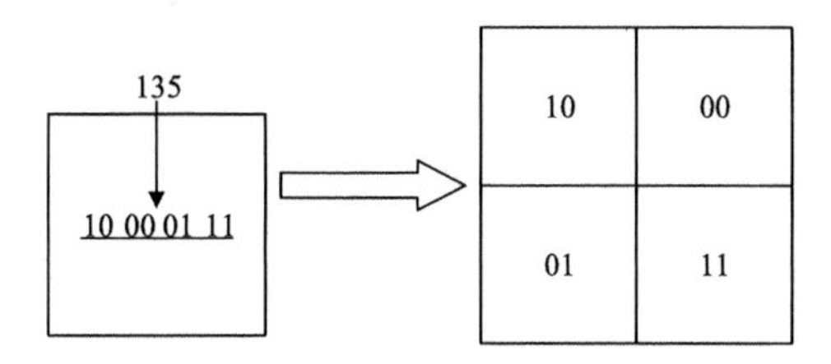

图 5.11　秘密图像扩展示例

为了将载体图像中像素对的d_i进行划分，引入图 5.12 所示的像素差值分层量

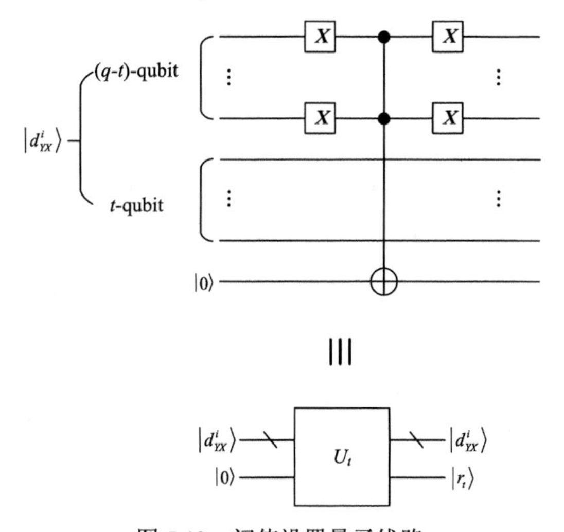

图 5.12　阈值设置量子线路

子线路U_t，其中t随着阈值（也就是每一层的上界）的变化而变化。最开始t的数值为3，如果d_i的值小于或等于$|00000111\rangle$也就是十进制的数值7，那么输出量子比特的值会翻转为1，即该差值属于R_0。如果输出量子比特的值仍为0，那么d_i与下一层R_1的上界进行比较。以此类推，d_i共分为5层，因此共采用4个U_t模块，其t的值分别为3、4、5和6。整个比较过程的量子线路如图5.13所示，其中E_i表示嵌入模块，接下来将对其进行详细介绍。

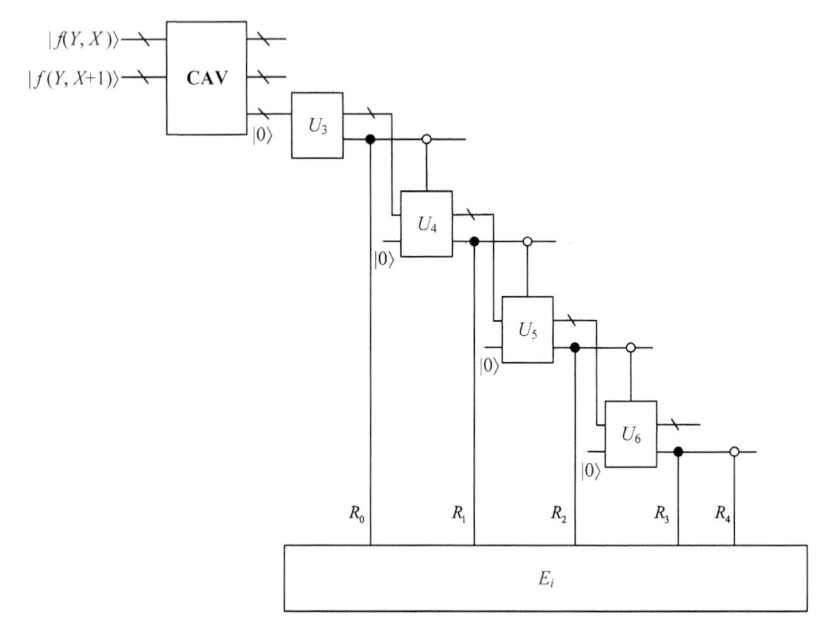

图5.13　像素差值分层量子线路

由于每一层内嵌入的量子比特的数量是确定的，新的像素差值可以通过如下计算式确定：

$$d' = l_i + b_i \tag{5.22}$$

式中，b_i为嵌入量子比特的十进制数值，由2位秘密图像信息量子比特和i位操作者信息量子比特组成，b_i的取值范围为$[0, u_i - l_i]$，因此新的像素差值d'所处的层级并没有改变。将含有信息的新的像素差值d'替换掉原本的差值d_i后，像素对(g_i, g_{i+1})的值也会发生变化。当新像素差值大于原像素差值并且像素对第一个像素的值大于或等于第二个值时，第一个像素值改变为其原值与$\left\lceil \frac{m}{2} \right\rceil$之和，第二个像素则需减去$\left\lfloor \frac{m}{2} \right\rfloor$；当新像素差值大于原像素差值且像素对第一个像素的值小于第二个值时，第一个像素值修改为其原值与$\left\lfloor \frac{m}{2} \right\rfloor$之差，第二个像素值加上$\left\lceil \frac{m}{2} \right\rceil$；

当新像素差值小于或等于原像素差值并且像素对第一个像素的值大于或等于第二个值时，第一个像素值减去$\left\lceil \frac{m}{2} \right\rceil$，第二个像素则加上$\left\lfloor \frac{m}{2} \right\rfloor$；当新像素差值小于或等于原像素差值且像素对第一个像素的值小于第二个值时，第一个像素值加上$\left\lfloor \frac{m}{2} \right\rfloor$，第二个像素值减去$\left\lceil \frac{m}{2} \right\rceil$。其中，$m$ 是新像素差值与原像素差值之差。其数学表达式为

$$
|f(g_i, g_{i+1})\rangle = \begin{cases} \left|g_i + \left\lceil \frac{m}{2} \right\rceil\right\rangle, \left|g_{i+1} - \left\lfloor \frac{m}{2} \right\rfloor\right\rangle, & \text{如果} d_i' > d_i \text{并且} g_i \geqslant g_{i+1} \\ \left|g_i - \left\lfloor \frac{m}{2} \right\rfloor\right\rangle, \left|g_{i+1} + \left\lceil \frac{m}{2} \right\rceil\right\rangle, & \text{如果} d_i' > d_i \text{并且} g_i < g_{i+1} \\ \left|g_i - \left\lceil \frac{m}{2} \right\rceil\right\rangle, \left|g_{i+1} + \left\lfloor \frac{m}{2} \right\rfloor\right\rangle, & \text{如果} d_i' \leqslant d_i \text{并且} g_i \geqslant g_{i+1} \\ \left|g_i + \left\lfloor \frac{m}{2} \right\rfloor\right\rangle, \left|g_{i+1} - \left\lceil \frac{m}{2} \right\rceil\right\rangle, & \text{如果} d_i' \leqslant d_i \text{并且} g_i < g_{i+1} \end{cases} \tag{5.23}
$$

为通过量子线路实现像素差值的替换以及新像素对的获取，构造如图 5.14 所示的量子线路。其中，左侧的量子加法器（ADDER）模块的作用是通过将嵌入的两类信息量子比特加上所属层级的下界获取新的像素差值 d'。下侧的绝对值计算 CAV 模块，则计算图像像素对的差值 d_i，并输出一个标志位量子比特标示像素对的大小。上述得到的两个值 d' 和 d_i 通过绝对值计算（CAV）模块相减，得到其差值 m 及标示它们大小关系的标志位量子比特。随后，利用量子除法器（QD）模块将差值 m 除于 2，所得的值为向下取整的整数。因此，需要利用循环移位（CS）模块获得向上取整的数值。接下来，以绝对值计算（CAV）模块输出的两个标示位量子比特作为控制位，按照式（5.23）所示的计算关系利用量子加法器（ADDER）

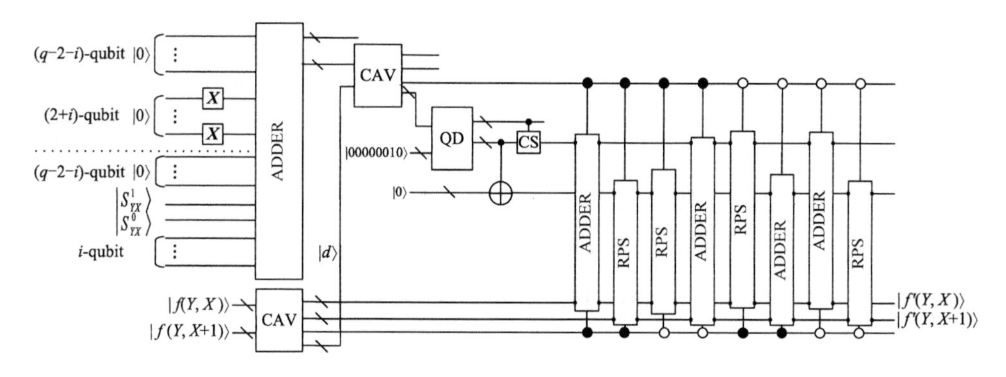

图 5.14　像素值差值替换量子线路

模块和量子减法器(RPS)模块进行运算，最终得到嵌入信息后的像素对$|f'(Y,X)\rangle$和$|f'(Y,X+1)\rangle$。

为便于理解，对像素值差值替换的过程进行举例说明，如图 5.15 所示。假设有一像素对(40, 27)，即($|00101000\rangle, |00011011\rangle$)，并且待嵌入的秘密信息为01。由上述算法过程可知，首先需计算像素对的差值，即$|00001101\rangle$，判断其层级为R_1。因此，通过该层级的下界加上 2 位秘密信息量子比特和 1 位操作者信息量子比特（设为 0）得到新的像素差值d'为$|00001010\rangle$。在此例中，像素对中$g_i > g_{i+1}$并且$d' < d$，故g_i需减去$\left\lceil \frac{m}{2} \right\rceil$，$g_{i+1}$需加上$\left\lfloor \frac{m}{2} \right\rfloor$。最终得到新的像素对(38, 28)。

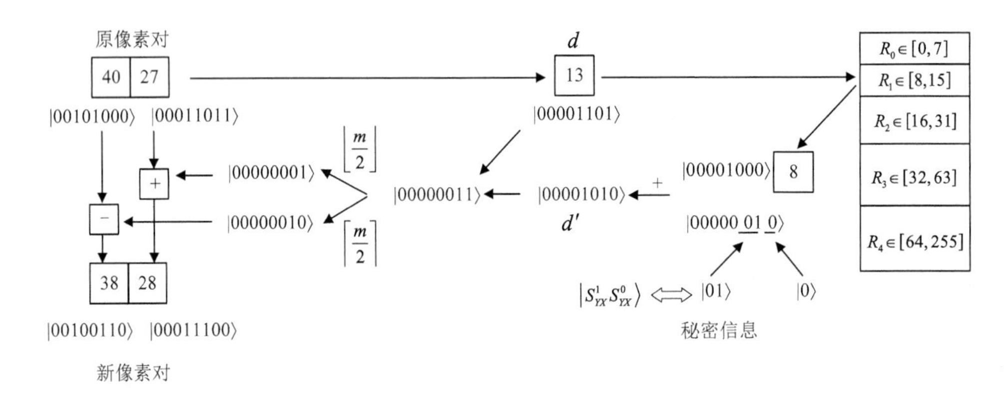

图 5.15　信息嵌入举例

5.2.3　像素值差分提取

信息的提取过程具体如下。

1）将含密图像的像素按照连续且不重叠的规则划分为含有两个像素的像素对($|f(Y,X)\rangle$, $|f(Y,X+1)\rangle$)。

2）计算像素对的像素差值d_j，并判断d_j位于哪一层级，则有

$$d_j = \left| |f(Y,X+1)\rangle - |f(Y,X)\rangle \right| \tag{5.24}$$

3）从像素差值d_j中提取出嵌入的信息，则有

$$b_i = d_j - l_i \tag{5.25}$$

式中，b_i的后$2+i$位量子比特即为嵌入的信息。

4）重组提取出的信息，即可恢复秘密图像及操作者信息。

信息提取量子线路如图 5.16 所示。

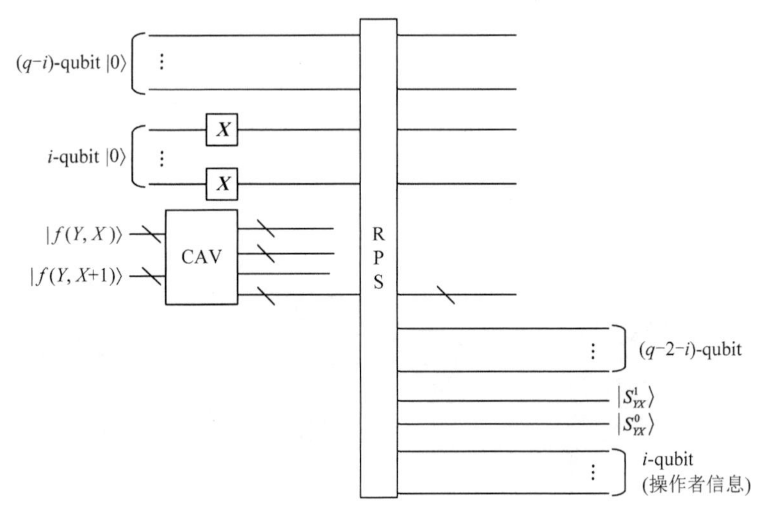

图 5.16　信息提取量子线路

5.2.4　线路复杂度分析

由 5.2.3 节的线路复杂度分析可知，采用的量子加法器（ADDER）模块的复杂度为$8q+1$，量子减法器（RPS）模块复杂度为$7q-2$，绝对值计算（CAV）模块的复杂度为$12q^2-q-2$。量子除法器（QD）模块的复杂度为$3q^3+6q^2+q$ [7]。

对于循环移位（CS）模块而言，其是由一系列控制量子比特连续增多的多量子比特受控非门组成的，对于其中控制比特小于 3 的量子门，它们的复杂度分别是 1、1、6。对于控制比特从 3 至$q-1$的多量子比特受控非门来说，其总的复杂度为

$$\sum_{t=3}^{q-1}(12\times t-9)=12q^2-30q-18 \tag{5.26}$$

因此，CS 模块的线路复杂度为$12q^2-30q-10$。

信息嵌入量子线路由 2 个绝对值计算（CAV）模块、5 个量子加法器（ADDER）模块、4 个量子减法器（RPS）模块、1 个除法器（QD）模块和 1 个循环移位（CS）模块组成，所以其线路复杂度为

$$\begin{aligned}&2\times(12q^2-q-2)+5\times(8q+1)+4\times(7q-2)+(3q^3+6q^2+q)+(12q^2-30q-10)\\&=3q^3+42q^2+37q-17\end{aligned} \tag{5.27}$$

提取线路包含一个绝对值计算模块和一个量子减法器模块，其复杂度为

$$12q^2-q-2+7q-2=12q^2+6q-4 \tag{5.28}$$

因此，本方案总的线路复杂度为

$$\begin{aligned}&3q^3+42q^2+37q-17+12q^2+6q-4\\&=3q^3+54q^2+43q-21\end{aligned} \tag{5.29}$$

5.2.5　实验分析及验证

使用 MATLAB 软件进行实验验证。载体图像是 4 幅大小为256×256像素的灰度图像，秘密图像的大小为128×64像素（图 5.17），选择重复比特流 Quantum Text and Quantum Image 作为密文。下面从不可见性、嵌入容量及鲁棒性 3 个方面进行性能分析。

（a）Male　（b）Sailboat on lake　（c）Pepper　（d）Airplane

图 5.17　载体图像及秘密图像

1. 不可见性

使用 Pepper、Sailboat on lake 及 Airplane 作为载体图像，Airplane、Pepper 及 Male 作为秘密图像，实验得出的 PSNR 值如表 5.2 所示。

表 5.2　像素差分方案 PSNR

载体图像	秘密图像	PSNR
Pepper	Airplane	42.65
Sailboat on lake	Pepper	41.31
Airplane	Male	42.26

图像直方图是一种可视化的工具，常用来评价图像信息隐藏对载体图像所产生的视觉效果影响，这里同样使用图像直方图分析方法。图像直方图以横坐标表示灰度值，该灰度值在图像中出现的频次为纵坐标。通过比较两幅图像的直方图可以判断两幅图像是否相似。在图像信息隐藏算法中，若载体图像的直方图与对应的隐写图像的相似度更高，则说明在对载体图像进行嵌入操作后，若获得了更多的不可见性。图 5.18 所示为嵌入秘密图像 Male 后载体图像前后直方图的对比，可以看出，含密图像的直方图与载体图像的直方图只有微小的差距，这说明本方案信息嵌入并未对载体图像造成太大的影响。

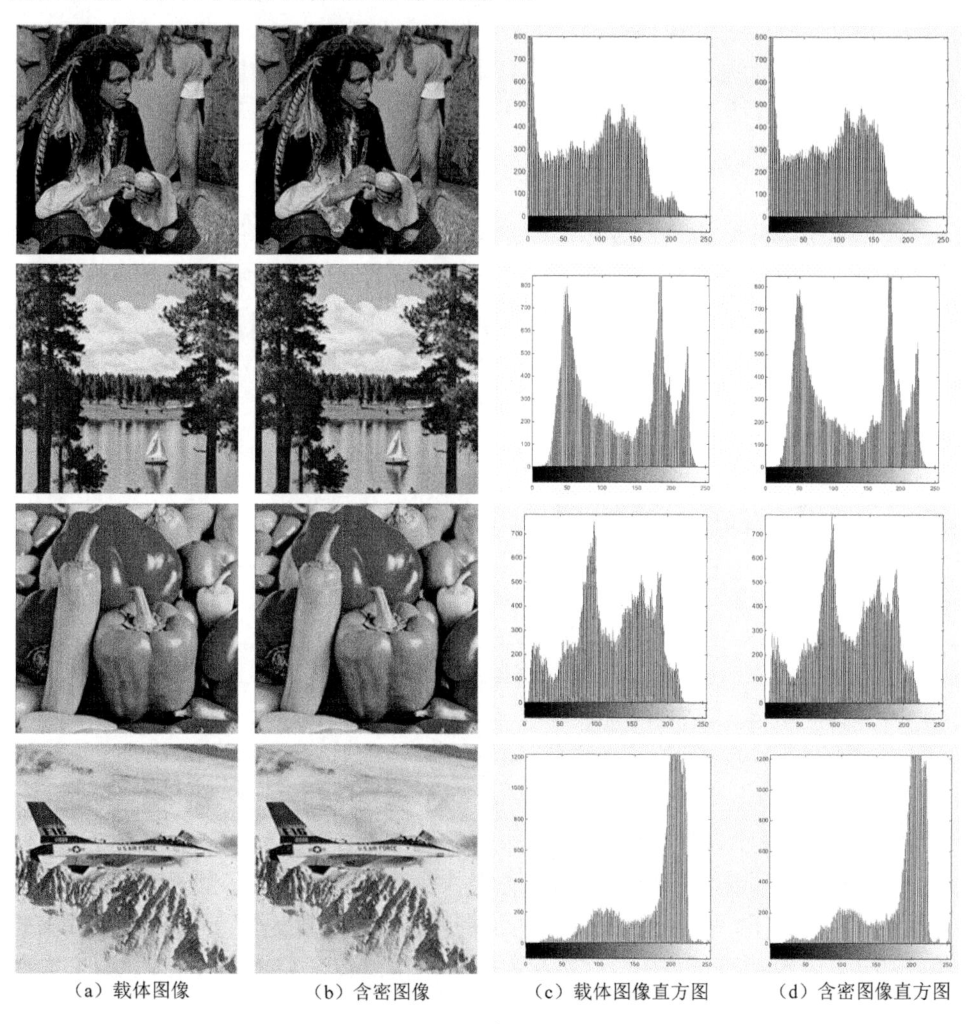

（a）载体图像　（b）含密图像　（c）载体图像直方图　（d）含密图像直方图

图 5.18　直方图分析

2. 嵌入容量

信息隐藏方案的嵌入容量可以定义为嵌入的比特数量（the number of secret bits）与载体图像像素总数（the number of cover image pixels）之比。本方案嵌入的信息包括两部分，分别是秘密图像和操作者信息。因此，嵌入容量为

$$C=\frac{\text{the number of secret bits}}{\text{the number of cover image pixels}}=\frac{q\times 2^{n-1}\times 2^{n-2}+m}{2^{2n}}$$
$$=\frac{8\times 2^{n-1}\times 2^{n-2}+m}{2^{2n}}=s\frac{\text{bit}}{\text{pixel}} \tag{5.30}$$

式中，m 和 q 分别是嵌入的操作者信息比特数和秘密图像的位深度。因此，本节嵌入信息的容量 s 是一个大于 1 的数。

3. 鲁棒性

在无噪声的环境中，本方案可以完整地提取秘密图像。然而，传输过程中难免会有噪声的出现，这里分析算法在椒盐噪声下的鲁棒性。噪声以 0～0.15 的不同强度应用到 256×256 像素含密图像 Pepper 中。从噪声干扰下的含密图像中提取出秘密图像与原秘密图像峰值信噪比 PSNR 结果如表 5.3 所示。表 5.3 还对文献[3]、文献[8]和文献[9]中提出方案的 PSNR 值进行了对比，可以看出，本方案的 PSNR 值明显高于其他 3 个方案的。

表 5.3 噪声干扰下 PSNR 值对比

方案	PSNR/dB		
	0.05	0.1	0.15
文献[3]	15.03	12.15	10.20
文献[8]	26.96	22.14	18.34
文献[9]	—	31.30	30.14
本方案	41.90	38.92	37.39

由于基于 LSB 的量子图像信息隐藏算法易被检测，5.2.4 节中提出的量子图像信息隐藏检测技术在检测灰度图像中信息的存在并估计其近似大小方面非常有效。该技术源自对图像中 LSB 嵌入对像素值的改变与涉及更多量子比特改变之间关系的分析。对于一个经过 LSB 嵌入的图像，在像素组采用 F_1 操作后，所有像素可以分为未经翻转、历经一次翻转及历经两次翻转三类，这三类中的第二类像素值变化幅度为 1，其余两类像素值则不发生变化。但是，对于像素组采用 F_{-1} 翻转后，对于第三类翻转而言，在经过 LSB 嵌入的翻转和 F_{-1} 翻转后，会使像素值差别大于 1。通过计算其中的差别，可以得出秘密信息的长度。

在所提出的方案中，计算载体图像像素对中两个像素的灰度值的差值，将这

些差值划分像素对平滑度特性的层级。根据平滑度的层级，将不同数量的数据嵌入不同的层级中。因此，与原始图像相比，正则组和奇异组的比率没有显著变化。这意味着 5.1 节提出的检测技术无法检测所提出方案的载体图像中的嵌入数据。

本 章 小 结

本章首先提出了针对 LSB 嵌入方法的量子图像信息隐藏检测技术，该技术通过将所有像素划分为只包含 4 个像素的像素组，并利用判别函数计算其中相邻像素差之和，再与经过翻转函数翻转后的该像素组的相邻像素差之和对比，将像素组分为正则组和奇异组。通过正则组和奇异组之间的比例来确定图像是否为含密图像，也可以通过计算得出嵌入信息的长度。为提高量子图像信息隐藏的安全性，引入了利用像素值差分的量子图像信息隐藏算法。该算法通过将图像分为一组组互不重叠含有两个像素的像素对，利用像素对的差值判断像素所处层级。若像素差值较小则层级更低，则所嵌入的信息比特也较少；若像素对像素差值较大，处于较高层级，则所嵌入的信息比特也相应增多。因为该算法不依靠 LSB 平面进行信息的嵌入，所以对 LSB 平面造成的改变并不是检测技术中所提到的单一 F_1 类型翻转，能较好地抵抗基于 LSB 的量子图像信息隐藏检测技术。

参 考 文 献

[1] FRIDRICH J, GOLJAN M, DU R. Reliable detection of LSB steganography in color and grayscale images[C]//Proceedings of the 2001 workshop on Multimedia and security: new challenges, New York, 2001: 27-30.

[2] JIANG N, ZHAO N, WANG L. LSB based quantum image steganography algorithm[J]. International journal of theoretical physics, 2016, 55: 107-123.

[3] MIYAKE S, NAKAMAE K. A quantum watermarking scheme using simple and small-scale quantum circuits[J]. Quantum information processing, 2016, 15(5): 1849-1864.

[4] HEIDARI S, NASERI M. A novel LSB based quantum watermarking[J]. International journal of theoretical physics, 2016, 55(10): 4205-4218.

[5] WANG S, SANG J, SONG X, et al. Least significant qubit (LSQb) information hiding algorithm for quantum image[J]. Measurement, 2015, 73: 352-359.

[6] WU D C, TSAI W H. A steganographic method for images by pixel-value differencing[J]. Pattern recognition letters, 2003, 24(10): 1613-1626.

[7] KHOSROPOUR A, AGHABABA H, FOROUZANDEH B. Quantum division circuit based on restoring division algorithm[C]//Proceedings of 2011 Eighth International Conference on Information Technology: New Generations, Piscataway, 2011: 1037-1040.

[8] JIANG N, WANG L. A novel strategy for quantum image steganography based on moire pattern[J]. International journal of theoretical physics, 2015, 54: 1021-1032.

[9] NASERI M, HEIDARI S, BAGHFALAKI M, et al. A new secure quantum watermarking scheme[J]. Optik, 2017, 139: 77-86.

第 6 章　基于量子图像边界嵌入的增强水印技术

数字水印属于信息隐藏技术的一种，是指将水印数据（如 logo）嵌入原始载体中，可用作版权保护、认证及访问控制等图像处理应用领域。本章研究嵌入数据及载体都为量子图像的一类信息隐藏技术，即量子图像水印。量子图像水印是量子信息时代保护数据安全通信的关键技术之一，可用于量子数据的版权保护及认证等应用场景，近年来得到了研究者的广泛关注。

量子图像处理概念被提出后，Le 等研究了一种灵活的量子图像表达式 FRQI[1]，并给出了量子图像制备、图像几何变换等方法。紧接着，Iliyasu 等首次探讨了基于 FRQI 的量子图像水印技术，提出了量子图像水印与识别方案[2]。此后，量子傅里叶变换[3]、量子小波变换[4]及 Hadamard 变换[5]都被用作相应的量子水印方案，并证明了其较经典图像水印方案的优越性。从本质上看，这一类水印主要基于图像的频率域。

基于图像空间域的量子水印方面，经典 LSB 方法得到了广泛的应用，文献[6]提出了仅使用简单的小规模量子线路的量子灰度图像水印方案，该方案基于 NEQR 表达式，将载体数据最低两个位平面与水印图像进行异或操作得到嵌入后的水印图像。此外，基于 LSB 的量子图像水印嵌入及提取方案[7-10]得到了广泛研究，这些方案使用了不同的置乱及嵌入算法，但其共同点是基于载体图像全部像素的处理从而完成水印嵌入。

不可察觉性是信息隐藏的基本要求，量子水印技术同样要求嵌入后的量子水印图像与原始量子载体图像的差异无法轻易地被察觉。对于一幅图像而言，人们往往对其边界区域的灰度变化不敏感，难以察觉细微的灰度值变化。因此，基于 NEQR 模型，本章提出仅使用量子图像边界区域嵌入的量子水印嵌入与提取方案，该方案相较于已有的量子水印嵌入方案，视觉质量得到进一步增强，并且具有较好的鲁棒性。

6.1　量子水印边界嵌入方案

本节首先从整体上介绍所提出的基于图像边界的量子水印方案，然后具体分析其嵌入流程及相对应的量子线路。与其他基于空域的量子水印技术类似，该方案使用 NEQR，将一幅大小为 $2^m \times 2^m$ 的量子二值图像嵌入大小为 $2^n \times 2^n$ 的量子灰度图像的边界区域。水印提取过程中，无须原始载体图像的辅助及密钥。所提出的量子水印嵌入与提取过程如图 6.1 所示，其嵌入流程主要包括以下步骤。

1）将一幅大小为 $2^n \times 2^n$ 的灰度图（载体图像，灰度级为 255）使用 NEQR 方法转换为量子图像 $|\boldsymbol{C}\rangle$。

2）将一幅大小为 $2^m \times 2^m$ 的二值图像（水印图像）使用 NEQR 方法转化为量子图像 $|\boldsymbol{W}\rangle$。

3）选取载体图像的边界像素集，根据边界像素的尺寸将水印图像 $|\boldsymbol{W}\rangle$ 通过量子图像缩放方法转换为 $|\boldsymbol{W}'\rangle$。

4）对 $|\boldsymbol{C}\rangle$ 与 $|\boldsymbol{W}'\rangle$ 执行嵌入算法，得到嵌入后的隐写图像 $|\mathbf{CW}'\rangle$。

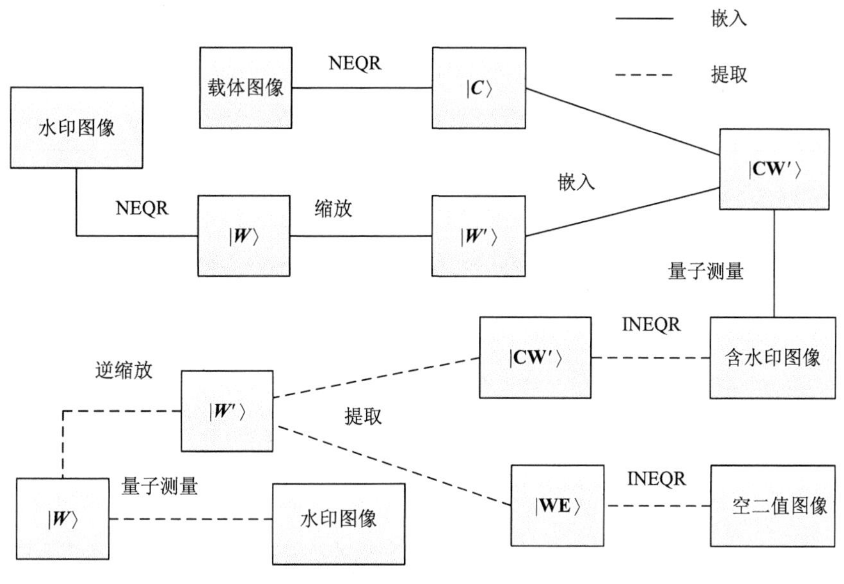

图 6.1　量子水印嵌入与提取流程

6.1.1　预处理工作

首先，使用 NEQR 方法将 $2^n \times 2^n$ 大小的灰度图及 $2^m \times 2^m$ 大小的二值图像分别转化为量子图像表达式：

$$\begin{cases} |\boldsymbol{C}\rangle = \dfrac{1}{2^n}\displaystyle\sum_{i=0}^{2^{2n}-1}|C_i\rangle \otimes |i\rangle = \dfrac{1}{2^n}\sum_{y=0}^{2^n-1}\sum_{x=0}^{2^n-1}\bigotimes_{k=0}^{7}|c_{yx}^k\rangle \otimes |yx\rangle \\ |y\rangle|x\rangle = |y_{n-1}y_{n-2}\cdots y_0\rangle|x_{n-1}x_{n-2}\cdots x_0\rangle \\ |\boldsymbol{W}\rangle = \dfrac{1}{2^m}\displaystyle\sum_{i=0}^{2^{2m}-1}|W_i\rangle \otimes |i\rangle = \dfrac{1}{2^m}\sum_{y=0}^{2^m-1}\sum_{x=0}^{2^m-1}|w_{yx}\rangle \otimes |yx\rangle \\ |y\rangle|x\rangle = |y_{m-1}y_{m-2}\cdots y_0\rangle|x_{m-1}x_{m-2}\cdots x_0\rangle, w_{yx} \in \{0,1\} \end{cases} \tag{6.1}$$

式中，n 与 m 分别为两个正整数，设 $n = m + 2$。

本方案使用量子载体图像的边界区域进行嵌入，由于图像的边界区域可分为垂直边界及水平边界，以垂直边界为例，详细介绍边界嵌入基本思想。假设有一幅大小为4×4像素的载体图像（图6.2），可以将其垂直边界区域看成最左边的一列像素及最右边的一列像素（Y坐标方向）。考虑将$2^n\times2^n$载体图像垂直边界的最左和最右各x列像素区域作为水印待嵌入区域，并且采用最低有效位方法，将这些区域的最低两个位平面进行修改替代。由于水印图像大小为$2^m\times2^m$，容易得到m与n满足如下关系：

$$2^n\times(x+x)\times2=2^m\times2^m \tag{6.2}$$

式中，$n=m+2$。由此可得，$x=2^{m-4}$，即量子载体图像左右边界各2^{m-4}列像素将作为量子水印待嵌入区域。

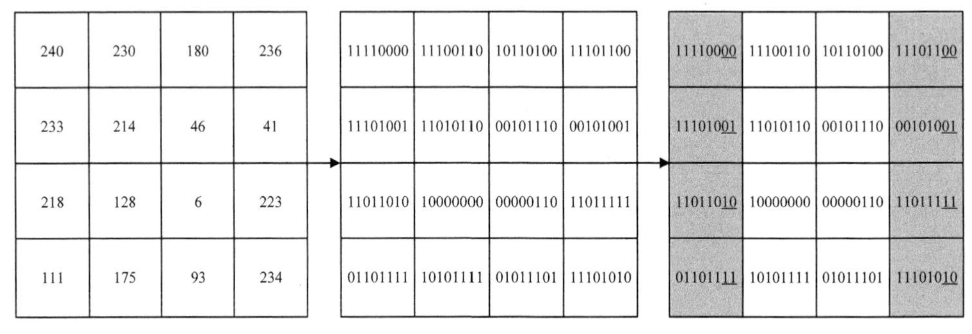

240	230	180	236
233	214	46	41
218	128	6	223
111	175	93	234

11110000	11100110	10110100	11101100
11101001	11010110	00101110	00101001
11011010	10000000	00000110	11011111
01101111	10101111	01011101	11101010

11110000	11100110	10110100	11101100
11101001	11010110	00101110	00101001
11011010	10000000	00000110	11011111
01101111	10101111	01011101	11101010

图6.2　一幅4×4像素图像的左右边界

现假设$n=9$、$m=7$，即载体图像与水印图像尺寸分别为512×512像素及像素128×128像素。根据上述边界区域选择方法，载体图像垂直边界的最左和最右各8（2^{7-4}）列像素将被选取作为水印嵌入的区域。在这种情况下，为了采用LSB方法嵌入，原始水印图像应缩放为512×16像素，具体将在下一节进行讨论。

6.1.2　量子水印缩放

通过上述分析可知，为实现量子水印图像嵌入量子载体图像的垂直边界，由于量子水印图像的原始尺寸为$2^m\times2^m$，因此需要对原始量子水印图像进行大小缩放，以满足嵌入需求。众所周知，二维图像缩放通常是指两个维度的缩放，即Y坐标方向和X坐标方向。假设r_y与r_x分别为两个方向的缩放比例，对应本方案，为使缩放后的量子水印与载体图像嵌入边界同大小，缩放比例满足如下条件：$r_y=2^n/2^m=2^{m+2}/2^m=4$，$r_x=\left(2\times2^{m-4}\right)/2^m=1/8$。

为了更清楚地描述量子水印缩放技术及相应的量子线路，假设有大小为2×16的二值图像，根据上述缩放分析，其大小将缩放为8×2（缩放比例为$4\times\frac{1}{8}$）。如

图 6.3 所示，图像的 Y 坐标方向放大 4 倍，而 X 方向缩小为 $\frac{1}{8}$。对应图 6.3（b），第一部分的四个像素（值分别为 10, 01, 11, 00）是通过对图 6.3（a）第一部分的前 8 个像素（值分别为 1, 0, 0, 1, 1, 1, 0, 0）进行插值得到，其他部分通过类似的插值方式实现。

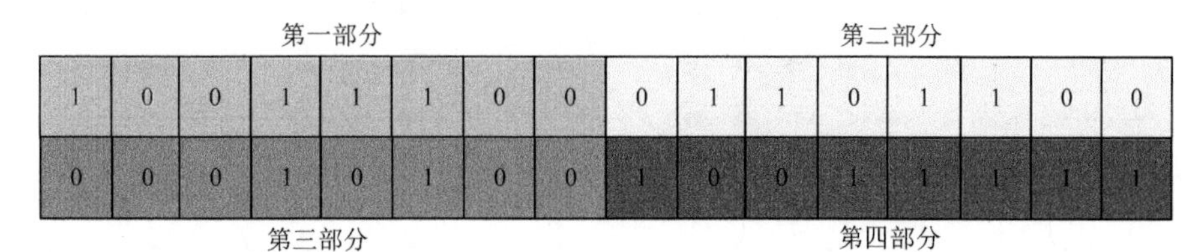

（a）一幅2×16大小的图

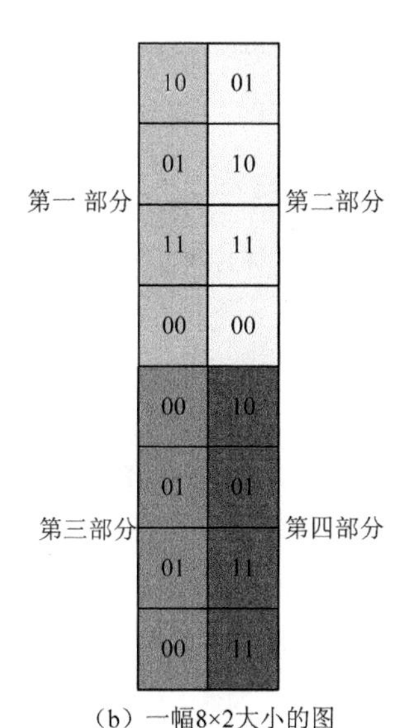

（b）一幅8×2大小的图

图 6.3　水印图像缩放举例

通过上述分析，不难得到缩放的量子水印图像 $|\boldsymbol{W}'\rangle$，其表达式为

$$\begin{cases} |\boldsymbol{W}'\rangle = \dfrac{1}{2^{\frac{2m-1}{2}}} \displaystyle\sum_{y'=0}^{2^{m+2}-1} \sum_{x'=0}^{2^{m-3}-1} \bigotimes_{k=0}^{1} |w_{y'x'}^{k}\rangle |y'x'\rangle \\ |y'x'\rangle = |y'\rangle|x'\rangle = |y'_{m+1}y'_{m} \cdots y'_{0}\rangle |x'_{m-4}x'_{m-5} \cdots x'_{0}\rangle \end{cases} \tag{6.3}$$

采用量子受控非门（CNOT）构造多量子比特受控非门（多个控制量子比特），并结合 Hadamard 门，生成 $|0\rangle$ 和 $|1\rangle$ 等概率出现的坐标值，设计出水印缩放量子线路，如图 6.4 所示。

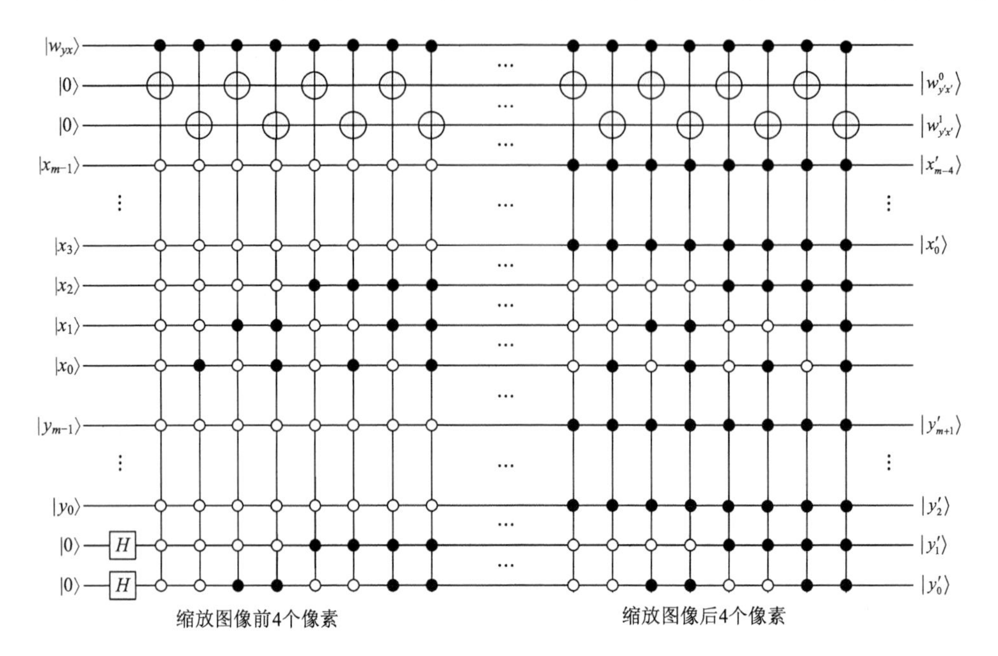

图 6.4　水印图像缩放量子线路

6.1.3　嵌入及其量子线路

通过上述水印缩放量子线路后，量子水印图像的尺寸已与载体图像边界区域一致。接下来需要将缩放后的量子水印图像$|\boldsymbol{W}'\rangle$嵌入量子载体图像$|\boldsymbol{C}\rangle$，得到含水印图像$|\mathbf{CW}'\rangle$（嵌入水印后的载体图像）。为了实施嵌入，需要用到前述章节介绍的量子比较器（quantum comparator，QC）[11]，该比较器基于 Toffoli 门设计，可用于量子图像处理中两个量子比特序列的大小比较，具有使用更少辅助量子位、运行效率高等优点。

为了对 n 位量子比较器进行构造，图 6.5 所示为一位量子比较器的简单量子线路图。由于比较结果有 3 种可能（大于、小于或等于），因此使用两个辅助量子比特，初始值为$|00\rangle$。当$|a\rangle$和$|b\rangle$中仅有一个为状态$|1\rangle$时，$|c_1\rangle$或$|c_0\rangle$的输出状态为$|1\rangle$。通过对辅助量子比特输出结果的测量，能判断出$|a\rangle$与$|b\rangle$的大小关系。

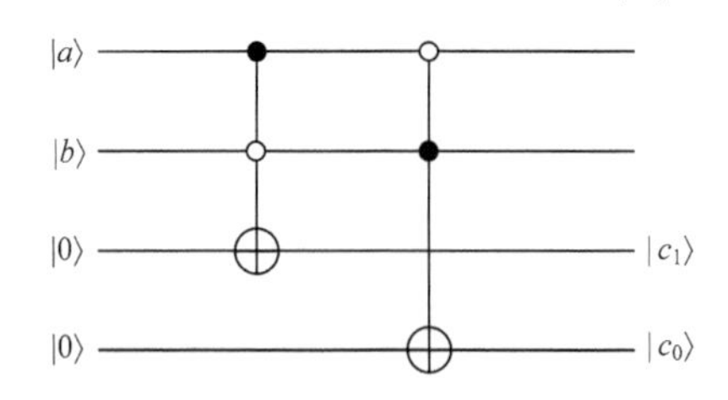

图 6.5　一位量子比较器的简单量子线路图

对一位量子比较器进行扩充，可实现对 n 位二进制数的大小比较，即从最高位向最低位依次按位进行。假设待比较的 n 位二进制量子比特序列分别为 $|Y\rangle=|y_{n-1}\cdots y_1 y_0\rangle$，$|X\rangle=|x_{n-1}\cdots x_1 x_0\rangle$，输出结果同样用 $|c_1\rangle$ 和 $|c_0\rangle$ 表示，n 位量子比较器线路如图 6.6 所示。

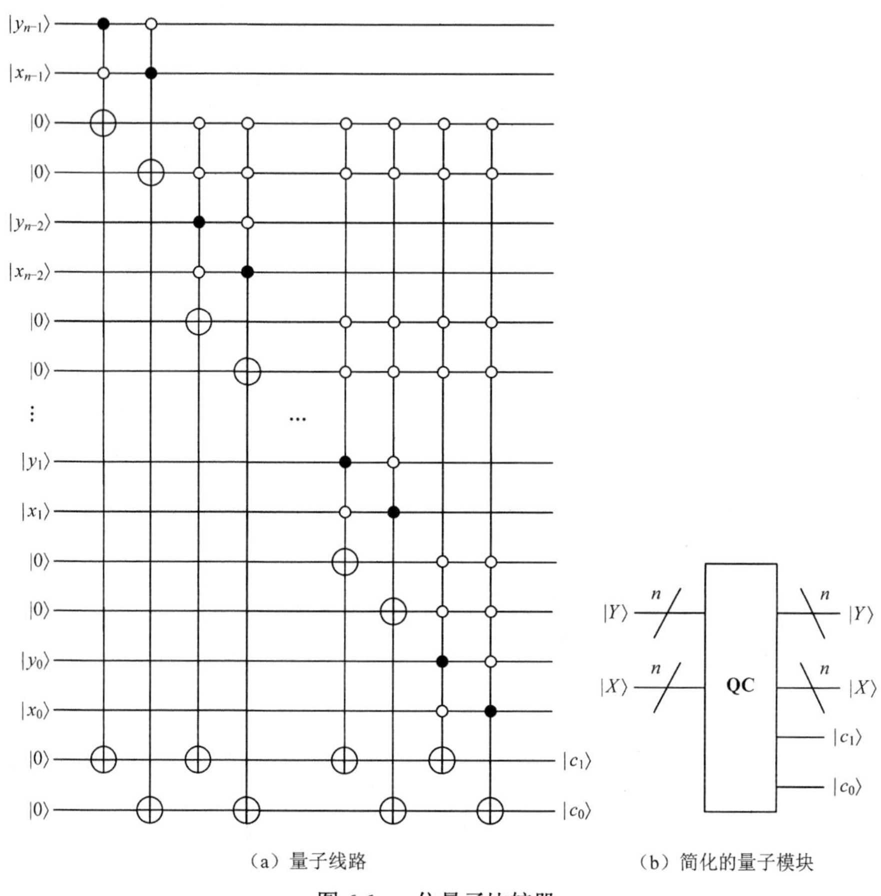

（a）量子线路　　　　　　　　　　（b）简化的量子模块

图 6.6　n 位量子比较器

显然，该量子线路从两个数的最高位比较开始，每一位的比较都使用了两个辅助量子比特 $|0\rangle$ 及多控制量子比特受控非门的作用。通过对 c_1、c_0 进行测量，其所得结果可以判断 Y 与 X 的大小关系：

1）若 $c_1c_0=00$，则 $Y=X$。

2）若 $c_1c_0=01$，则 $Y<X$。

3）若 $c_1c_0=10$，则 $Y>X$。

在本方案中，量子比较器主要用来对量子载体图像 $|\boldsymbol{C}\rangle$ 与缩放后的量子水印图像 $|\boldsymbol{W}'\rangle$ 进行坐标比较，其输出量子比特作为嵌入线路的控制比特，具体的量子水印嵌入量子线路如图 6.7 所示。

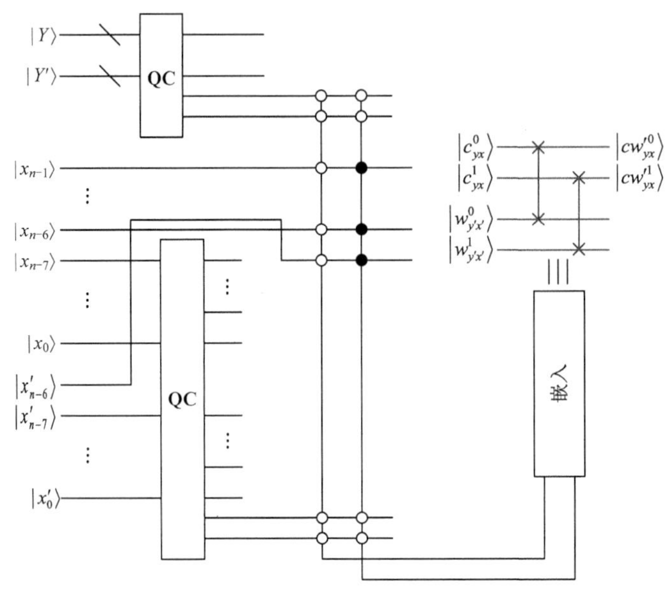

图 6.7　水印嵌入量子线路

由图 6.7 可知，以两个量子比较器的输出结果（“00” 表示所判断的值相等）及部分坐标值为控制比特，通过将载体图像 $|\boldsymbol{C}\rangle$ 边界区域与缩放后量子水印图像 $|\boldsymbol{W}'\rangle$ 的最低有效位进行交换，即 $\left|c_{yx}^{0}\right\rangle$ 与 $\left|w_{y'x'}^{0}\right\rangle$ 交换，$\left|c_{yx}^{1}\right\rangle$ 与 $\left|w_{y'x'}^{1}\right\rangle$ 交换，从而完成嵌入。由此可知，其嵌入采用了最低有效位隐写方法，仅使用量子比较器、量子多控制受控非门及交换门实现了完整的水印嵌入方案。水印嵌入后，使用 NEQR 方法，对隐写图像进行量子测量，可以得到经典的隐写图像。

6.2　量子水印提取

由图 6.1 可知，该量子水印方法的提取流程包括以下步骤。

1）将嵌入水印后的隐写图像用 NEQR 方法表示为 $|\mathbf{CW}'\rangle$，并制备一幅空的量子二值图像 $|\mathbf{WE}\rangle$ 。

2）从隐写图像 $|\mathbf{CW}'\rangle$ 中提取量子水印图像 $|\boldsymbol{W}'\rangle$ 。

3）对 $|\boldsymbol{W}'\rangle$ 进行逆缩放，得到原始的量子水印图像 $|\boldsymbol{W}\rangle$ 。

为了完成对嵌入后量子图像的边界区域进行水印提取，先制备一幅空的量子二值图像 $|\mathbf{WE}\rangle$，其灰度值全部初始化为 $|0\rangle$，该图像用来存储提取出的水印图像 $|\boldsymbol{W}'\rangle$ 。具体的量子水印提取线路如图 6.8 所示。可以看出，该提取线路同样使用了两个量子比较器（QC）对 $|\mathbf{CW}'\rangle$ 及 $|\mathbf{WE}\rangle$ 相关坐标进行比较，在量子比较器输出结果及部分坐标位量子比特的控制下，将隐写图像边界区域的最低有效位 $\left|cw'^{1}_{yx}\right\rangle$ 及 $\left|cw'^{0}_{yx}\right\rangle$ 的值通过受控非门赋给 $\left|w_{y'x'}^{1}\right\rangle$ 及 $\left|w_{y'x'}^{0}\right\rangle$ 。

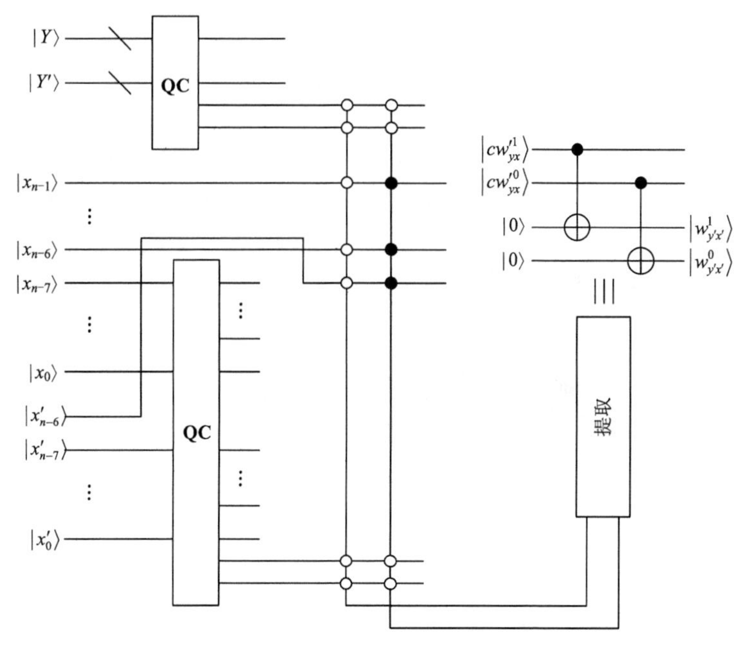

图 6.8　量子水印提取线路

接下来对提取出的量子水印图像$|\boldsymbol{W}'\rangle$进行逆缩放，得到原始的量子水印图像$|\boldsymbol{W}\rangle$。逆缩放的量子线路可以通过类似的量子水印图像缩放线路得到，如图 6.9 所示。

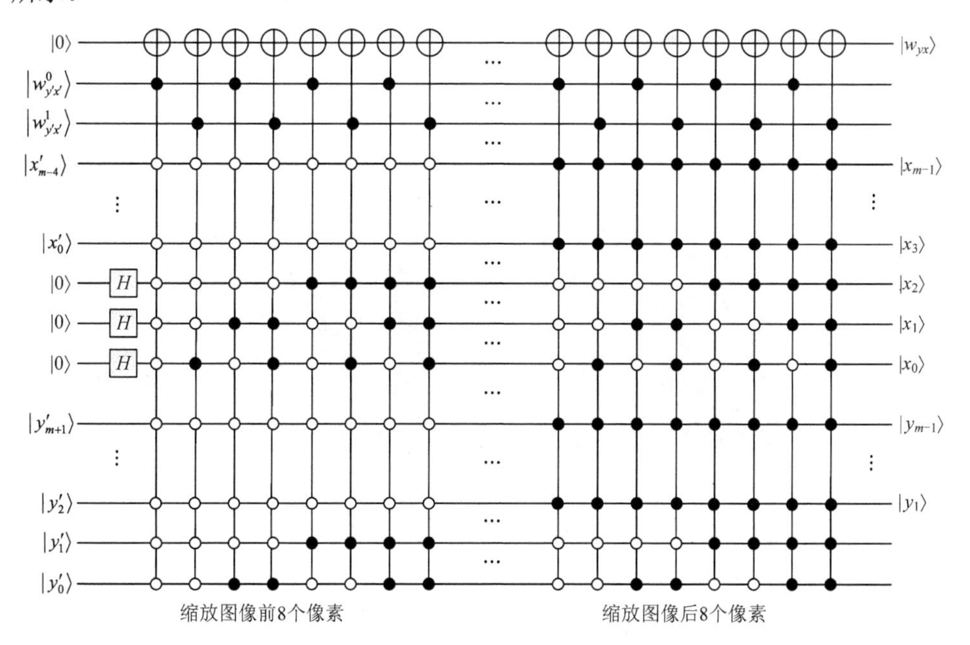

图 6.9　水印图像逆缩放量子线路

6.3 仿真结果与分析

本方案及其量子线路的模拟通过经典计算机完成，计算机硬件配置为Intel (R) Core (TM) i5-7200U CPU 2.70GHz 8.00GB RAM，软件为MATLAB 2014b。仿真实验选取了512×512像素大小、255灰度的3幅灰度图像（Lena、Baboon及Cameraman）作为量子载体图像，同时，将该3幅图像对应的二值图像作为量子水印图像（大小为128×128），全部测试图像如图6.10所示。

（a）载体图像Lena

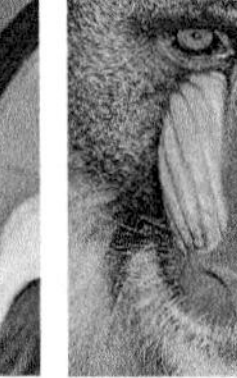
（b）载体图像Baboon

（c）载体图像Cameraman

（d）水印图像Lena

（e）水印图像Baboon

（f）水印图像Cameraman

图6.10 测试图像

6.3.1 视觉质量

实验中，选取128×128像素的二值图像Baboon为水印图像[图6.11（a）]，512×512像素的灰度图像Lena为载体图像[图6.11（b）]，嵌入之后的载体图像如图6.11（c）所示，图6.11（d）为提取出的水印图像。显然，从视觉上看，嵌入水印后的载体图像[图6.11（c）]非常逼真，几乎与原载体图像[图6.11（b）]无视觉差别。为了进一步判断嵌入后的图像视觉质量，对两幅图像的峰值信噪比进行计算。

（a）水印图像

（b）载体图像

（c）含水印图像

（d）提取出的水印图像

图6.11 嵌入前后视觉对比

峰值信噪比PSNR是用来评判两幅图像（比如嵌入水印后的载体图像和原载体图像）相似度的重要指标之一，其值越大，表明两幅图像的相似程度越高。对于两幅大小为$m \times n$的载体图像I及对应的嵌入水印后的载体图像J，PSNR定

义为

$$\mathrm{PSNR} = 10\lg\frac{\mathrm{MAX}_I^2}{\mathrm{MSE}} = 20\lg\frac{\mathrm{MAX}_I}{\sqrt{\mathrm{MSE}}} \tag{6.4}$$

式中，MAX_I 表示图像颜色的最大灰度值；均方误差 MSE 定义为

$$\mathrm{MSE} = \frac{1}{mn}\sum_{i=0}^{m-1}\sum_{j=0}^{n-1}[I(i,j) - J(i,j)]^2 \tag{6.5}$$

对图 6.11（b）与（c）进行峰值信噪比的计算，得到 PSNR = 61.499 8dB的结果。同样，对不同载体图像与水印嵌入后相应的隐写图像的峰值信噪比进行计算，其 PSNR 结果如表 6.1 所示。从表 6.1 中的数据可以看出，其视觉质量的 PSNR 值大约为 60dB。相比较以往的一些类似算法，如文献[8]中的量子水印方法（PSNR 值约为 54dB），提高了大约 10%。相比较更早的一些算法，如文献[6]中的量子水印方法（PSNR 值约为 44dB）提高了将近 16dB。明显，从 PSNR 值来看，本方案获得了更好的视觉质量。

表 6.1　不同载体图像与水印图像下的 PSNR 值

载体图像	水印图像	PSNR/dB
(a)	(e)	61.499 8
(b)	(d)	62.011 4
(c)	(d)	58.696 1
(a)	(f)	59.623 2
(b)	(f)	58.851 7
(c)	(e)	58.789 9

6.3.2　鲁棒性分析

鲁棒性是指水印图像经过一些正常的信号处理操作后水印仍具有较好的可检测性，这些改变包括噪声攻击、几何变换等。为了对量子水印方案进行鲁棒性分析，仿真实验在椒盐噪声（salt and pepper）攻击下分析算法性能。由图 6.11 可以看出，在无噪声环境下，本方案可以实现水印信息的无损提取。实验中，选取图 6.10（a）和（e）分别作为载体图像及待嵌入的水印图像，对隐写图像 Lena 分别添加强度为 0.05、0.10 及 0.15 的椒盐噪声。噪声攻击后的隐写图像及提取出的水印图像视觉效果如图 6.12 所示[图 6.12 中（a）、（c）、（e）分别为噪声强度 0.05、0.10、0.15 攻击下的含水印图像，（b）、（d）、（f）分别为提取出的水印图像]。

此外，对不同强度椒盐噪声攻击下提取出的水印与原始水印图像的 PSNR 值进行计算，并与文献[6]进行对比，其结果如表 6.2 所示。由此可知，针对不同强度下的椒盐噪声攻击，本方案具有更好的鲁棒性。

（a）噪声强度 0.05 攻击下的含水印图像

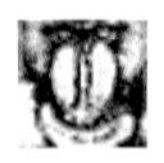

（b）提取出的水印图像 1

（c）噪声强度 0.10 攻击下的含水印图像

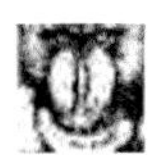

（d）提取出的水印图像 2

（e）噪声强度 0.15 攻击下的含水印图像

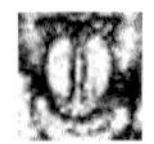

（f）提取出的水印图像 3

图 6.12　鲁棒性能测试

表 6.2　椒盐噪声攻击下 PSNR 值对比

方案	噪声强度0.05	噪声强度0.10	噪声强度 0.15
文献[6]	19.30	16.34	14.37
本方案	27.359 1	27.354 5	27.409 7

6.3.3　线路复杂度分析

量子线路中，复杂的酉变换可分解为一些基本的量子逻辑门，如非门（NOT）、受控非门（CNOT）及 Toffoli 门[12]，量子线路的复杂度取决于基本量子门的个数，如 1 个 Toffoli 门可用 6 个受控非门、1 个交换门可用 3 个受控非门进行模拟实现。本文中，选用受控非门（CNOT）作为基本的计算单元。需要说明的是，参考已有文献，n-CNOT（其中 n 代表控制量子比特的个数）的复杂度为 $12n-9$[13]，量子比较器的复杂度为$24n^2+6n$[14]。本方案的量子线路复杂度分析如下。

首先，在水印图像缩放量子线路中，根据缩放比例，每个 CNOT 门有$2m+3$个控制量子比特数，且有$\left[(2^m\times4)\times\left(2^m\times\frac{1}{8}\right)\right]\times2$个像素需要处理。也就是说，$(2m+3)$ -CNOT 门的个数为2^{2m}（其中$m=n-2$）。因此，其复杂度为

$$\begin{aligned}&2^{2m}\times[12(2m+3)-9]\\&=2^{2(n-2)}\{12[2(n-2)+3]-9\}\\&=O(n\times2^{2n})\end{aligned}\tag{6.6}$$

其次，水印嵌入线路中包括 2 个量子比较器及控制量子比特数为 11 的嵌入线路模块，具体的嵌入线路实现部分包括 2 个交换门（SWAP）。因此，该嵌入线路能分解为 12 个 12-CNOT 门。其复杂度为

$$(24n^2+6n)+\left[24(n-6)^2+6(n-6)\right]+12\times(12\times12-9)=O(n^2)\tag{6.7}$$

由此可知，水印缩放及嵌入线路的总复杂度为$O(n\times2^{2n}+n^2)$。从上述水印提取流程可知，其线路复杂度近似等于嵌入量子线路复杂度。综上所述，不考虑 NEQR 图像制备及量子测量的复杂度，本量子水印嵌入与提取方案的复杂度约为$O(n\times2^{2n})$。

如表 6.3 所示，通过与文献[7]、文献[10]、文献[15]中量子水印算法的复杂度进行对比发现，本方案的量子线路复杂度与其他方法处于同一个级别。很明显，本方案的复杂度主要来源于量子水印图像缩放的复杂度，而嵌入与提取线路本身的复杂度较低。

表 6.3　量子线路复杂度对比

方案	复杂度
文献[7]	$O(11\times2^{2n-3})$
文献[10]	$O(2^{2n-3}+n^2)$
文献[15]	$O(39n\times2^{2n})$
本方案	$O(n\times2^{2n})$

本 章 小 结

本章提出了基于量子图像边界嵌入的量子水印方法，该方法主要基于人类视觉系统往往对图像边界部分的灰度变化不敏感，嵌入过程只对量子载体图像边界像素灰度进行处理。在已有的量子图像空域水印方法中，往往在嵌入过程中针对载体图像的全部像素灰度值进行处理，视觉质量不高。由于量子载体图像非边界区域的像素未有任何变化和调整，嵌入后的载体图像失真小，进一步增强了隐写

图像的视觉质量。

此外，基于嵌入水印图像与载体图像边界区域对应的坐标关系，设计了水印图像缩放及逆缩放的量子线路，同时也运用量子比较器设计了具体的水印嵌入与提取量子线路，最后对线路复杂度进行了理论分析与对比讨论。仿真实验结果表明，相比较已有的类似量子图像水印方法，本方案有更好的水印嵌入视觉效果及更高的峰值信噪比，且具有良好的鲁棒性。

参 考 文 献

[1] LE P Q, DONG F Y, HIROTA K. A flexible representation of quantum images for polynomial preparation, image compression, and processing operations[J]. Quantum information processing, 2011, 10(1): 63-84.

[2] ILIYASU A M, LE P Q, DONG F Y, et al. Watermarking and authentication of quantum images based on restricted geometric transformations[J]. Information sciences, 2012, 186(1):126-149.

[3] ZHANG W W, GAO F, LIU B, et al. A watermark strategy for quantum images based on quantum fourier transform[J]. Quantum information processing, 2013, 12(2):793-803.

[4] SONG X H, WANG S, LIU S, et al. A dynamic watermarking scheme for quantum images using quantum wavelet transform[J]. Quantum information processing, 2013, 12(12): 3689-3706.

[5] SONG X H, WANG S, EL-LATIF A A A, et al. Dynamic watermarking scheme for quantum images based on Hadamard transform[J]. Multimedia systems, 2014, 20(4):379-388.

[6] MIYAKE S, NAKAMAE S. A quantum watermarking scheme using simple and small-scale quantum circuits[J]. Quantum information processing, 2016, 15(5):1849-1864.

[7] LI P C, ZHAO Y, XIAO H, et al. An improved quantum watermarking scheme using small-scale quantum circuits and color scrambling[J]. Quantum information processing, 2017, 16(5):127-160.

[8] HEIDARI S, NASERI M. A novel LSB based quantum watermarking[J]. International journal of theoretical physics, 2016, 55(10):4205-4218.

[9] ZHOU R G. HU W W, FAN P. Quantum watermarking scheme through Arnold scrambling and LSB steganography[J]. Quantum information processing, 2017, 16(9):212.

[10] ZHOU R G. HU W W, FAN P, et al. Quantum color image watermarking based on Arnold transformation and LSB steganography[J]. International journal of quantum information, 2018, 16(3):1850021.

[11] WANG D, LIU Z W, ZHU W W, et al. Design of quantum comparator based on extended general Toffoli gates with multiple targets (in Chinese)[J]. Computer science, 2012, 39(9): 302-306.

[12] BARENCO A, BENNETT C H, CLEVE R, et al. Elementary gates for quantum computation[J]. Physics review A, 1995, 52(5):3457-3467.

[13] JIANG N, WANG J, MU Y. Quantum image scaling up based on nearest-neighbor interpolation with integer scaling ratio[J]. Quantum information processing, 2015, 14(11): 4001-4026.

[14] WANG J, JIANG N, WANG L. Quantum image translation[J]. Quantum information processing, 2015, 14(5):1589-1604.

[15] ZHOU R G, LUO J, LIU X A, et al. A novel quantum image steganography scheme based on LSB[J]. International journal of theoretical physics, 2018, 57(6):1848-1863.

第 7 章　基于量子图像分块及像素灰度差的自适应水印算法

第 6 章提出了仅采用图像边界区域嵌入的量子图像水印方法。该方法虽然得到了很好的视觉质量，但是其嵌入容量并不理想。本章关注的重点是提高嵌入容量，并且在确保满意的隐写图像视觉质量的同时拥有较高的水印安全性。

一般来说，图像边缘是指图像像素值出现较大变化的区域。根据人类视觉系统特性，边缘区域相较于其对应的平滑区域，能容忍的像素灰度值修改量更大。基于像素差值（pixel value differencing，PVD）的数字图像信息隐藏算法[1]提出后，将载体图像分成许多互不重叠的两像素对，两个像素所嵌入信息比特数由其像素灰度差决定，灰度差值大的区域相较于像素差值小的区域嵌入更多的数据量。

现有的量子图像水印方案[2-6]大多基于经典的最低有效位隐写方法，未考虑图像本身的边缘和平滑特性，每个像素所嵌入的比特位平面相同，算法在隐蔽性和安全等方面，性能一般。文献[7]中提出了量子最低有效位隐写的图像分块信息隐藏方案，提高了算法的鲁棒性和不可检测性，但是该方法中每个图像块仅隐藏了一个比特信息，嵌入容量太低。

结合经典图像 PVD 方法及现有量子图像水印技术，本章研究基于量子图像分块及像素灰度差的水印技术。首先，将载体图像与水印图像用 NEQR 方法进行表示，对经典的 PVD 方法进行改进，提出了一种自适应的量子水印方案。其次，该算法根据量子图像分块内 3 个方向像素灰度差值情况自适应确定替代的比特位平面，并在嵌入过程中增加了校验量子位。最后，理论分析与实验表明该算法在确保一定的嵌入图像视觉质量的同时提高了嵌入容量，且具有较好的隐蔽性及安全性。

7.1　自适应量子水印嵌入

本节介绍如何通过基于像素灰度差方法，将量子水印图像嵌入量子载体图像中。相比较其他方法，本节算法主要特点如下。

1）对量子载体图像进行分块，根据块内 3 个方向的像素差值对该区域进行判定，自适应确定嵌入位置及比特位平面。

2）嵌入过程中引入量子校验位与标记位。

具体介绍该算法之前，为了让读者对算法有直观认识，首先给出该量子水印方案的嵌入与提取过程的示意图，如图 7.1 所示。由图 7.1 可知，算法嵌入过程包括以下几个步骤。

1）制备量子载体图像$|\boldsymbol{C}\rangle$，进行分块、灰度差值计算等操作。

2）将原始水印图像进行扩展，制备与载体图像同大小的水印图像$|\boldsymbol{W}\rangle$，置乱后得到$|\boldsymbol{W}'\rangle$。

3）执行嵌入算法，获得含水印图像$|\mathbf{CW}'\rangle$。

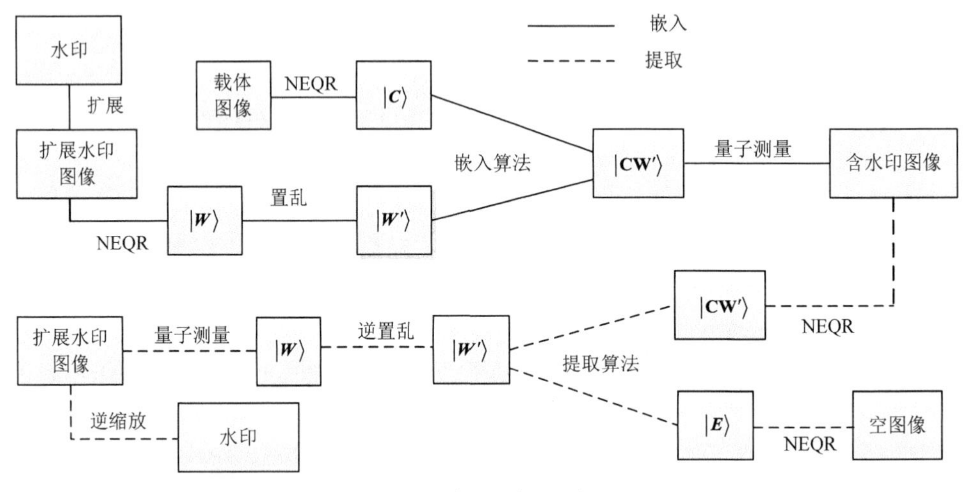

图 7.1　嵌入及提取过程

7.1.1　PVD 信息隐藏算法

PVD 算法将载体图像分成众多互不重叠的小块，每个小块包括两相邻像素，如按逐行的方式进行分块。进行信息隐藏时，秘密信息隐藏在每个分块的两像素灰度差值中。人类视觉系统对差值变化很大的区域敏感性差，因此在这些区域嵌入较多的秘密数据。此后，基于 PVD 思想的图像信息隐藏算法层出不穷，比较有代表性的如文献[8]～文献[10]，这些算法对原始的 PVD 算法进行了改进，主要集中在考虑了不同分块大小、不同方向像素差值等。受经典图像的 PVD 相关算法启发，本章研究基于 NEQR 量子图像分块及像素灰度差的水印算法。

7.1.2　准备工作

在介绍具体的水印嵌入方法之前，先介绍量子载体图像分块及水印预处理的准备工作。

1. 量子载体图像分块

假设载体图像大小为$2^n \times 2^n$，灰度为 255。使用 NEQR 方法，载体图像可表示如下：

$$|C\rangle=\frac{1}{2^n}\sum_{YX=0}^{2^{2n}-1}|C_{YX}\rangle\otimes|YX\rangle=\frac{1}{2^n}\sum_{Y=0}^{2^n-1}\sum_{X=0}^{2^n-1}\bigotimes_{k=0}^{7}|c_{YX}^k\rangle\otimes|YX\rangle \tag{7.1}$$

NEQR 方法使用量子比特序列表示图像的坐标值，为量子图像分块提供了可能。例如，固定坐标信息的某些量子比特值，可以选择出相关的一些像素，类似的图像分块方法在文献[7]中有介绍。如图 7.2 所示，一幅 4×4 像素的量子图像，Y 坐标为 $|y_1y_0\rangle$，X 坐标为 $|x_1x_0\rangle$，当 $|y_1\rangle$ 限制为 $|0\rangle$，$|x_1\rangle$ 也限制为 $|0\rangle$ 时，该图像左上角的 2×2 像素的分块区域被选中。具体到量子线路中，用 $|y_1\rangle$ 和 $|x_1\rangle$ 作为控制位，当控制量子比特位的值都为 $|0\rangle$ 时，将对图像中左上角的 2×2 像素的分块区域进行处理。根据图像分块方法，可以将该量子图像分为 4 个互不重叠的 2×2 像素的图像分块。

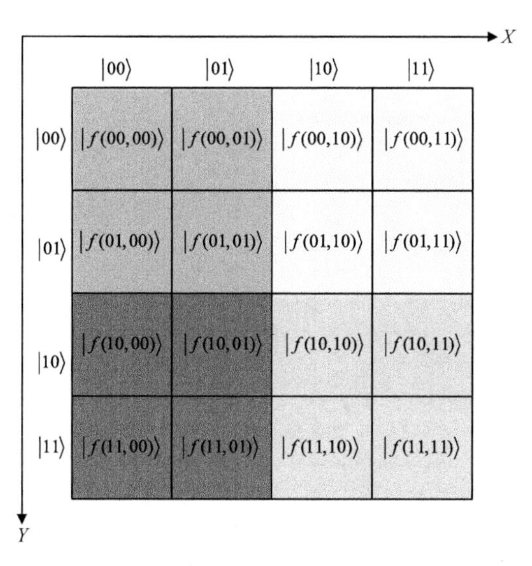

图 7.2　量子图像分块示意图

本算法正是基于图像像素灰度差值的改进，将一幅 $2^n\times2^n$ 的量子图像分成多个互不重叠的 2×2 大小的分块。对于每一分块区域而言，有4个像素，其像素值分别为 $|f(Y,X)\rangle$、$|f(Y,X+1)\rangle$、$|f(Y+1,X)\rangle$ 及 $|f(Y+1,X+1)\rangle$。将4个像素以左上角的第一个像素作为起始像素，与其他3个像素一起分成3对，具体的示意图如图7.3所示，3对像素分别处在水平、垂直及对角3个方向。

设每个非重叠分块区域3对像素灰度差值的绝对值集合为 $\{d_1,d_2,d_3\}$，使用绝对值计算（CAV）量子模块计算两个n位量子比特序列 $|Y\rangle$ 与 $|X\rangle$ 之差的绝对值 $\||Y\rangle-|X\rangle|$，其中 $|Y\rangle=|y_{n-1}\cdots y_1y_0\rangle$，$|X\rangle=|x_{n-1}\cdots x_1x_0\rangle$。设 $|Y\rangle$ 与 $|X\rangle$ 之差为 $|d_nd_{n-1}\cdots d_1d_0\rangle$，其中 d_n 为符号位，其他位为数值位。若 d_n=0，则 $|Y\rangle-|X\rangle\geqslant0$，否则 $|Y\rangle-|X\rangle<0$。为得到绝对值，结合经典的二进制补码运算等操作，设计了相

应的量子补码（CO）操作，其线路如图7.4所示。在可逆并行减法器（RPS）及补码操作的基础上，绝对值计算（CAV）模块量子线路及计算示例如图7.5所示。

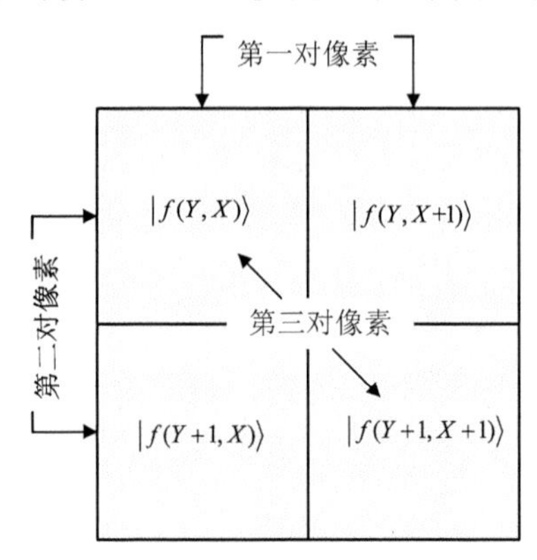

图 7.3　分块的 3 对像素

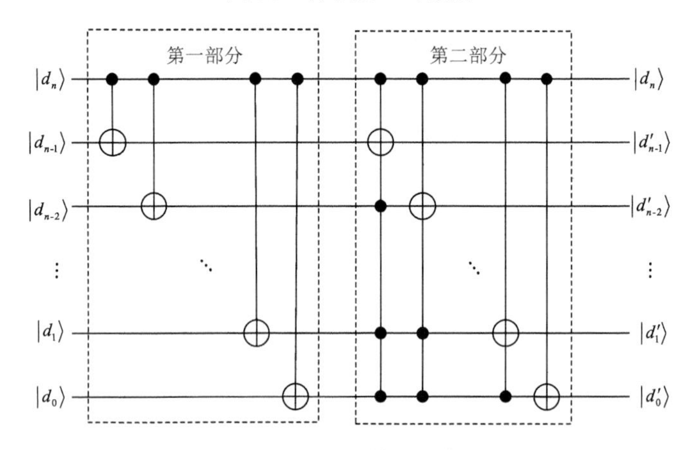

图 7.4　量子补码操作

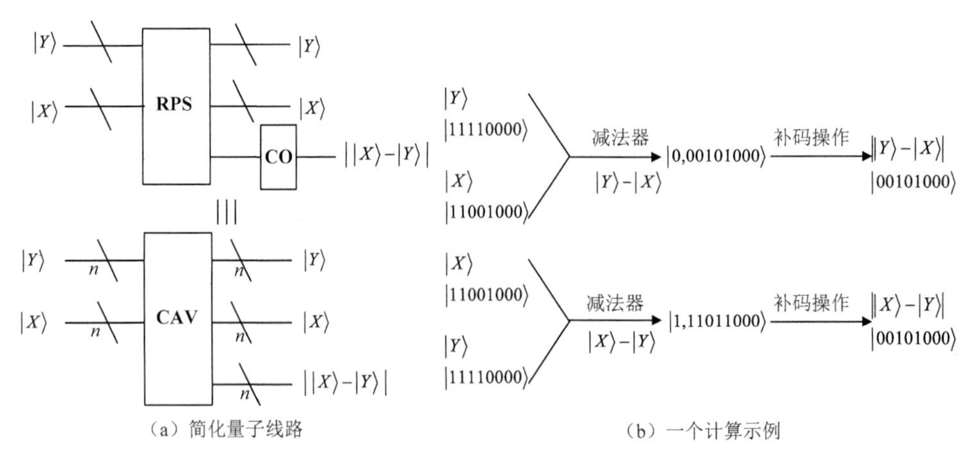

图 7.5　绝对值计算（CAV）模块

使用绝对值计算量子模块，可以求出：

$$\begin{cases} d_1 = \| f(Y,X)\rangle - | f(Y,X+1)\rangle | \\ d_2 = \| f(Y,X)\rangle - | f(Y+1,X)\rangle | \\ d_3 = \| f(Y,X)\rangle - | f(Y+1,X+1)\rangle | \end{cases} \tag{7.2}$$

式中，$d_i \in [0,255]$。为了对差值情况进行分类，根据灰度图像相邻 3 对像素差值的统计分析，将其划分两个层级，即差值所处区域分为$[0,15]$及$[16,255]$，如图 7.6 所示。

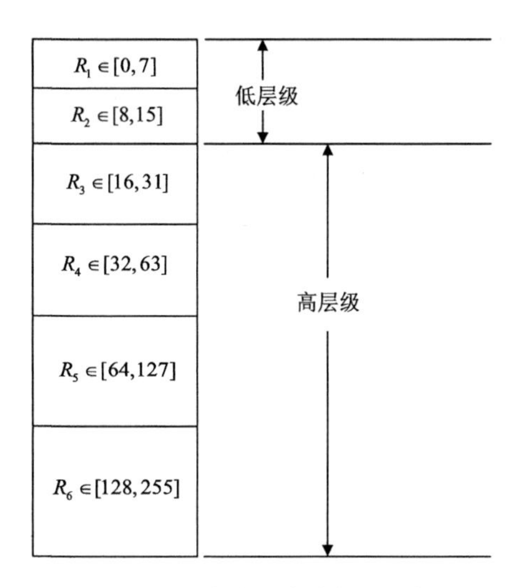

图 7.6　基于像素灰度差的区间划分

2. 区域判定及量子线路

一般来说，小的灰度差值意味着像素所在区域是平滑区域，而较大的差值意味着区域属于边缘区域。因此，本章所提算法首先将差值予以分类，根据 3 个差值的分布自适应确定该区域是平滑区域还是边缘区域。具体来说，如果水平、垂直及对角方向的 3 对像素的灰度差值绝对值都属于区间$[0,15]$，则认为该分块属于平滑区域，反之，只要有一个方向的像素灰度差值处在区域$[16,255]$，则该分块被视为边缘区域。根据人类视觉系统的敏感特性，边缘区域能容忍更多的像素值修改，平滑区域能忍受的像素值修改小，这样可以确保相对较小的隐写图像失真。因此，虽然本章算法仍然使用量子最低有效位方法，在平滑区域对像素的 3 位最低有效位进行处理，而在边缘区域对像素的 4 位最低有效位进行处理。

为了实现阈值比较操作（U_T），预先定义一个阈值，由上述分析可知 $\text{Threshold} = (00001111)_2$，对应的阈值比较量子线路如图 7.7 所示。由图 7.7 可知，采用量子比特$|0\rangle$作为输入辅助比特，通过U_T操作，其输出量子比特若满足

$|r_i\rangle=|1\rangle, i=1,2,3$ ，即 $d_i \leqslant (15)_{10}$ ，意味着该区域属于平滑区域。图 7.8 所示为 3 个方向差值的绝对值计算以及区域判定的完整量子线路，图中输出比特 $|r_1\rangle$ 、 $|r_2\rangle$ 及 $|r_3\rangle$ 用来判定该分块属于平滑区域还是边缘区域。

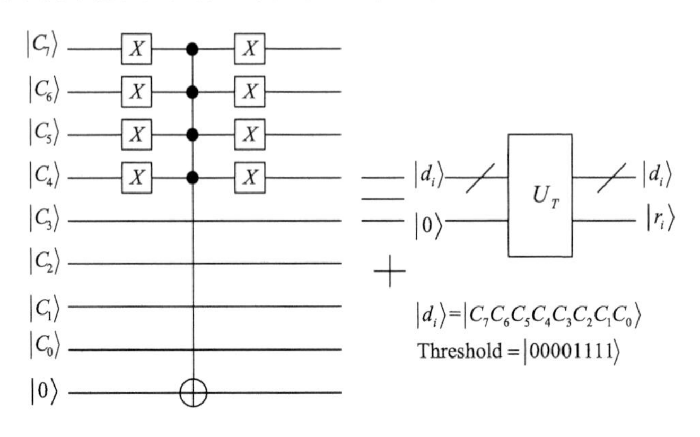

图 7.7　阈值比较量子线路

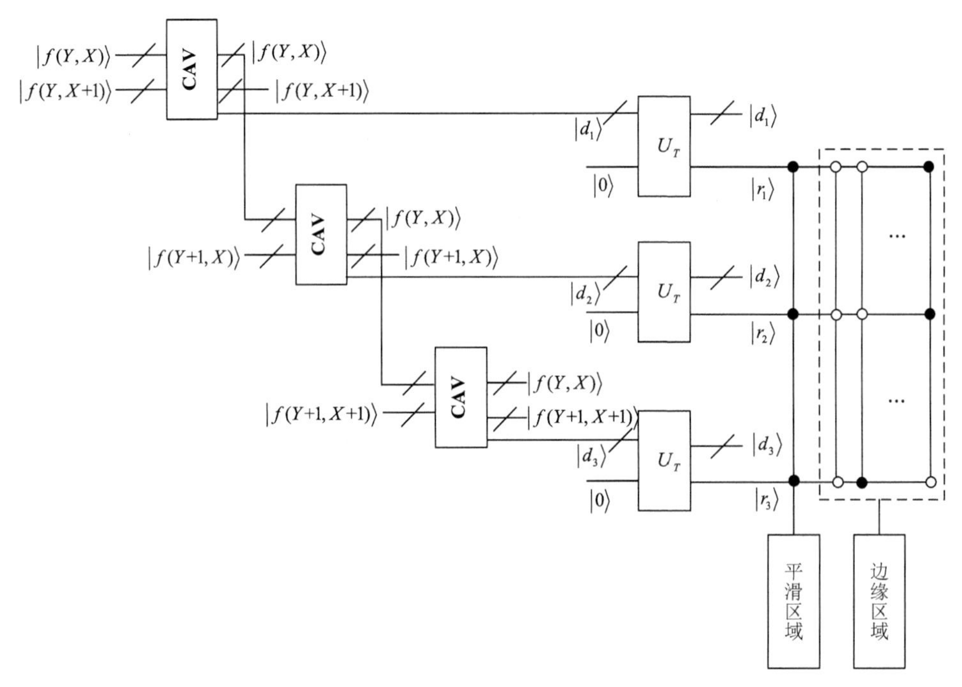

图 7.8　区域判定量子线路

最后，为了更直观地将上述量子图像分块及区域判定过程描述清楚，全过程的流程图如图 7.9 所示。

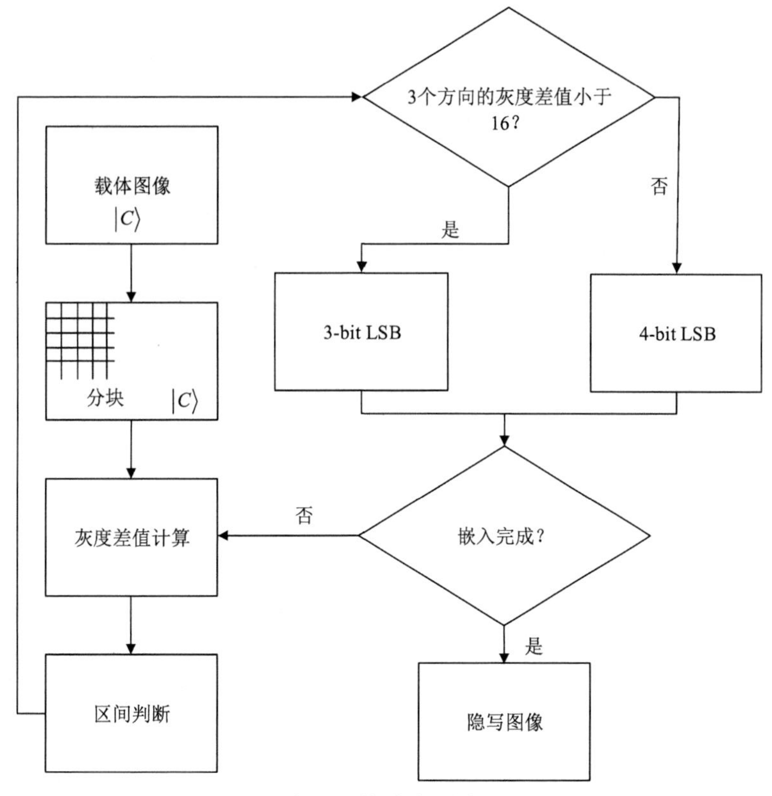

图 7.9　算法流程图

3. 水印扩展及置乱

对量子载体图像进行分块、差值计算判定等准备工作后，为了实现量子水印的嵌入与安全，对水印图像进行必要的扩展及置乱处理。设水印图像大小为 $2^{n-1}\times2^{n-1}$，灰度同样为 255。由上述分析可知，需要对大小为 $2^n\times2^n$ 载体图像的全部像素进行嵌入，因此，需要对水印图像进行扩展。例如，某像素其灰度值为 100，其二进制形式为 $(01100100)_2$，将该像素按照行优先的方式扩展为 4 个像素，即 $(01)_2$、$(10)_2$、$(01)_2$ 与 $(00)_2$，如图 7.10 所示。

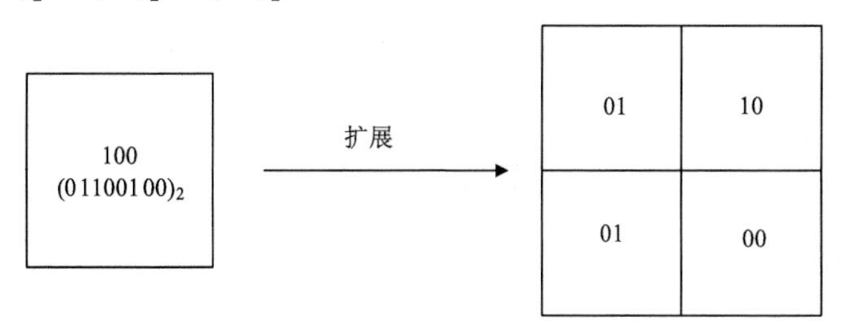

图 7.10　水印图像扩展示例

由此可知，扩展后的水印图像大小为$2^n \times 2^n$，灰度为4，使用NEQR方法可以表示为

$$|\boldsymbol{W}\rangle = \frac{1}{2^n}\sum_{YX=0}^{2^{2n}-1}|W_{YX}\rangle \otimes |YX\rangle = \frac{1}{2^n}\sum_{Y=0}^{2^n-1}\sum_{X=0}^{2^n-1}\bigotimes_{k=0}^{1}|w_{YX}^k\rangle \otimes |YX\rangle \tag{7.3}$$

例如，图7.10中的水印图像的NEQR表达式可以表示为

$$|\boldsymbol{W}\rangle = \frac{1}{2}(|01\rangle|00\rangle + |10\rangle|01\rangle + |01\rangle|10\rangle + |00\rangle|11\rangle) \tag{7.4}$$

为了增强水印的保密性，对扩展后的量子水印图像$|\boldsymbol{W}\rangle$进行置乱操作，得到无意义的量子水印图像$|\boldsymbol{W}'\rangle$，具体的置乱方法介绍如下。

通过量子交换门酉操作$\boldsymbol{U}_{YX}$构建量子比特位置乱子操作$\boldsymbol{S}_{YX}$，则有

$$\boldsymbol{S}_{YX} = \left(\boldsymbol{I} \otimes \sum_{y=0}^{2^n-1}\sum_{\substack{x=0 \\ yx \neq YX}}^{2^n-1}|yx\rangle\langle yx|\right) + \boldsymbol{U}_{YX} \otimes |YX\rangle\langle YX| \tag{7.5}$$

式中，$\boldsymbol{S}_{YX}$是酉矩阵，满足$\boldsymbol{S}_{YX}\boldsymbol{S}_{YX}^{\dagger} = \boldsymbol{I}^{\otimes(2n+1)}$，$\boldsymbol{S}_{YX}^{\dagger}$是$\boldsymbol{S}_{YX}$的共轭转置。因此，对原水印图像所有$2^{2n}$个像素的量子比特位平面交换操作$S$，可通过$2^{2n}$次子操作$\boldsymbol{S}_{YX}$来实现，即

$$S = \prod_{Y=0}^{2^n-1}\prod_{X=0}^{2^n-1}\boldsymbol{S}_{YX} \tag{7.6}$$

因此，通过该置乱方法，置乱后的量子水印图像可表示为

$$|\boldsymbol{W}'\rangle = \frac{1}{2^n}\sum_{YX=0}^{2^{2n}-1}|W'_{YX}\rangle \otimes |YX\rangle = \frac{1}{2^n}\sum_{Y=0}^{2^n-1}\sum_{X=0}^{2^n-1}\bigotimes_{k=0}^{1}|w'^k_{YX}\rangle \otimes |YX\rangle \tag{7.7}$$

显而易见，由于置乱操作可逆，逆操作$\boldsymbol{S}_{YX}^{-1}$能用作水印图像提取后的恢复。

7.1.3　水印嵌入及其量子线路

1. 平滑区域的嵌入

根据上述分析，量子载体图像被分为若干互不重叠的2×2像素的分块，且对每个分块内水平、垂直及对角3个方向像素对的灰度差值进行了判定。当判定结果为平滑区域时，根据人类视觉系统特性，只允许对载体图像的低3位最低有效位进行修改。这里同样需要对两幅图像进行坐标值的比较和控制，因此采用量子比较器对载体图像$|\boldsymbol{C}\rangle$及置乱后的水印图像$|\boldsymbol{W}'\rangle$进行坐标比较，其输出量子比特将作为嵌入的控制比特。当两幅图像的坐标值相等（输出比特$|c_1c_0\rangle = |00\rangle$）时，执行以下操作：

对于该分块的首像素：其最低有效位$|c_{YX}^0\rangle$设置为$|1\rangle$（$|\mathrm{cw}'^0_{YX}\rangle = |1\rangle$，即标记位，用作量子水印的提取），$|c_{YX}^1\rangle$和$|c_{YX}^2\rangle$使用控制交换门替换为$|w'^0_{YX}\rangle$和$|w'^1_{YX}\rangle$。对于

该分块的其他 3 个像素：$|w'^0_{YX}\rangle$ 和 $|w'^1_{YX}\rangle$ 通过同样的方法嵌入量子载体图像的 $|c^1_{YX}\rangle$ 和 $|c^2_{YX}\rangle$，嵌入后量子隐写图像的最低有效位 $|\mathrm{cw}'^0_{YX}\rangle$ 则作为量子校验位，其值由 $|w'^0_{YX}\rangle$ 和 $|w'^1_{YX}\rangle$ 共同确定。具体的量子线路如图 7.11 所示。

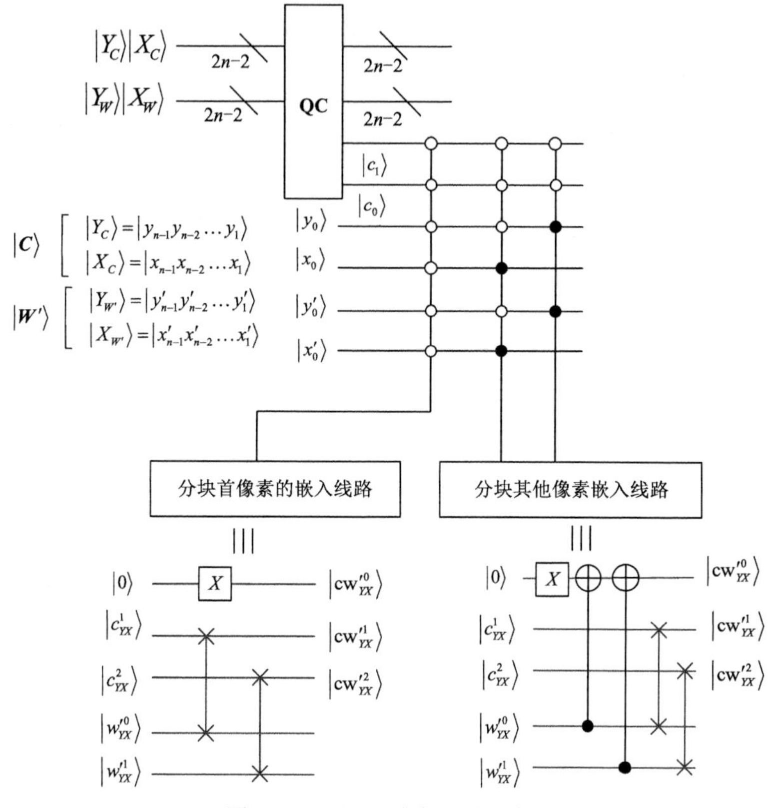

图 7.11　平滑区域嵌入量子线路

2. 边缘区域的嵌入

当分块内部三方向像素对灰度差值大于所设定的阈值时，该分块属于边缘区域。对应边缘区域，人类视觉系统可以忍受较大的灰度变化。因此，边缘区域允许对量子载体图像的低四位进行修改。同样，使用量子比较器进行量子载体图像与水印图像的坐标比较和控制，两幅图像坐标值对应相等时，执行以下操作。

对于该图像分块的首像素：最低有效位 $|c^0_{YX}\rangle$ 设置为 $|0\rangle$（$|\mathrm{cw}'^0_{YX}\rangle=|0\rangle$，即标记位，主要用于量子水印的提取），$|\mathrm{cw}'^1_{YX}\rangle$ 的值通过计算 $|w'^0_{YX}\rangle\oplus|w'^1_{YX}\rangle$ 得到，$|c^2_{YX}\rangle$ 和 $|c^3_{YX}\rangle$ 使用控制交换门替换为 $|w'^0_{YX}\rangle$ 和 $|w'^1_{YX}\rangle$。对于该图像分块的其他像素：嵌入后量子隐写图像的最低有效位 $|\mathrm{cw}'^0_{YX}\rangle$ 作为量子校验位，$|\mathrm{cw}'^1_{YX}\rangle$ 的值仍然通过计算

$|w'^{0}_{YX}\rangle \oplus |w'^{1}_{YX}\rangle$得到，$|c^{2}_{YX}\rangle$和$|c^{3}_{YX}\rangle$仍然使用控制交换门替换为$|w'^{0}_{YX}\rangle$和$|w'^{1}_{YX}\rangle$。具体的边缘区域嵌入量子线路如图 7.12 所示。

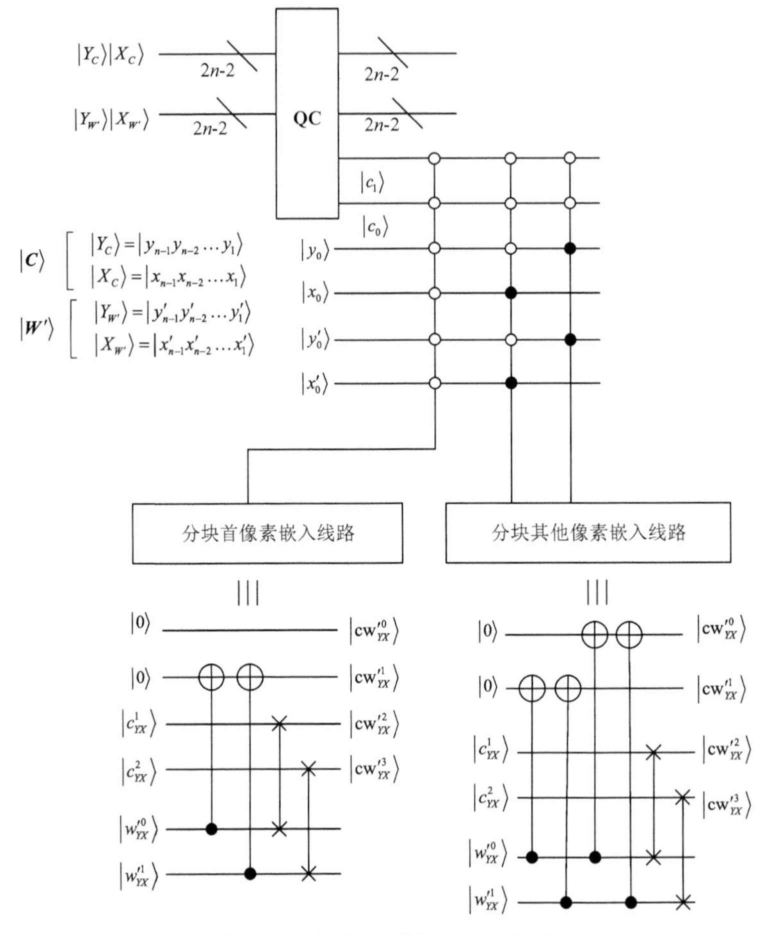

图 7.12　边缘区域嵌入量子线路

为了更加清晰地表达整个嵌入过程，其嵌入算法描述如下。

算法 7.1　嵌入算法

Input: $|\boldsymbol{C}\rangle$, $|\boldsymbol{W}'\rangle$

Output: $|\mathbf{CW}'\rangle$

```
If the current block is a smooth area.
```

For the first pixel of this block:

$|\mathrm{cw}'^{0}_{YX}\rangle = |1\rangle$

$|\mathrm{cw}'^{1}_{YX}\rangle = |w'^{0}_{YX}\rangle$

$|\mathrm{cw}'^{2}_{YX}\rangle = |w'^{1}_{YX}\rangle$

For other pixels of this block:

$|\mathrm{cw}'^{0}_{YX}\rangle$ is reserved as check qubit.

$|\mathrm{cw}'^{1}_{YX}\rangle = |w'^{0}_{YX}\rangle$

$|\mathrm{cw}'^{2}_{YX}\rangle = |w'^{1}_{YX}\rangle$

```
Else   the current block is an edge area.
For the first pixel of this block:
```
$|\mathrm{cw}'^{0}_{YX}\rangle = |0\rangle$

$|\mathrm{cw}'^{1}_{YX}\rangle = |w'^{0}_{YX}\rangle \oplus |w'^{1}_{YX}\rangle$

$|\mathrm{cw}'^{2}_{YX}\rangle = |w'^{0}_{YX}\rangle$

$|\mathrm{cw}'^{3}_{YX}\rangle = |w'^{1}_{YX}\rangle$

```
For other pixels of this block:
```
$|\mathrm{cw}'^{0}_{YX}\rangle$ is reserved as check qubit.

$|\mathrm{cw}'^{1}_{YX}\rangle = |w'^{0}_{YX}\rangle \oplus |w'^{1}_{YX}\rangle$

$|\mathrm{cw}'^{2}_{YX}\rangle = |w'^{0}_{YX}\rangle$

$|\mathrm{cw}'^{3}_{YX}\rangle = |w'^{1}_{YX}\rangle$

```
End If
```

7.2　水印提取及其量子线路

通过图 7.1 可以看到，提取过程实质上是嵌入的逆过程。为了提取水印图像，首先制备一幅与隐写图像大小（$2^n \times 2^n$）相同、灰度为 4 的空白图像。使用量子比较器，对隐写图像与空白水印图像进行坐标比较，其输出量子比特（$|c_1c_0\rangle = |00\rangle$）将用作水印提取线路的控制比特。通过使用前述量子图像分块方法，将含有水印的量子隐写图像进行同样的分块，整个图像分为 2^{2n-2} 个互不重叠的 2×2 像素大小的分块。由嵌入算法可知，每个分块内首像素最低有效量子位（标记位）的值以及比较器输出结果用作提取线路的控制量子比特，具体的提取线路如图 7.13 所示。从图中可以看出，当每个分块首像素的最低有效位满足 $|\mathrm{cw}'^{0}_{YX}\rangle = |1\rangle$ 时，该分块属于平滑区域，提取出 $|\mathrm{cw}'^{1}_{YX}\rangle$ 与 $|\mathrm{cw}'^{2}_{YX}\rangle$；相反，当 $|\mathrm{cw}'^{0}_{YX}\rangle = |0\rangle$ 时，该分块属于边缘区域，提取出 $|\mathrm{cw}'^{2}_{YX}\rangle$ 与 $|\mathrm{cw}'^{3}_{YX}\rangle$。然后将提取出的量子比特位平面通过多受控非门

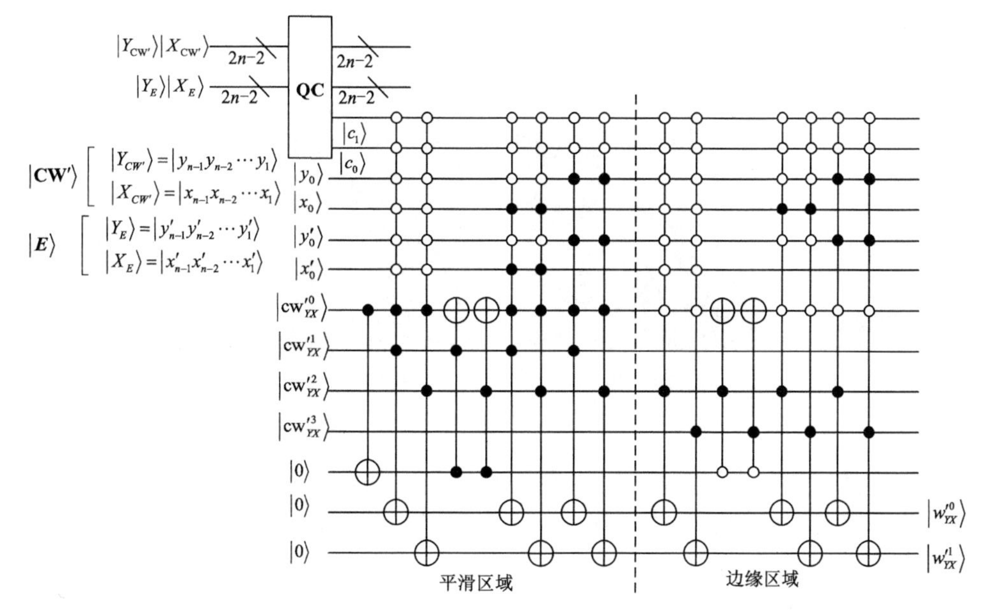

图 7.13　量子水印提取线路

的作用，赋值给水印图像量子位平面（$\left|w_{YX}^{\prime 0}\right\rangle$ 与 $\left|w_{YX}^{\prime 1}\right\rangle$），具体的流程如下。

1）制备一幅空的量子水印图像 $|\boldsymbol{E}\rangle$。

2）对 $|\mathbf{CW}'\rangle$ 与 $|\boldsymbol{E}\rangle$ 执行提取算法，得到置乱后的量子水印 $|\boldsymbol{W}'\rangle$。

3）通过前述逆置乱操作 $\boldsymbol{S}_{YX}^{-1}$ 对 $|\boldsymbol{W}'\rangle$ 进行逆置乱，得到量子水印图像 $|\boldsymbol{W}\rangle$。

4）对量子水印图像 $|\boldsymbol{W}\rangle$ 进行量子测量，并将水印图像缩放至 $2^{n-1}\times 2^{n-1}$ 大小，即为最初的灰度水印图像。

7.3 仿真结果与分析

本章所提出的量子水印算法通过经典计算机进行仿真，硬件配置为 Intel (R) Core (TM) i5-7200U CPU 2.70GHz 8.00GB RAM，软件为 MATLAB 2014b。实验中，选取 256×256 像素大小的 Lena、Peppers 及 Cameraman 3 幅灰度图像作为载体图像；选取 128×128 像素大小的 Baboon 图像（灰度为 256）作为待嵌入的原始水印图像，该水印图像首先进行了扩展和置乱，成为 256×256 像素、灰度为 4 的无意义水印图像。具体的实验结果从以下几个方面进行分析。

7.3.1 视觉质量

为了直观地观察嵌入水印后的隐写图像与原载体图像的视觉差别，图 7.14 给出了将 Baboon 水印图像嵌入 Lena 载体图像之后的含水印图像[图 7.14（c）]及提取出的原始水印图像[图 7.14（d）]。同样，图 7.15 给出了载体图像 Cameraman 与 Peppers 嵌入前后的视觉效果对比。从视觉上看，嵌入水印后的载体图像保真度高，含水印图像视觉质量较好。

（a）原始水印

（b）载体图像 Lena

（c）嵌入水印后的 Lena

（d）提取出的水印图像

图 7.14 视觉质量对比

为了进一步对图像视觉质量进行客观评价，考虑像素失真程度，使用 PSNR 判断嵌入信息后载体图像的质量。一般，均方误差（MSE）越小，PSNR 值越大，隐写图像的质量越好。对图 7.14（b）与（c）进行 PSNR 值的计算，其结果为 39.79dB。进一步计算与统计出载体图像为 Peppers 及 Cameraman 时的 PSNR 值，结果如表 7.1 所示。此外，该表中还计算统计了载体图像两种子块的个数及占比。例如，针对 Lena 图像，在所有的 16 384 个分块中，其中平滑区域图像分块的个数为 14 189，占比为 86.60%；边缘区域分块个数为 2 195，占比为 13.40%。这说明在该载体图像中，大部分的区域采用三位最低有效位隐写方法进行了修改替代，少部分区域对低四位最低有效位进行了修改替代，总嵌入量为 k bits/pixel($3 < k < 4$)。相比较文献[2]中量子水印方法的 PSNR 值(约为 44dB)，本方案 PSNR 值低了 4dB，但该文献中的量子水印方法只是针对载体图像的最低两位有效位进行修改替代，其嵌入的总信息量明显低于本方案。可见，虽然本方案 PSNR 值略低，但嵌入水印后的图像视觉质量仍然达到了预期效果，不可觉察性符合要求。

（a）原始载体图像（1）

（b）原始载体图像（1）对应的含水印图像

（c）原始载体图像（2）

（d）原始载体图像（2）对应的含水印图像

图 7.15 嵌入水印前后视觉效果对比

表 7.1 不同载体图像嵌入后 PSNR 值及其分块数的统计

载体图像	PSNR/dB	平滑区域（分块）数目及比例	边缘区域（分块）数目及比例
Lena	39.79	14 189 (86.60%)	2 195 (13.40%)
Peppers	40.15	14 713 (89.80%)	1 671 (10.20%)
Cameraman	39.85	14 235 (86.88%)	2 149 (13.12%)

7.3.2　鲁棒性分析

通过对提取出来的水印图像[图 7.14（d）]与原始水印图像 PSNR 值的计算，发现 PSNR=Inf，这说明无噪声攻击下的提取是完全无误的。为了进行鲁棒性的分析，选取载体图像 Lena 及水印图像 Baboon 作为实验测试图像，椒盐噪声攻击方式。实验中，椒盐噪声强度分别为 0.05、0.10 及 0.15，噪声攻击后的隐写图像如图 7.16（a）、（c）、（e）所示，噪声攻击后的提取结果如图 7.16（b）、（d）、（f）所示。针对 3 种噪声强度下的提取结果，分别计算与原始水印图像的相似程度，其 PSNR 值如表 7.2 所示。由表 7.2 可知，在轻微噪声干扰下，提取出的水印与原水印相似度很高，PSNR 超过了 37dB，即使在噪声强度 0.15 时，PSNR 仍然超过了 30dB。因此，这也很好地证明了该算法具有良好的鲁棒性。

（a）0.05 强度下的隐写图像

（b）0.05 强度下的提取结果

（c）0.10 强度下的隐写图像

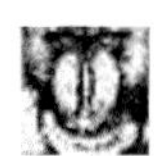

（d）0.10 强度下的提取结果

（e）0.15 强度下的隐写图像

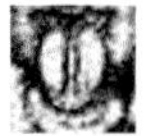

（f）0.15 强度下的提取结果

图 7.16　噪声攻击下的鲁棒性测试

表 7.2　椒盐噪声攻击下 PSNR 值

隐写图像	PSNR/dB		
	强度=0.05	强度=0.10	强度=0.15
Lena	37.32	34.29	32.78
Peppers	37.18	34.17	32.87
Cameraman	37.08	34.54	32.74

7.3.3　安全性分析

水印算法的安全性不同于噪声等攻击下的鲁棒性，通常指受人为攻击后水印信息不容易被破坏，隐藏信息内容及嵌入位置是安全的。众所周知，纯粹的基于 LSB 的水印方法容易被检测和攻击，如隐写分析，是指判定载体图像是否隐写、隐写率及提取秘密信息等。正则奇异（regular singular，RS）分析[11]是隐写分析的一种，利用图像空间相关性进行隐写分析，能有效检测隐藏在数字图像里的信息及其长度。该方法认为：经 LSB 方法隐写后的图像，其最低有效位的分布满足随机性，比特 0 和 1 的取值概率为 0.5，未经隐写的图像不存在此特性。例如，在简单的 1-qubit LSB 替代隐写方案中，如果载体像素灰度值的最低比特位与秘密信息比特相同，那么隐写像素将不会有任何变化。否则，隐写像素的最低有效位将进行翻转，即从“0”到“1”或者从“1”到“0”，这种改变很容易被 RS 隐写分析检测到，从而对秘密信息进行破坏。

在本算法中，首先对量子图像进行分块，对不同类型的分块采取 k-qubit LSB 替代，k 的值由该图像分块内部水平、垂直及对角 3 个方向像素差值决定。为了确保高保真隐写效果，针对平滑区域，k 的值为 3，而边缘区域 k 的值为 4。另外，水印图像本身进行了扩展及置乱，嵌入前是毫无意义的比特。在嵌入过程中，对于平滑区域，比特嵌入载体图像的第二、第三最低有效位；对于边缘区域，比特嵌入载体图像的第三、第四最低有效位。由此可知，具体的嵌入位置并没有在最低有效位进行。这导致很难检测到隐藏到载体图像各个像素的秘密信息比特数，并且嵌入后隐写图像的低四位最低有效位信息相关性很低。因此，从理论上看，本方案相对传统的 LSB 方法来说，抗 RS 隐写分析性能更好。

其次，本方案嵌入水印难以被非授权用户移除或破坏。假设非授权用户对隐写图像的最低有效位进行提取，通过上述算法实现部分的讨论可知，最低有效位并没有携带任何水印比特信息。对授权用户而言，这时水印的无误提取不受任何影响，但由于标记位同时遭到破坏，提取时需要参考原始载体图像。考虑任意低四位最低有效位被破坏的情形，由于算法中使用了校验量子位和冗余位，同样可以确保水印的正确提取。

综上所述，本方案由于水印嵌入位置不固定，增强了其隐蔽性，并且具有一定的抗 RS 隐写分析的能力。另外，由于校验量子位的使用，其理论上具有更好的安全性。

本章小结

量子最低有效位信息隐藏方法中，每个像素被嵌入的比特位平面往往是相同的，没有考虑图像自身的边缘特性，因此算法性能一般。为提高算法性能，本章提出了基于 NEQR 量子图像分块的信息隐藏算法，考虑了图像边缘效应和人类视觉系统特点。算法首先将一幅 $2^n \times 2^n$ 的量子载体图像分成互不重叠的 2×2 像素大小的分块，每个分块包含 4 个像素，以左上角的第一个像素为基准，与其他 3 个像素分别构成水平、垂直、对角 3 对像素。通过从 3 个不同方向考虑像素差以确定该分块是平滑还是边缘，对两类区域采用不同的嵌入算法进行嵌入与提取。

本章量子水印算法嵌入过程中引入了标记位和量子校验位，水印提取过程不需要原始载体图像的辅助，实现了水印的全盲提取。仿真实验结果表明，本算法不仅嵌入信息量大，且获得了较好的隐写图像视觉质量与鲁棒性，满足量子水印要求。更为重要的是，水印图像的实际嵌入位置取决于分块区域的边缘特性，能根据量子图像分块情况自适应确定嵌入的量子比特位平面，不仅使嵌入后载体图像失真小，同时使得水印难以检测，隐蔽性得到增强。

参考文献

[1] WU D C, TSAI W H. A steganographic method for images by pixel-value differencing[J]. Pattern recognition letters, 2003, 24(9):1613-1626.

[2] MIYAKE S, NAKAMAE K. A quantum watermarking scheme using simple and small-scale quantum circuits[J]. Quantum information processing, 2016, 15(5):1849-1864.

[3] HEIDARI S, NASERI M. A novel LSB based quantum watermarking[J]. International journal of theoretical physics, 2016, 55(10):4205-4218.

[4] NASERI M, HEIDARI S, BAGHFALAKI M, et al. A new secure quantum watermarking scheme[J]. Optik, 2017, 139:77-86.

[5] ZHOU R G, HU W W, FAN P. Quantum watermarking scheme through Arnold scrambling and LSB steganography[J]. Quantum information processing, 2017, 16(9):212.

[6] EL-LATIF A A A, ABD-EL-ATTY B, HOSSAIN M S, et al. Efficient quantum information hiding for remote medical image sharing[J]. IEEE access, 2018, 6: 21075-21083.

[7] JIANG N, ZHAO N, WANG L. LSB based quantum image steganography algorithm[J]. International journal of theoretical physics, 2015, 55(1):107-123.

[8] CHANG K C, CHANG C P, HUANG P S, et al. A novel image steganographic method using tri-way pixel-value differencing[J]. Journal of multimedia, 2008, 3(2):37-44.

[9] HUSSAIN M, WAHAB A W A, HO A T S, et al. A data hiding scheme using parity-bit pixel value differencing and improved rightmost digit replacement[J]. Signal processing: image communication, 2017, 50:44-57.

[10] YANG C H, WENG C Y, TSO H K, et al. A data hiding scheme using the varieties of pixel-value differencing in multimedia images[J]. Journal of systems and software, 2011, 84(4): 669-678.

[11] FRIDRICH J, GOLJAN M, DU R. Reliable detection of LSB steganography in color and grayscale images[C]//Proceedings of the 2001 workshop on Multimedia and security: new challenges, New York, 2001: 27-30.

第 8 章　基于嵌入量子文本的量子版权保护方案

随着互联网的高速发展，个人信息的保护变得愈发重要。信息隐藏一个重要的应用就是版权保护，即防止他人复制或窃夺作品等信息的一种保护。在多媒体领域，尤其应注意版权保护，为了保护数字内容的版权免受恶意篡改，研究者提出了信息隐藏技术来解决这些问题，防止未经授权的使用。版权保护方案一般需要满足以下几点要求。

1）不可观察性：版权保护方案使人类视觉系统无法区分原始载体与嵌入载体，这意味着嵌入信息后的载体在价值和意义上不发生改变。

2）鲁棒性：嵌入的信息必须在载体遭受攻击时具有一定的抵抗能力。

3）安全性：除了所有者以外的其他人无法提取、修改和移除嵌入的信息。

由于量子计算、量子通信的快速发展，量子图像的版权问题也必将出现。Heidari 等提出了基于个人认证的盲版权保护方案[1]，该方案只需使用嵌入信息的载体就可以提取出个人认证信息保护版权。但是该方案中嵌入的量子文本编码方式过于消耗量子比特。本章提出一种基于嵌入量子文本的版权保护方案，首先，基于 NEQR 方法提出一种新的量子文本编码方法；其次，通过一系列操作将量子文本嵌入量子图像中，完成量子图像的版权保护。

8.1　相关理论基础

8.1.1　量子文本表示方法

本节介绍一种量子文本的表示方法，该方法通过借鉴 NEQR 方法，使用较少量子比特完成编码。

美国信息交换标准代码（American standard code for information interchange, ASCII）是一种常见的计算机编码系统[2]，其使用 7 位或 8 位二进制比特序列固定的排序表示 128 或 256 个字符。一种标准 ASCII，使用 7 位二进制比特序列（总共 8 位比特，剩余 1 位为 0）表示所有大小写字母、阿拉伯数字、标点符号和特殊控制字符。第 0～31 和 127 是用于控制或通信的特殊字符，其余是计算机中可见的字符。

假定每一个字符在文本中使用 ASCII 表示且具有横竖坐标位置。因此，量子文本可以通过两个量子比特序列来表示，一个 8 量子比特的序列 $f(Y,X)$ 表示字符内容，可以表示为

$$T_{YX}^{7}T_{YX}^{6}\cdots T_{YX}^{2}T_{YX}^{1}T_{YX}^{0}, T_{YX}^{i}\in\{0,1\}, i=0,1,\cdots,7 \tag{8.1}$$

式中，(Y,X) 是另一个量子比特序列，用于表示字符位置。对于一个大小为 $2^n\times2^m$ 的量子文本，其量子态表示为

$$|T\rangle=\frac{1}{2^{(n+m)/2}}\sum_{Y=0}^{2^n-1}\sum_{X=0}^{2^m-1}|f(Y,X)\rangle|Y\rangle|X\rangle=\frac{1}{2^{(n+m)/2}}\sum_{YX=0}^{2^{n+m}-1}\bigotimes_{i=0}^{7}T_{YX}^{i}\otimes|YX\rangle \tag{8.2}$$

可以看出，该表示方法需要 $8+n+m$ 个量子比特表示 $2^n\times2^m$ 个字符，相比于文献[3]中 $7\times2^{n+m}$ 个量子比特的需求要少许多。图 8.1 所示为一个大小为 2×4 的量子文本示例，其中需要 8 个量子比特表示字符内容，3 个量子比特表示它们所在的坐标位置。

$$|T\rangle=\frac{1}{2^3}\begin{pmatrix}|G\rangle|000\rangle+|R\rangle|001\rangle+|A\rangle|010\rangle+|Y\rangle|011\rangle\\+|c\rangle|100\rangle+|o\rangle|101\rangle+|d\rangle|110\rangle+|e\rangle|111\rangle\end{pmatrix}$$

G	R	A	Y
c	o	d	e

$$=\frac{1}{2^3}\begin{pmatrix}|01000111\rangle|000\rangle+|01010010\rangle|001\rangle+|01000001\rangle|010\rangle+|01011001\rangle|011\rangle\\+|01100011\rangle|100\rangle+|01101111\rangle|101\rangle+|01100100\rangle|110\rangle+|01100101\rangle|111\rangle\end{pmatrix}$$

图 8.1 大小为 2×4 的量子文本示例

接下来介绍如何将文本信息编码为量子态。对于初始态 $|\psi\rangle_0$ 包含 $8+n+m$ 个量子比特且初始值都为 0，表示为

$$|\psi\rangle_0=|0\rangle^{\otimes n+m+8} \tag{8.3}$$

随后通过 $\boldsymbol{H}$ 门和 $\boldsymbol{I}$ 门将初始态转换为不包含文本信息的空文本中间态，该酉变换 $\boldsymbol{U}_1$ 可以表示为

$$\boldsymbol{U}_1=\boldsymbol{I}^{\otimes8}\otimes\boldsymbol{H}^{\otimes(n+m)} \tag{8.4}$$

该酉变换对于表示字符内容的 8 个量子比特使用 $\boldsymbol{I}$ 门不改变量子比特的值，而表示位置坐标的 $n+m$ 个量子比特则采用 $\boldsymbol{H}$ 门，从而构造出大小为 $2^n\times2^m$ 的空文本 $|\psi\rangle_1$。

$$\begin{aligned}\boldsymbol{U}_1(|\psi\rangle_0)&=(\boldsymbol{I}|0\rangle)^{\otimes8}\otimes(\boldsymbol{H}|0\rangle)^{\otimes(n+m)}\\&=\frac{1}{2^{\frac{n+m}{2}}}|0\rangle^{\otimes8}\otimes\sum_{i=0}^{2^{n+m}-1}|i\rangle\\&=\frac{1}{2^{\frac{n+m}{2}}}\sum_{Y=0}^{2^n-1}\sum_{X=0}^{2^m-1}|0\rangle^{\otimes8}|YX\rangle\\&=|\psi\rangle_1\end{aligned} \tag{8.5}$$

若要将空文本 $|\psi\rangle_1$ 编码为目标文本，则需要将目标文本中每一个字符的数字表示形式通过酉变换分别编码进量子态。对于 $|\psi\rangle_1$ 中的坐标 (Y,X)，其编码操作 $\boldsymbol{U}_{YX}$ 为

$$\boldsymbol{U}_{YX}=\left(I\otimes\sum_{j=0,i=0}^{2^{n-1}}\sum_{ji\neq YX}^{2^{m-1}}|ji\rangle\langle ji|\right)+\boldsymbol{\Omega}_{YX}\otimes|YX\rangle\langle YX| \tag{8.6}$$

式中，酉变换 $\boldsymbol{\Omega}_{YX}$ 将该坐标下内容由空编码为字符内容，可以表示为

$$\boldsymbol{\Omega}_{YX}=\bigotimes_{i=0}^{7}\Omega_{YX}^{i},\Omega_{YX}^{i}:|0\rangle\rightarrow\left|0\oplus T_{YX}^{i}\right\rangle \tag{8.7}$$

当 $T_{YX}^{i}=1$ 时，Ω_{YX}^{i} 是一个$(n+m)$-CNOT 门；当 $T_{YX}^{i}=0$ 时，Ω_{YX}^{i} 是一个单位门。因此坐标 (Y,X) 字符内容的编码操作为

$$\boldsymbol{\Omega}_{YX}|0\rangle^{\otimes 8}=\bigotimes_{i=0}^{7}\left(\Omega_{YX}^{i}|0\rangle\right)=\bigotimes_{i=0}^{7}\left|0\oplus T_{YX}^{i}\right\rangle=\bigotimes_{i=0}^{7}\left|T_{YX}^{i}\right\rangle=|f(Y,X)\rangle \tag{8.8}$$

对于整个量子系统而言，$\boldsymbol{U}_{YX}$ 编码空白文本 $|\boldsymbol{\psi}\rangle_1$ 的过程如下：

$$\begin{aligned}\boldsymbol{U}_{YX}\left(|\boldsymbol{\psi}\rangle_1\right)&=\boldsymbol{U}_{YX}\left(\frac{1}{2^n}\sum_{j=0}^{2^{n-1}}\sum_{i=0}^{2^{m-1}}|0\rangle^{\otimes 8}|ji\rangle\right)\\&=\frac{1}{2^n}\boldsymbol{U}_{YX}\left(\sum_{j=0,i=0}^{2^{n-1}}\sum_{ji\neq YX}^{2^{m-1}}|0\rangle^{\otimes 8}|ji\rangle+|0\rangle^{\otimes 8}|YX\rangle\right)\\&=\frac{1}{2^n}\left(\sum_{j=0,i=0}^{2^{n-1}}\sum_{ji\neq YX}^{2^{m-1}}|0\rangle^{\otimes 8}|ji\rangle+\boldsymbol{\Omega}_{YX}|0\rangle^{\otimes 8}|YX\rangle\right)\\&=\frac{1}{2^n}\left(\sum_{j=0,i=0}^{2^{n-1}}\sum_{ji\neq YX}^{2^{m-1}}|0\rangle^{\otimes 8}|ji\rangle+|f(Y,X)\rangle|YX\rangle\right)\end{aligned} \tag{8.9}$$

若需编码整个量子文本，则需要 2^{n+m} 个上述的酉变换，即

$$\boldsymbol{U}=\prod_{Y=0}^{2^n-1}\prod_{X=0}^{2^m-1}\boldsymbol{U}_{YX} \tag{8.10}$$

因此，可以得出量子文本 $|\boldsymbol{T}\rangle$ 为

$$\begin{aligned}\boldsymbol{U}\left(|\boldsymbol{\psi}\rangle_1\right)&=\boldsymbol{U}\left(\frac{1}{2^n}\sum_{j=0}^{2^{n-1}}\sum_{i=0}^{2^{m-1}}|0\rangle^{\otimes 8}|YX\rangle\right)\\&=\frac{1}{2^n}\sum_{j=0}^{2^{n-1}}\sum_{i=0}^{2^{m-1}}\boldsymbol{\Omega}_{YX}|0\rangle^{\otimes 8}|YX\rangle\\&=\frac{1}{2^n}\sum_{j=0}^{2^{n-1}}\sum_{i=0}^{2^{m-1}}|f(Y,X)\rangle|YX\rangle=|\boldsymbol{T}\rangle\end{aligned} \tag{8.11}$$

8.1.2　格雷码

格雷码（Gray code）最初是由弗兰克·格雷（Frank Gray）在 1953 年提出的。在一组格雷码中，表示相邻格雷码的二进制比特序列只有一个比特值不同，最大和最小数也是如此[4]。对于 q 个比特的序列 $n(q)=n_{q-1}n_{q-2}\ldots n_1n_0$ 来说，格雷码变换的定义为

$$\begin{cases}g_{q-1}=n_{q-1}\\g_i=n_i\oplus n_{i+1},i=0,1,\cdots,q-2\end{cases} \tag{8.12}$$

其逆变换为

$$\begin{cases} n_i = g_{i+1} \oplus g_i, i = 0,1,\cdots,q-2 \\ n_{q-1} = g_{q-1} \end{cases} \tag{8.13}$$

式中，$g(q) = g_{q-1}g_{q-2}\cdots g_1g_0$ 为 $n(q)$ 对应的格雷码。格雷码变换和逆变换的量子线路如图 8.2 所示。

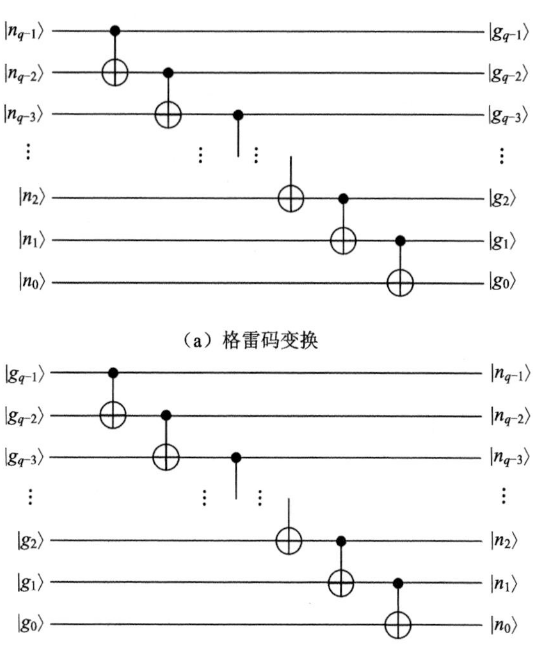

（a）格雷码变换

（b）格雷码逆变换

图 8.2　格雷码变换量子线路

这里举例说明 q 为 1、2 和 3 个比特的格雷码。如图 8.3 所示，可以看出在经过格雷码变换之后，相邻的二进制数都只相差一个比特。

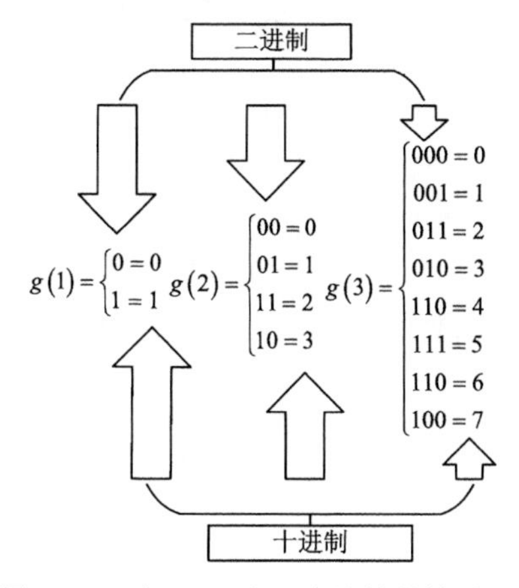

图 8.3　q 为 1、2 和 3 个比特的格雷码

8.1.3 BB84 协议

量子密钥分发（quantum key distribution，QKD）[5]使用量子力学特性来确保双方通信的安全。QKD 在通信的发送方和接收方加密和解密的过程中可以生成和共享一个随机的密钥。因此在发送嵌入信息的图像前，首先经过 BB84 协议的安全认证，获取安全密钥。

量子系统中有两个基态$|0\rangle$和$|1\rangle$，而量子态也可以处于这两者的叠加态，比如下面两个常见的叠加态：

$$|+\rangle=\frac{1}{\sqrt{2}}(|0\rangle+|1\rangle) \text{ and } |-\rangle=\frac{1}{\sqrt{2}}(|0\rangle-|1\rangle) \tag{8.14}$$

这两个量子态也可以作为测量时的量子基态。

对于一个量子态而言，不同的测量基态会有不同的测量结果，其中采用 Z 基($Z=\{|0\rangle,|1\rangle\}$)和$X$基($X=\{|-\rangle,|+\rangle\}$)进行测量。如果采用$Z$基测量$|0\rangle$态或$|1\rangle$态，得到$|0\rangle$和$|1\rangle$的概率为 1；如果采用 Z 基对$|-\rangle$或$|+\rangle$态进行测量，将会分别以 0.5 的概率得到$|0\rangle$或者$|1\rangle$；如果采用X基对$|-\rangle$或$|+\rangle$进行测量，则会以概率 1 得到$|-\rangle$或$|+\rangle$；如果采用X基对$|0\rangle$或$|1\rangle$态进行测量，得到$|-\rangle$或$|+\rangle$的概率都为 0.5。

BB84 协议[6]中假设 Alice 是发送者，Bob 是接收者，Eve 是窃听者。该协议流程简要介绍如下。

1）Alice 选择 $4n$ 位量子比特的随机字符串 k，并以$X=\{|-\rangle,|+\rangle\}$或$Z=\{|0\rangle,|1\rangle\}$为基态对 k 的每一位进行随机编码。然后，Alice 将每个结果量子位发送给 Bob。

2）Bob 接收到这 $4n$ 位量子比特，并随机地在X基或Z基中选择测量每个量子比特。

3）Alice 公布其最初使用的编码 k 的基态。

4）Bob 告诉 Alice 哪些比特是正确接收的，也就是经过筛选的比特，它们现在共享约 $2n$ 位量子比特。

5）Alice 从第 4）步中形成的分组中选择 n 位量子比特的子集，用以检测 Eve 的干扰，并告知 Bob 其选择的比特。

6）Alice 和 Bob 比较 n 个校验位的值，如果不同的数量超过了可接受的范围，则终止协议（存在窃听）。

7）Alice 和 Bob 进行信息调和和隐私放大，从剩余的 n 位密钥中选择一个较小的 m 位密钥。

8.2 信息嵌入过程

本方案的总体框架（图 8.4）被划定为经典域和量子域。准备过程是将经典图

像数据转换为量子态的过程，实现了量子载体图像和量子文本的制备，其分别表示为

$$|\boldsymbol{C}\rangle=\frac{1}{2^n}\sum_{YX=0}^{2^{2n}-1}\bigotimes_{i=0}^{7}C_{YX}^i\otimes|YX\rangle,\ C_{YX}^i\in\{0,1\} \tag{8.15}$$

$$|\boldsymbol{T}\rangle=\frac{1}{2^{\frac{2n-3}{2}}}\sum_{YX=0}^{2^{2n-3}-1}\bigotimes_{i=0}^{7}T_{YX}^i\otimes|YX\rangle,\ T_{YX}^i\in\{0,1\} \tag{8.16}$$

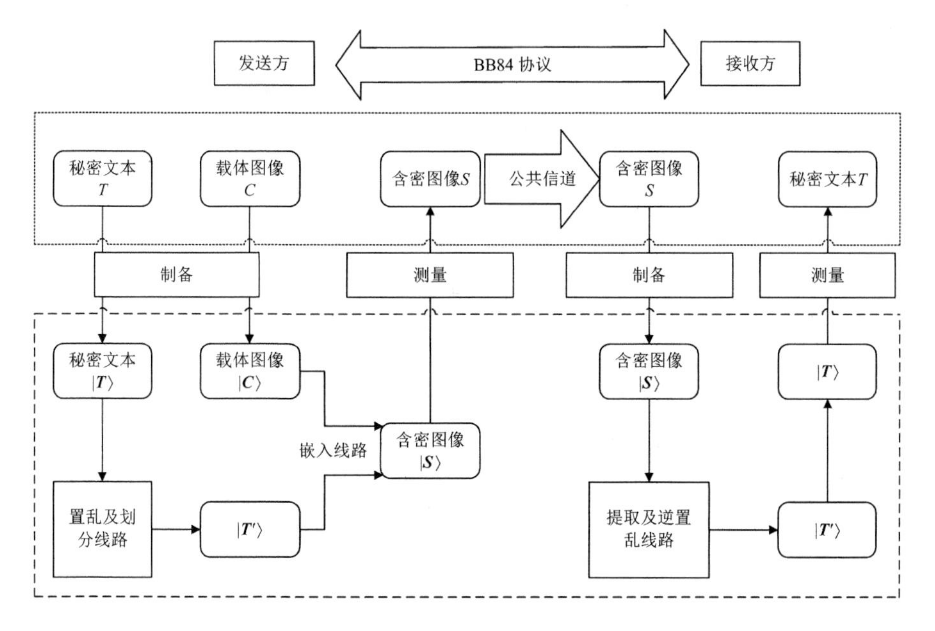

图 8.4 方案总体框架

将量子图像编码为量子态后，可以通过设计的嵌入电路来实现所提出的量子图像隐写方案。然后，利用量子测量操作将处理后的图像信息转换回经典信息。并且一旦接收方被确认，将通过公共频道将嵌入信息图像发送给接收方。

值得注意的是，隐秘通信是在通过 BB84 协议在发送方和接收方之间进行密钥传输并验证没有窃听者后执行的。BB84 协议包含 7 个步骤，第 7）步中的密钥是秘密文本的 8 个位平面和封面图像的 8 个块之间的嵌入顺序，并且假设 24 位密钥已经随同发送到接收方，顺序为 0～7，即 000～111。

嵌入流程具体如下。

1）将一个大小为 $2^n\times2^n$ 的灰度图像和一个字符数量为 $2^{n-2}\times2^{n-1}$ 的文本编码为量子态 $|\boldsymbol{C}\rangle$ 和 $|\boldsymbol{T}\rangle$。

2）利用格雷码变换置乱量子文本 $|\boldsymbol{T}\rangle$ 为一个无意义的量子态 $|\hat{\boldsymbol{T}}\rangle$。

3）载体图像将被划分为 8 个相同大小的块，量子文本则被划分为 8 个位

平面。

4）被分割的 8 个位平面一对一地嵌入 8 个块中。

8.2.1　置乱过程

为了提高嵌入文本的安全性，将在嵌入过程之前通过格雷码变换对文本信息进行加扰。根据前面所描述的格雷码变换，存储文本信息的 8 个量子位，需要使用 7 个 CNOT 门，而表示位置信息的量子位不被量子门改变，相应的量子线路如图 8.5 所示。

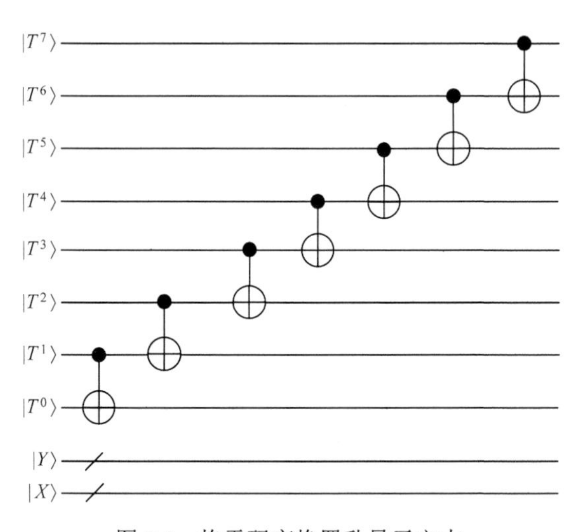

图 8.5　格雷码变换置乱量子文本

8.2.2　划分区域

量子载体图像将图像分成 8 个大小为 $2^{n-2}\times 2^{n-1}$ 的块，量子文本则是将其分为 8 个位平面。划分载体图像可以通过控制坐标位置的值完成，定义划分出的 8 个块为 B_{ij}，其中 $|i\rangle=|y_n y_{n-1}\rangle$、$|j\rangle=|x_n\rangle$。$y_n$ 和 y_{n-1} 分别是表示图像 y 坐标的最高位和次高位量子比特，x_n 是表示图像 x 坐标的最高位量子比特。例如，当 $|y_n y_{n-1}\rangle$ 的值为 $|00\rangle$、$|x_n\rangle$ 的值为 $|0\rangle$ 时，选中的是包含图像左上 $2^{n-2}\times 2^{n-1}$ 个像素的块，即第一个图像块 B_{000}。

与图像比特位平面相似，量子文本也可以分解为 8 个比特位平面，对于最简单的一对一嵌入是最高比特位平面嵌入第一个图像块，次高比特位平面嵌入第二个图像块，依次顺序嵌入即可。图 8.6 所示为一个 $2^3\times 2^3$ 像素大小的图像和 $2^1\times 2^2$ 像素大小的量子文本的划分示例。

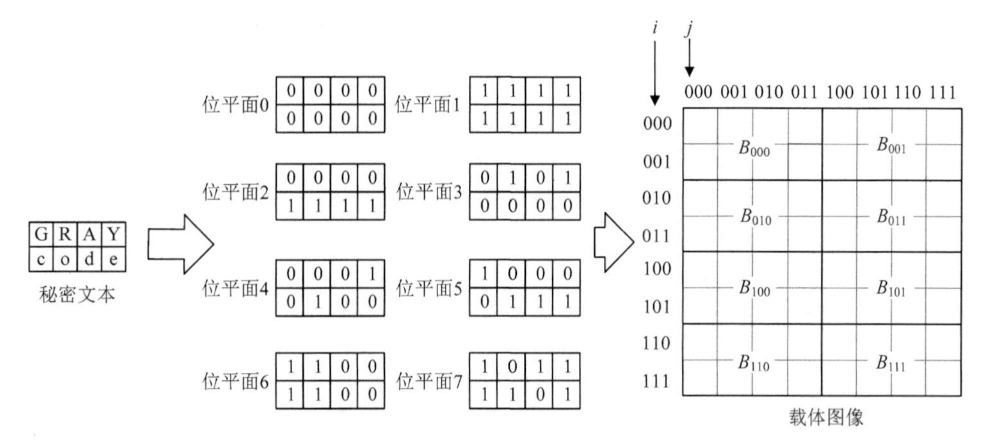

图 8.6　量子载体图像及量子文本划分示例

8.2.3　信息嵌入算法及其量子线路

将载体图像划分为 8 个图像块之后，每一个图像块的大小和量子文本的大小是相同的。因此，需要使用 QE 线路判断图像块坐标$|y_{n-3}y_{n-4}\cdots y_0\rangle|x_{n-2}x_{n-3}\cdots x_0\rangle$与量子文本对应位置坐标是相等的，从而进行下一步的嵌入信息操作。这里采取的嵌入信息的方式为交换操作，当量子文本的比特位平面的值为 1 时，如果图像中对应坐标像素点表示颜色值的最高三位量子比特值的格雷码的十进制的值为偶数，那么最低量子比特值与 1 交换；如果为奇数，那么与 0 交换。当量子文本的比特位平面的值为 0 时，若最高三位量子比特值的格雷码的十进制的值为偶数，则与 0 交换；为奇数，则相反。该嵌入方式的伪代码表示为

```
If |T̂^i⟩ = |1⟩
  If GRAY(C^7_YX C^6_YX C^5_YX) is even
    SWAP(C^0_YX,1)
  Else if GRAY(C^7_YX C^6_YX C^5_YX) is odd
    SWAP(C^0_YX,0)
End
If |T̂^i⟩ = |0⟩
  If GRAY(C^7_YX C^6_YX C^5_YX) is even
    SWAP(C^0_YX,0)
  Else if GRAY(C^7_YX C^6_YX C^5_YX) is odd
    SWAP(C^0_YX,1)
End
```

相应的信息嵌入算法模块如图 8.7 所示。

结合量子文本不同位平面嵌入不同的图像块，以及判断之间的坐标位置相等情况的线路，最终得到如图 8.8 所示量子线路。该线路利用 Y 坐标的最高两比特位和 X 轴的最高比特位作为控制位，将载体图像划分为 8 个区域。再将余下的表示载体图像坐标的量子比特与量子文本坐标进行比较，完成量子文本位平面与载

体图像区域的一对一嵌入。

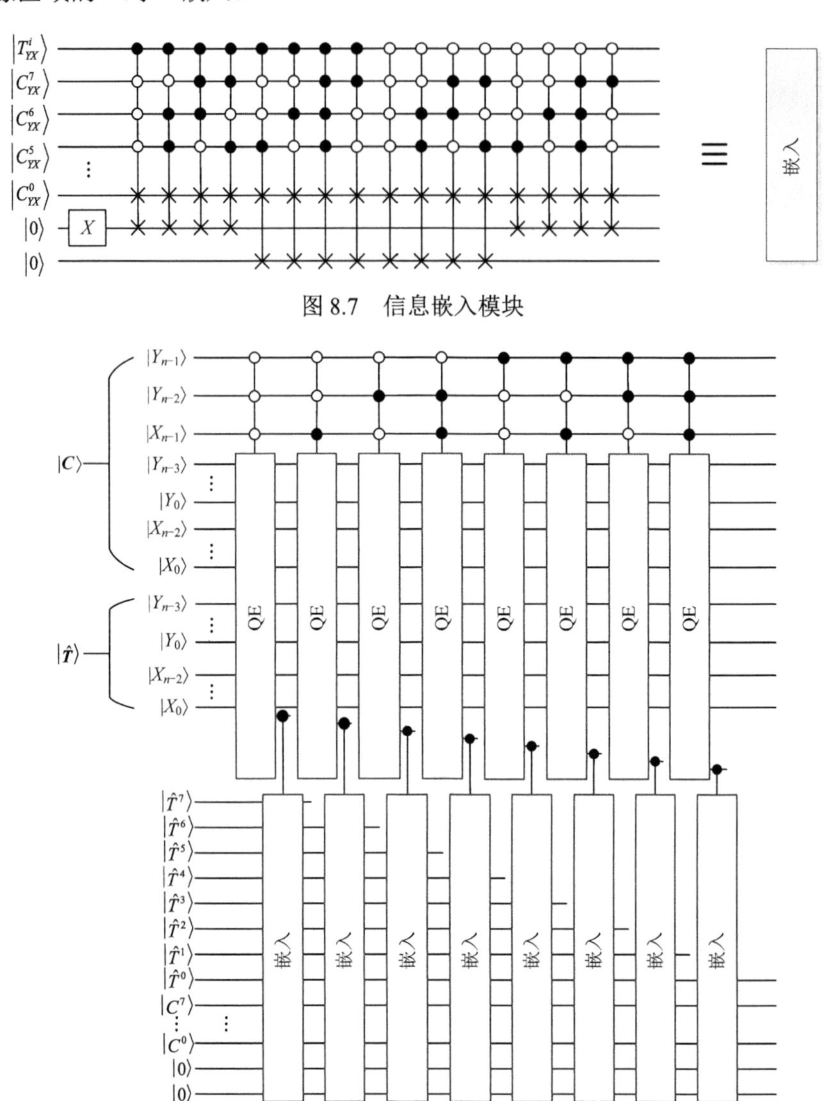

图 8.7　信息嵌入模块

图 8.8　信息嵌入量子线路

8.3　信息提取过程

通过图 8.4 可以看出，提取过程实质上是嵌入的逆过程。为了提取出量子文本，首先需要将从公共信道传输的嵌入信息的图像制备为量子态。使用量子等价线路，对图像分块与空白量子文本进行坐标比较，分别提取出量子文本的 8 个比特位平面，具体的流程如下。

1）将嵌入信息的图像编码为量子态 $|\boldsymbol{S}\rangle$，并制备空白的量子文本 $|\boldsymbol{T}_0\rangle$。

2）对 $|\boldsymbol{S}\rangle$ 执行信息提取算法，得到置乱后的量子文本 $|\hat{\boldsymbol{T}}\rangle$。

3）通过前述格雷码逆置乱操作对 $|\hat{\boldsymbol{T}}\rangle$ 进行逆置乱，得到量子文本 $|\boldsymbol{T}\rangle$。

4）对量子文本 $|\boldsymbol{T}\rangle$ 进行量子测量，即可得到传输的文本信息。

第 2）步中的信息提取算法可以通过嵌入算法推导出，当 $S_{YX}^7 S_{YX}^6 S_{YX}^5$ 的格雷码十进制的值为偶数且 $S_{YX}^0 = 1$ 或者当 $S_{YX}^7 S_{YX}^6 S_{YX}^5$ 的格雷码十进制的值为奇数且 $S_{YX}^0 = 0$ 时，该坐标比特位平面的值 $|\hat{T}^i\rangle = |1\rangle$，其对应的量子线路如图 8.9 所示。

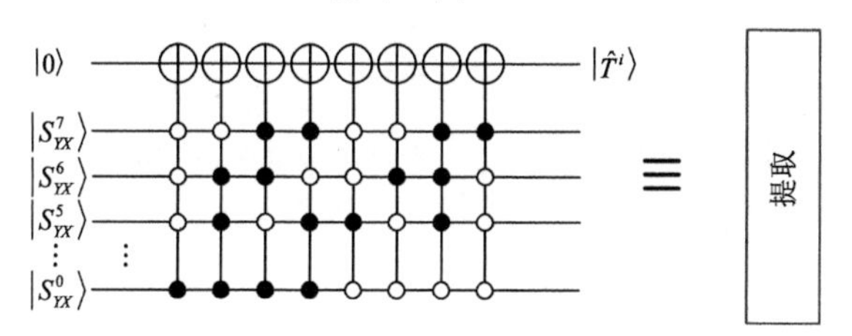

图 8.9　信息提取模块的量子线路

整个信息提取过程的量子线路如图 8.10 所示。

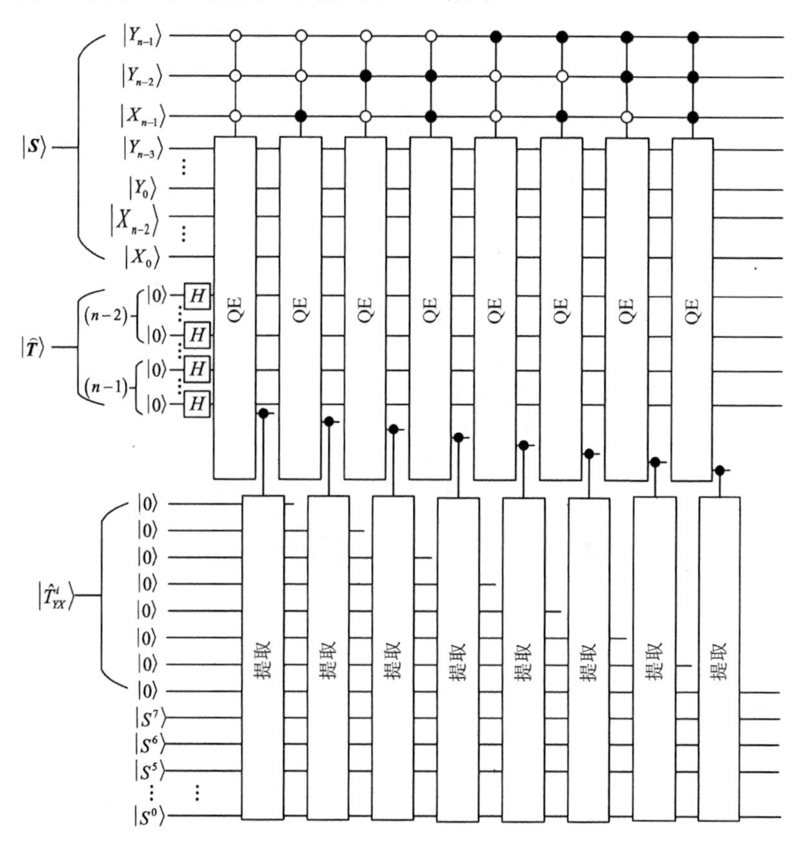

图 8.10　整个信息提取过程的量子线路

8.4　仿真结果与分析

本节将对所提出的方案的不可见性、鲁棒性和线路复杂度进行分析，所有仿真均基于配备了 MATLAB 2014b 软件的经典计算机。仿真中使用的第一个秘密文本为 Quantum Text and Quantum Image 比特流的重复，第二个文本则为随机生成文本，它们的大小都为64×128像素，并设定所有载体图像的大小均为256×256像素，如图 8.11 所示。鉴于 PSNR 不足以或不适用于有效地量化两个或多个量子图像之间的保真度[7-8]，这里提出一种基于量子的度量来评估量子图像之间的保真度（quantum-based metric to assess fidelity between quantum images，QIFM）。通过统计分析，确定了所提出的 QIFM 度量与数字图像质量一致性评估的相关性比其他量子图像质量度量更好。QIFM 度量的制定对于确保制定对量子计算特殊性敏感的应用程序以进行有效的量子图像处理具有重要意义。在此之前，文献[9]提出了一种基于量子图像的灵活表示来分析两个相同大小的量子图像之间相似度的方法。受其启发，文献[10]中引入了一种量子图像匹配算法，该算法总结了所有两个量子图像之间的灰度差异。因此，这里使用以上两种算法来评估两个图像的相似性。

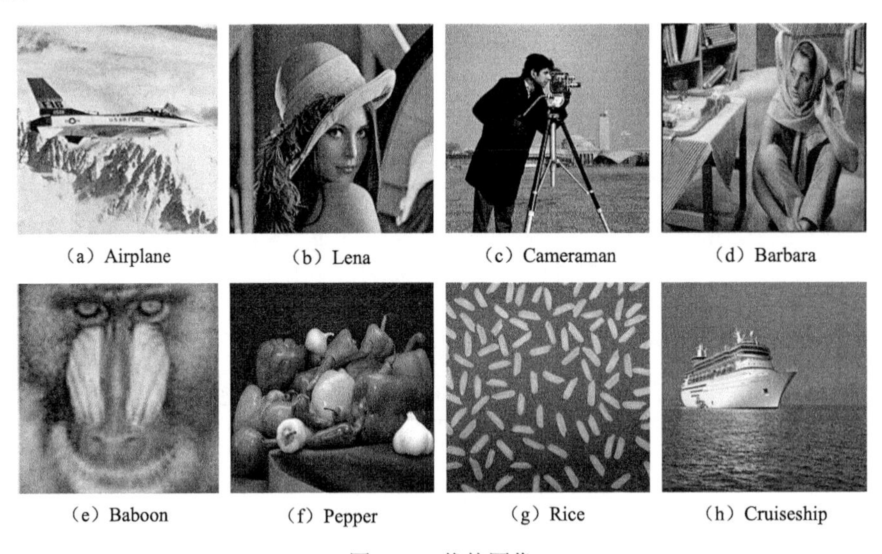
（a）Airplane　（b）Lena　（c）Cameraman　（d）Barbara
（e）Baboon　（f）Pepper　（g）Rice　（h）Cruiseship

图 8.11　载体图像

8.4.1　不可见性

首先，考虑像素失真程度，使用 PSNR 对于图像视觉质量进行客观评估。一般来说，均方误差（MSE）越小，PSNR 值越大，图像的差异越小。表 8.1 所示为图 8.11 中所有载体图像嵌入文本后的含密图像的 PSNR 值。可以看出，除了个别值以外，其他值均高于 54dB。因此，本方案的 PSNR 明显高于文献[11]（约 44dB）和文献[12]（约 51dB）。

表 8.1　嵌入文本后的含密图像的 PSNR 值　（单位：dB）

载体图像	Airplane	Lena	Cameraman	Barbara	Baboon	Pepper	Rice	Cruiseship
文本 1	54.16	53.91	54.31	54.17	54.11	54.42	54.51	54.31
文本 2	54.15	54.17	54.01	54.07	54.16	54.22	54.56	54.67

通过将量子载体图像的像素减去量子含密图像中相同坐标位置像素的像素值，随后只需进行测量，即可得到所有灰度差相加的结果。当其总和越小，说明两个量子图像之间的相似度越高，即隐身图像的视觉质量越好。表 8.2 所示为嵌入第一个秘密文本的含密图像和载体图像之间的所有灰度差的总和。

表 8.2　载体图像与含密图像之间的所有灰度差之和

载体图像	含密图像	灰度差总和
Lena	Stego-Lena	4 026 525
Airplane	Stego-Airplane	4 260 325
Cameraman	Stego-Cameraman	4 455 338
Pepper	Stego-Pepper	4 461 076

与参考文献[10]中嵌入水印后灰度差的值 5 189 090 相比，可以看到，本方案载体图像和含密图像之间的所有灰度差异之和的值都较小。

8.4.2　鲁棒性分析

在无噪声的环境中，所提出的方案可以提取出完整的秘密文本。但是，文本提取过程并不总是在无噪声的环境中执行。这里仿真分析所提出方案在椒盐噪声下的鲁棒性，即测量提取出的文本与原文本的 PSNR 值。以 4 个常用的载体图像为例，由表 8.3 可知，当噪声强度的值设置为 0.05、0.10 和 0.15 时，对应的 PSNR 平均值约为 39dB、36dB 和 32dB，分别都高于文献[11]中相应的值。

表 8.3　噪声下提取文本的 PSNR 值　（单位：dB）

噪声强度	Cameraman	Lena	Airplane	Baboon
0.05	38.97	39.44	39.14	39.40
0.10	36.32	35.95	36.45	36.31
0.15	32.43	32.37	32.33	32.36

对于一个像素值阈值 p，当像素值分别为 $0 \leqslant p < 127$ 和 $128 \leqslant p < 255$ 时，其将灰度像素值分为 0 或者 1。因此，含密图像和载体图像都将转化为二值图像 I_s 和 I_c。两者的二值差异可以表示为

$$\Gamma = I_{Dc} - I_{Ds} \tag{8.17}$$

当图像的大小为$N = n \times n$时，$I_{D(\text{cor}s)}$表示为

$$I_{D(c\text{ or }s)} = \begin{cases} \dfrac{\sum (n^b_{(c\text{ or }s)} - n^w_{(c\text{ or }s)})}{N}, & n^b_{(c\text{ or }s)} \neq n^w_{(c\text{ or }s)} \\ \dfrac{\sum (n^b_{(c\text{ or }s)} - n^w_{(c\text{ or }s)})}{N} + 1, & \text{其他} \end{cases} \tag{8.18}$$

式中，n^b_c、n^w_c和n^b_s、n^w_s分别表示载体图像和含密图像中白色（0）和黑色（1）像素点的个数。

随后，定义像素相关系数D为载体图像与含密图像中像素相对应的像素数及像素变化系数B为

$$B = \frac{\sum \text{BER}}{8N} \tag{8.19}$$

式中，BER为误比特率。

最后，QIFM度量以百分比呈现的计算表达式为

$$F = \frac{D + (1 - B) \times \Gamma}{N} \times 100 \tag{8.20}$$

以4张常用的载体图像为例，当噪声强度值设置为0.1时，从表8.4中可以看出，本方案的QIFM值的平均值大约为91。因此，可以认为提取的文本具有较好的保真度。

表8.4 噪声下提取文本的QIFM值

含密图像	QIFM差值
Stego-Lena	91.089 9
Stego-Airplane	91.504 9
Stego-Cameraman	91.639 2
Stego-Pepper	91.199 8

8.4.3 线路复杂度分析

量子线路复杂度可以通过计算基本量子门的数量分析比较，对于本方案的信息嵌入过程来说，格雷码置乱线路采用了7个CNOT门，因此其复杂度为7。嵌入线路包含3个控制比特的8个QE线路以及一个控制比特的8个嵌入模块。对于前者来说，其线路复杂度为$8 \times [4n \times (12 \times 4 - 9) + (12 \times 2n - 9)]$。对于后者来说，其线路复杂度为$8 \times [16 \times 3 \times (12 \times 5 - 9)]$。因此，嵌入过程总的复杂度为

$$\begin{aligned} & 7 + 8 \times [4n \times (12 \times 4 - 9) + (12 \times 2n - 9)] + 8 \times [16 \times 3 \times (12 \times 5 - 9)] \\ & = 1440n + 19\,519 \end{aligned} \tag{8.21}$$

对于提取过程来说，量子线路由格雷码置乱逆置乱线路、3个控制比特的8个QE线路及一个控制比特的8个提取模块组成，因此其线路复杂度为

$$7+8\times[4n\times(12\times4-9)+(12\times2n-9)]+8\times[8\times(12\times5-9)]$$
$$=1\,440n+3\,199 \tag{8.22}$$

因此，总的线路复杂度为$O(n)$。

本 章 小 结

量子图像信息隐藏方法中，对于量子文本的嵌入研究相对较少，本章提出了基于 NEQR 表达式的量子文本表示方法，并利用格雷码变换置乱量子文本信息提高算法安全性。通过将量子图像分为 8 个小块，分别对应于量子文本的 8 个比特位平面，利用格雷码性质进行信息嵌入，并且在信息传输之前通过 BB84 协议验证通信安全性并生成密钥。在仿真实验中除了计算较为常用评估两幅图像差异的 PSNR 值之外，还分析了像素灰度差的总和以及更适用于量子图像的 QIFM 度量。实验结果和分析验证了本方案在上述指标上具有较好的性能。

参 考 文 献

[1] HEIDARI S, GHEIBI R, HOUSHMAND M, et al. A robust blind quantum copyright protection method for colored images based on owner's signature[J]. International journal of theoretical physics, 2017, 56(8): 2562-2578.

[2] GORN S. Proposed revised american standard code for information interchange[J]. Communications of the ACM, 1965, 8(4): 207-214.

[3] ABD-EL-ATTY B, EL-LATIF A A A, AMIN M. New quantum image steganography scheme with hadamard transformation[C]//Proceedings of the International Conference on Advanced Intelligent Systems and Informatics, Cham, 2016: 342-352.

[4] ZHOU R G, SUN Y J, FAN P. Quantum image gray-code and bit-plane scrambling[J]. Quantum information processing, 2015, 14(5): 1717-1734.

[5] NIELSEN M A, CHUANG I L. Quantum computation and quantum information[M]. Cambridge: Cambridge University Press, 2000.

[6] BENNETT C H, BRASSARD G. Quantum cryptography : public key distribution and coin tossing[J]. Theoretical computer science, 2014, 560: 7-11.

[7] ILIYASU A M, YAN F. Metric for estimating congruity between quantum images[J]. Entropy, 2016, 18(10): 360.

[8] ILIYASU A M, ABUHASEL K A A. Quantum-based image fidelity metric[C]// Proceedings of 2015 Science and Information Conference (SAI), Piscataway, 2015: 664-671.

[9] YAN F, LE P Q, ILIYASU A M, et al. Assessing the similarity of quantum images based on probability measurements[C]//Proceedings of 2012 IEEE Congress on Evolutionary Computation, Piscataway, 2012: 1-6.

[10] YANG Y G, ZHAO Q Q, SUN S J. Novel quantum gray-scale image matching[J]. Optik, 2015, 126(22): 3340-3343.

[11] MIYAKE S, NAKAMAE K. A quantum watermarking scheme using simple and small-scale quantum circuits[J]. Quantum information processing, 2016, 15(5): 1849-1864.

[12] LI P, ZHAO Y, XIAO H, et al. An improved quantum watermarking scheme using small-scale quantum circuits and color scrambling[J]. Quantum information processing, 2017, 16(5): 127.

第9章　基于最低有效量子位隐写优化的两级信息隐藏技术

信息隐藏是指将秘密数据通过某种隐藏算法嵌入到载体信息中，得到隐蔽载体。近年来，随着量子计算与图像处理领域的交叉研究越来越多，以量子图像为载体的信息隐藏技术受到了广泛的关注[1]，并可能在未来量子信息时代得到广泛应用。前述章节研究了量子图像隐写和水印两类信息隐藏技术，提出了相应的算法并对其性能进行了仿真验证分析[2-8]。相比较已有的量子图像信息隐藏算法，所提算法在量子线路复杂度、视觉质量、嵌入容量及安全性等方面有一定的优势，但其共同点都是一次嵌入方案，嵌入方法单一。

本章在最低有效量子位隐写方法的基础上进行改进和优化，提出了基于新型量子图像表示 NEQR 的两级信息隐藏方案[9]。该方案首先将秘密信息进行混沌加密，然后嵌入同尺寸的中间图像（临时图像）；接下来进一步对嵌入秘密信息后的中间图像进行扩展，再使用隐写优化算法嵌入量子载体图像中。本方案对待隐藏的秘密信息进行双重嵌入，且提取时不需要原始图像，载体图像失真小，实现了良好的信息隐藏性能。

9.1　秘密图像预处理

在信息隐藏方法中，为了确保秘密数据的安全，常在嵌入前对秘密数据进行置乱，如经典 Arnold 变换在图像置乱中得到了广泛的应用。基于 Arnold 变换的置乱是通过改变图像像素位置的一种算法，该算法在量子图像处理置乱中得到了一些应用与实现[10]。此外，在经典加密算法里，Logistic 映射有很好的混沌特性，因其对初值及系统参数敏感等特性，被广泛用于图像加密系统。简单的混沌 Logistic 映射定义如下：

$$X_{\delta+1} = \mu X_{\delta}(1 - X_{\delta}) \tag{9.1}$$

式中，当 $\delta = 0$ 时，$x_0 = 0,1,\cdots,n$；X_0 是初始值，$X_0 \in [0,1]$，$0 \leqslant \mu \leqslant 4$。当 $3.57 \leqslant \mu \leqslant 4$ 时，该映射产生 $(0,1)$ 的伪随机数。

由于 Arnold 变换具有周期性，一般用于实现信息的初步隐藏；而 Logistic 映射具有非周期性、对初始值极其敏感等优点，本章拟利用其混沌特性对秘密信息进行隐藏前的预处理操作。首先，选择一个合适的初始值，通过混沌序列生成二值化的序列 $T = \{t_1, t_2, \cdots, t_{2^{2n-2}}\}$，用于构造图像加密操作。类似文献[11]中的量子灰

度图像加密方法，对尺寸为 $2^{n-1}\times 2^{n-1}$ 的量子秘密图像 $|\boldsymbol{S}\rangle$，以二值化序列为控制量子比特，采用受控非门对图像的 2^{2n-2} 个像素进行量子图像异或操作。使用该加密方法，加密后的量子秘密图像 $|\boldsymbol{S'}\rangle$ 的 NEQR 表达式为

$$|\boldsymbol{S'}\rangle=\frac{1}{2^{n-1}}\sum_{Y=0}^{2^{n-1}-1}\sum_{X=0}^{2^{n-1}-1}|s'_{YX}\rangle\otimes|YX\rangle, s'_{YX}\in\{0,1\}, |Y\rangle=|y_{n-2}\cdots y_1y_0\rangle, |X\rangle=|x_{n-2}\cdots x_1x_0\rangle \tag{9.2}$$

9.2　量子图像两级隐藏方案

设有大小为 $2^{n-1}\times 2^{n-1}$ 的二值秘密图像 S 与中间图像 W（作为第一级隐藏的临时载体图像），以及大小为 $2^n\times 2^n$ 的载体图像 C，中间图像及载体图像都为 8-bit 的灰度图像。使用 NEQR 模型，上述图像的表达式可分别表示为

$$\begin{aligned}|\boldsymbol{S}\rangle&=\frac{1}{2^{n-1}}\sum_{YX=0}^{2^{2n-2}-1}|s_{YX}\rangle\otimes|YX\rangle=\frac{1}{2^{n-1}}\sum_{Y=0}^{2^{n-1}-1}\sum_{X=0}^{2^{n-1}-1}|s_{YX}\rangle\otimes|YX\rangle, s_{YX}\in\{0,1\}, |Y\rangle\\&=|y_{n-2}\ldots y_1y_0\rangle, |X\rangle=|x_{n-2}\ldots x_1x_0\rangle\end{aligned} \tag{9.3}$$

$$\begin{aligned}|\boldsymbol{W}\rangle&=\frac{1}{2^{n-1}}\sum_{YX=0}^{2^{2n-2}-1}|w_{YX}\rangle\otimes|YX\rangle=\frac{1}{2^{n-1}}\sum_{Y=0}^{2^{n-1}-1}\sum_{X=0}^{2^{n-1}-1}\bigotimes_{k=0}^{7}|w_{YX}^k\rangle\otimes|YX\rangle, w_{YX}^k\in\{0,1\}, |Y\rangle\\&=|y_{n-2}\cdots y_1y_0\rangle, |X\rangle=|x_{n-2}\cdots x_1x_0\rangle\end{aligned} \tag{9.4}$$

$$\begin{aligned}|\boldsymbol{C}\rangle&=\frac{1}{2^{n}}\sum_{YX=0}^{2^{n}-1}|w_{YX}\rangle\otimes|YX\rangle=\frac{1}{2^{n}}\sum_{Y=0}^{2^{n}-1}\sum_{X=0}^{2^{n}-1}\bigotimes_{k=0}^{7}|c_{YX}^k\rangle\otimes|YX\rangle, c_{YX}^k\in\{0,1\}, |Y\rangle\\&=|y_{n-1}\cdots y_1y_0\rangle, |X\rangle=|x_{n-1}\cdots x_1x_0\rangle\end{aligned} \tag{9.5}$$

式中，$|\boldsymbol{S}\rangle$ 代表量子秘密图像；$|\boldsymbol{W}\rangle$ 代表量子中间图像；$|\boldsymbol{C}\rangle$ 代表量子载体图像。本方案首先对量子秘密图像 $|\boldsymbol{S}\rangle$ 进行加密处理，然后嵌入量子中间图像 $|\boldsymbol{W}\rangle$，接下来对嵌入秘密图像后的中间图像进行缩放变换，然后再次嵌入量子载体图像 $|\boldsymbol{C}\rangle$，隐藏信息嵌入及提取过程如图 9.1 所示，具体细节随后进行讨论。

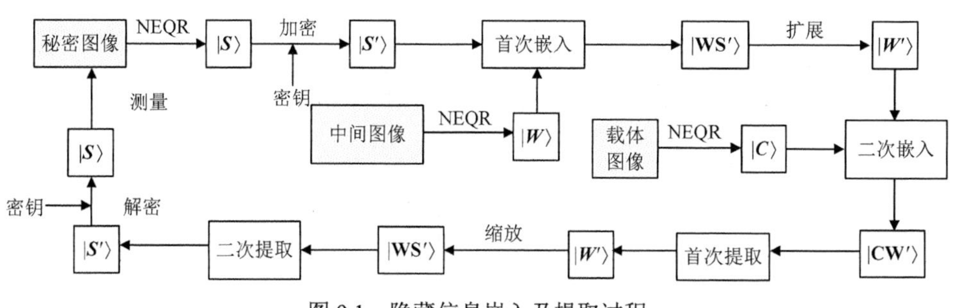

图 9.1　隐藏信息嵌入及提取过程

9.2.1　第一级隐藏

传统的最低有效位方法在量子图像信息隐藏中得到了广泛的应用。然而，正如前述章节讨论的，简单的最低有效位替代方法容易受检测算法的攻击，如隐写分析等。在本方案中，需要对加密后的二值秘密图像进行第一级隐藏，即嵌入临时的中间图像。具体方法如下：首先，对量子中间图像$|\boldsymbol{W}\rangle$的 2 位最低有效位$\left|w_{YX}^{1}\right\rangle$、$\left|w_{YX}^{0}\right\rangle$通过受控非门进行异或值计算，然后与加密后的量子秘密图像$|s'_{YX}\rangle$进行比较。如果$\left|w_{YX}^{1}\right\rangle\oplus\left|w_{YX}^{0}\right\rangle=|s'_{YX}\rangle$，中间图像的相关位平面不作任何变化，否则最低有效量子位进行翻转，即$\left|w_{YX}^{0}\right\rangle=\left|\overline{w_{YX}^{0}}\right\rangle$。

为了实现第一次嵌入，具体的量子线路设计如图 9.2 所示，图中量子等价（QE）线路用来判断同大小的量子秘密图像及量子中间图像的坐标值是否相等，其输出结果$|r\rangle$作为第一次嵌入的控制量子比特。当$|r\rangle=|1\rangle$，即输入的两幅图像坐标相等时，执行第一次嵌入线路，采用上述修改后的最低有效量子位方法。秘密图像嵌入中间图像后的量子图像$|\mathbf{WS}'\rangle$表达式为

$$\begin{cases}|\mathbf{WS}'\rangle=\dfrac{1}{2^{n-1}}\displaystyle\sum_{YX=0}^{2^{2n-2}-1}|w_{YX}\rangle\otimes|YX\rangle=\dfrac{1}{2^{n-1}}\sum_{Y=0}^{2^{n-1}-1}\sum_{X=0}^{2^{n-1}-1}\bigotimes_{k=0}^{7}\left|\mathrm{ws}'^{k}_{YX}\right\rangle\otimes|YX\rangle\\ \mathrm{ws}'^{k}_{YX}\in\{0,1\},|Y\rangle=|y_{n-2}\dots y_1y_0\rangle,|X\rangle=|x_{n-2}\dots x_1x_0\rangle\end{cases}\tag{9.6}$$

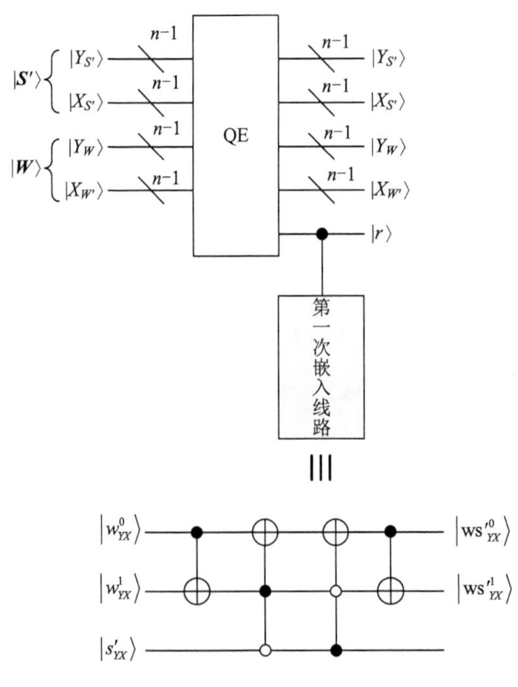

图 9.2　第一次嵌入线路

显然，$\left|ws'^{0}_{YX}\right\rangle$ 的值可能是原 $\left|w^{0}_{YX}\right\rangle$ 的值，也可能是 $\left|w^{0}_{YX}\right\rangle$ 翻转之后的值 $\left|\overline{w^{0}_{YX}}\right\rangle$，其他位平面没有任何变化。

9.2.2　第二级隐藏

为确保秘密数据的安全，使用二次嵌入，即将隐写后的中间图像 $|\boldsymbol{WS}'\rangle$ 整体嵌入量子载体图像 $|\boldsymbol{C}\rangle$ 中。由于载体图像大小为 $2^n\times2^n$，需要将中间图像进行缩放，即由原图像大小 $2^{n-1}\times2^{n-1}$ 扩展为 $2^n\times2^n$。为了说明本章中所采用的量子图像缩放变换方法，图 9.3 所示为对一个量子图像缩放示例，该实例中图像由原来的 1×1 扩展成大小为 2×2 的图像。

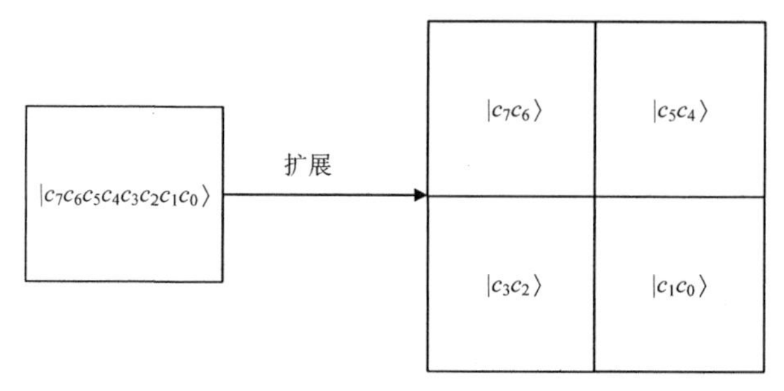

图 9.3　量子图像缩放示例

通过上述量子图像缩放实例可以看出，量子图像最低有效位（原二值秘密图像的比特位）的坐标随之改变，这使原二值秘密图像的比特扩展为一幅 $2^n\times2^n$ 大小、灰度为 4 的图像，图像缩放量子线路如图 9.4 所示（图中 $\boldsymbol{H}$ 表示量子 Hadamard 门）。设缩放变换后的量子图像为 $|\boldsymbol{W}'\rangle$，使用 NEQR 模型表示为

$$
\begin{aligned}
|\boldsymbol{W}'\rangle &= \frac{1}{2^n}\sum_{YX=0}^{2^{2n}-1}\left|w'_{YX}\right\rangle\otimes|YX\rangle = \frac{1}{2^n}\sum_{Y=0}^{2^n-1}\sum_{X=0}^{2^n-1}\bigotimes_{k=0}^{1}\left|w'^{k}_{YX}\right\rangle\otimes|YX\rangle, w'^{k}_{YX}\in\{0,1\},|Y\rangle \\
&= |y_{n-1}\cdots y_1y_0\rangle, |X\rangle = |x_{n-1}\cdots x_1x_0\rangle
\end{aligned}
\tag{9.7}
$$

对中间图像进行缩放变换之后，将进行第二次嵌入。通过前述章节分析可知，直接替代的方法中存在固定的嵌入位置等问题，使算法容易导致隐写检测和分析，安全性一般。本方案拟对传统的最低有效位隐写算法进行优化后用于量子秘密图像的第二次嵌入。

在传统的最低有效位隐写方法中，其嵌入可能是针对最低有效位、最低两位 LSB 或者最低三位 LSB 进行简单的替代，嵌入位置固定不变。在第二次嵌入中，量子图像 $|\boldsymbol{W}'\rangle$ 的位平面 $\left|w'^{1}_{YX}\right\rangle$ 与 $\left|w'^{0}_{YX}\right\rangle$ 将嵌入量子载体图像 $|\boldsymbol{C}\rangle$ 中，考虑载体图像的低三位有效量子位 $\left|c^{2}_{YX}\right\rangle$、$\left|c^{1}_{YX}\right\rangle$ 及 $\left|c^{0}_{YX}\right\rangle$，对 $\left|c^{2}_{YX}\right\rangle$ 与 $\left|c^{1}_{YX}\right\rangle$、$\left|c^{2}_{YX}\right\rangle$ 与 $\left|c^{0}_{YX}\right\rangle$ 分别计算异或值，结果分别为 $\left|c^{2}_{YX}\right\rangle\oplus\left|c^{1}_{YX}\right\rangle$、$\left|c^{2}_{YX}\right\rangle\oplus\left|c^{0}_{YX}\right\rangle$，这两个值分别与 $|\boldsymbol{W}'\rangle$ 中 $\left|w'^{1}_{YX}\right\rangle$ 与 $\left|w'^{0}_{YX}\right\rangle$ 进行比较之后再进行修改替代，优化的最低有效量子位算法如下：

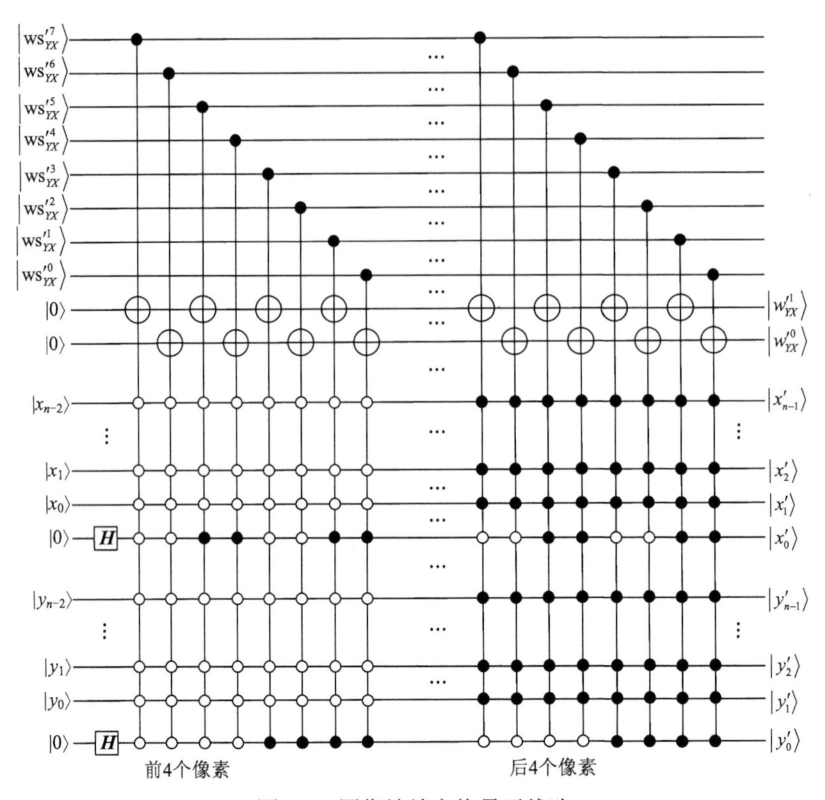

图 9.4　图像缩放变换量子线路

算法 9.1　优化算法

Input: $|C\rangle$, $|W'\rangle$

Output: $|CW'\rangle$

Three LSBs of $|C\rangle$: $|c_{YX}^{2}\rangle$, $|c_{YX}^{1}\rangle$, and $|c_{YX}^{0}\rangle$

$|b_1\rangle = |c_{YX}^{2}\rangle \oplus |c_{YX}^{1}\rangle$

$|b_0\rangle = |c_{YX}^{2}\rangle \oplus |c_{YX}^{0}\rangle$

For Y=0 to 2^n-1

　for X=0 to 2^n-1

If $|w_{YX}'^{1}\rangle = |b_1\rangle \,\&\&\, |w_{YX}'^{0}\rangle = |b_0\rangle$ then

　No changes will be made

End if

　Else if $|w_{YX}'^{1}\rangle = |b_1\rangle \,\&\&\, |w_{YX}'^{0}\rangle \neq |b_0\rangle$ then

　　$|c_{YX}^{0}\rangle = |\overline{c_{YX}^{0}}\rangle$

　End if

　　Else if $|w_{YX}'^{1}\rangle \neq |b_1\rangle \,\&\&\, |w_{YX}'^{0}\rangle = |b_0\rangle$ then

```
        |c¹_YX⟩ = |c̄¹_YX⟩
    End if
      Else if |w′¹_YX⟩ ≠ |b₁⟩ && |w′⁰_YX⟩ ≠ |b₀⟩ then
        |c²_YX⟩ = |c̄²_YX⟩
      End if
    End for
  End for
```

通过上述算法可以看到，载体图像的最低三位$\left|c_{YX}^{2}\right\rangle$、$\left|c_{YX}^{1}\right\rangle$及$\left|c_{YX}^{0}\right\rangle$在嵌入过程中最多只对一位进行了翻转。特别地，当$\left|w_{YX}^{\prime 1}\right\rangle=\left|c_{YX}^{2}\right\rangle \oplus\left|c_{YX}^{1}\right\rangle$且$\left|w_{YX}^{\prime 0}\right\rangle=\left|c_{YX}^{2}\right\rangle \oplus\left|c_{YX}^{0}\right\rangle$时，载体图像的最低三位量子有效位没有任何变化。为了实现该算法，图 9.5 所示为第二次嵌入的量子线路。通过量子线路图可以看到，与第一次嵌入相同，使用量子等价模块（QE）线路对载体图像$|\boldsymbol{C}\rangle$及缩放后的中间图像$|\boldsymbol{W}'\rangle$进行坐标判断。当坐标值相等，即输出量子比特$|r\rangle$为$|1\rangle$时，执行第二次嵌入算法。第二次

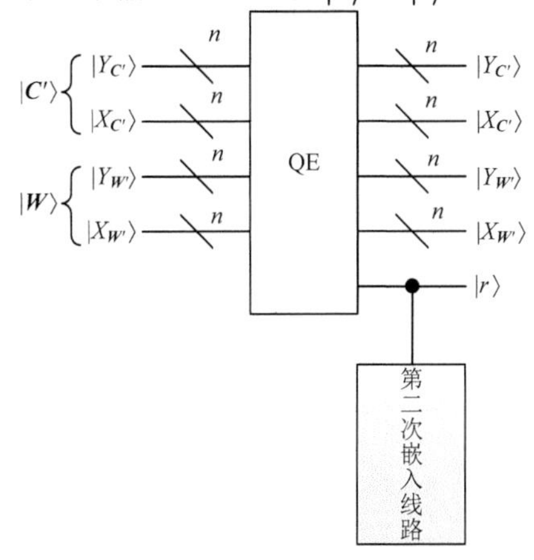

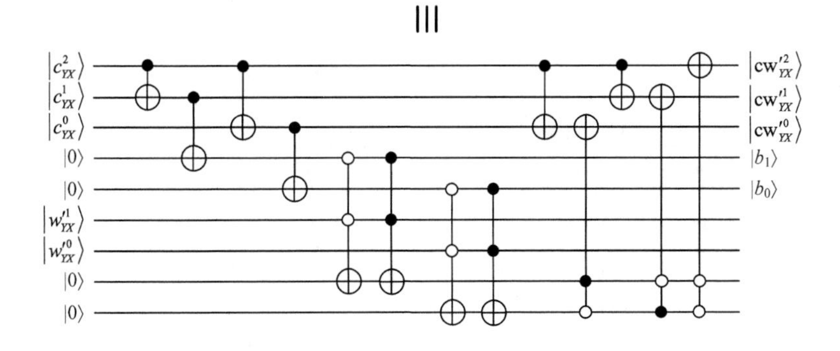

图 9.5　第二次嵌入的量子线路

嵌入完成后，得到最终的量子隐写图像$|\mathbf{CW}'\rangle$，其 NEQR 表达式为

$$\begin{cases}|\mathbf{CW}'\rangle = \dfrac{1}{2^n}\displaystyle\sum_{YX=0}^{2^{2n}-1}|\mathrm{cw}'_{YX}\rangle \otimes |YX\rangle = \dfrac{1}{2^n}\sum_{Y=0}^{2^n-1}\sum_{X=0}^{2^n-1}\bigotimes_{k=0}^{7}|\mathrm{cw}'^{k}_{YX}\rangle \otimes |YX\rangle \\ \mathrm{cw}'^{k}_{YX} \in \{0,1\}, |Y\rangle = |y_{n-1}\cdots y_1 y_0\rangle, |X\rangle = |x_{n-1}\cdots x_1 x_0\rangle \end{cases} \tag{9.8}$$

9.2.3　秘密信息提取与恢复

与经典的以图像为载体的信息隐藏技术一样，在以量子图像为载体的信息隐藏技术中，载密图像经公共信道传输后，秘密信息的无误提取对于授权用户来说至关重要。根据前面讨论过的嵌入与提取过程（图 9.1），针对最终的量子隐写图像$|\mathbf{CW}'\rangle$，其提取过程具体分析如下。

1）将隐写图像$|\mathbf{CW}'\rangle$的最低三位有效量子位$|\mathrm{cw}'^{2}_{YX}\rangle$、$|\mathrm{cw}'^{1}_{YX}\rangle$及$|\mathrm{cw}'^{0}_{YX}\rangle$提取出，通过受控非门计算出$|\mathrm{cw}'^{2}_{YX}\rangle \oplus |\mathrm{cw}'^{1}_{YX}\rangle$及$|\mathrm{cw}'^{2}_{YX}\rangle \oplus |\mathrm{cw}'^{0}_{YX}\rangle$，得到大小为$2^n \times 2^n$的载密中间图像$|\boldsymbol{W}'\rangle$的两个位平面的量子比特值，其简单的量子线路如图 9.6（a）所示。值得说明的是，提取量子线路同样需要对相关图像进行坐标比较控制，即使用量子等价（QE）线路模块进行坐标比较（与嵌入线路类似），图 9.6 中省略了相关量子模块。

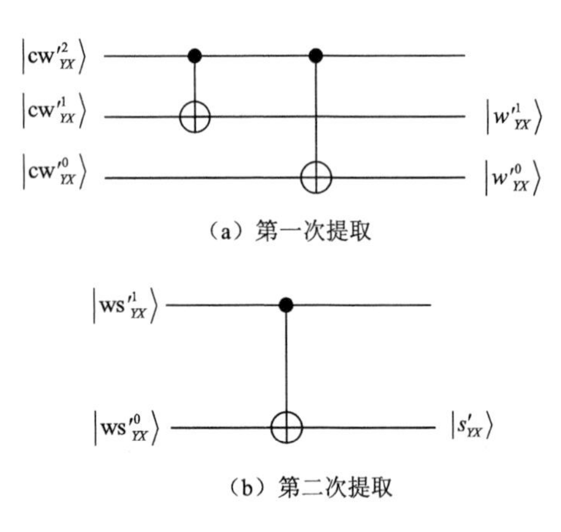

图 9.6　隐藏信息提取量子线路

2）对$|\boldsymbol{W}'\rangle$执行逆缩放变换，即使用图 9.3 所示的逆操作，将大小为$2^n \times 2^n$、灰度为 4 的图像缩小为$2^{n-1} \times 2^{n-1}$、灰度为 256 的图像$|\mathbf{WS}'\rangle$，具体的量子图像逆缩放变换线路如图 9.7 所示。

3）从$|\mathbf{WS}'\rangle$中提取出$|\mathrm{ws}'^{1}_{YX}\rangle$及$|\mathrm{ws}'^{0}_{YX}\rangle$，使用受控非门计算异或值$|\mathrm{ws}'^{1}_{YX}\rangle \oplus |\mathrm{ws}'^{0}_{YX}\rangle$，即为加密后二值秘密图像$|\boldsymbol{S}'\rangle$对应的量子比特，同样，通过量子等价（QE）线路模块，可以设计出相应的第二次提取线路，图 9.6（b）所示为简单线路[同样省略了量子等价（QE）线路模块]。

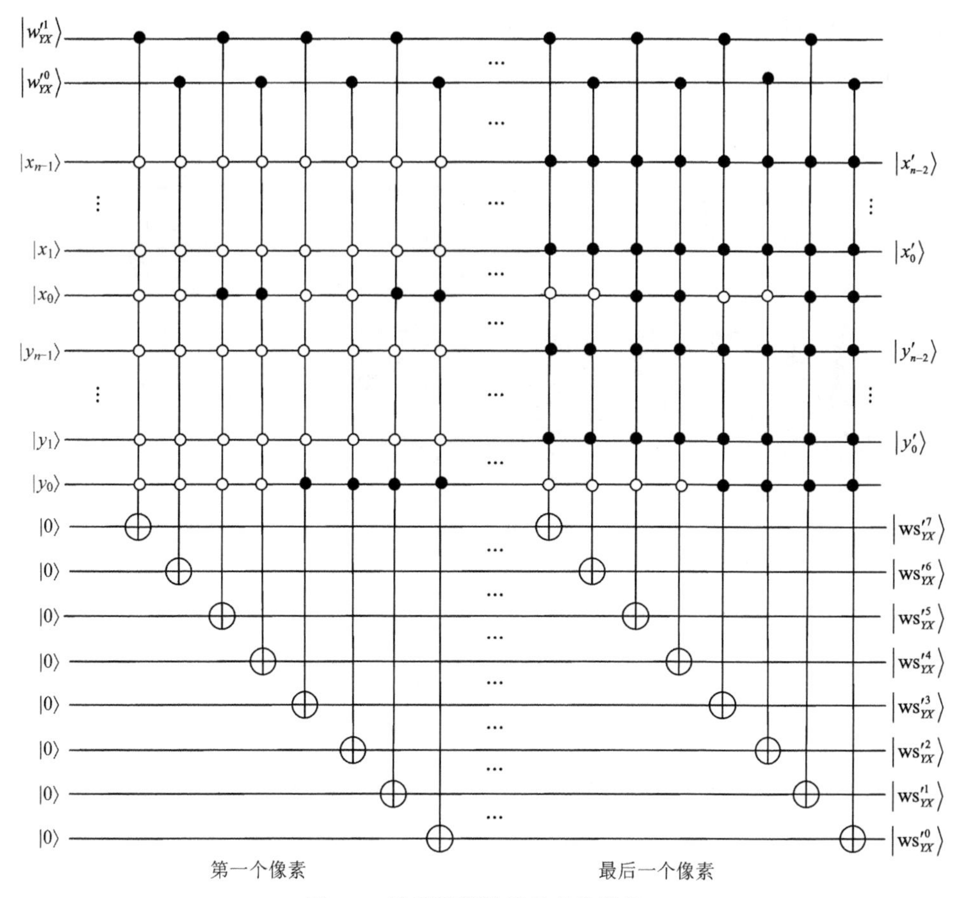

图 9.7　量子图像逆缩放变换线路

4）授权接收方使用与加密过程相同的参数生成混沌序列，对$|S'\rangle$进行解密，即可恢复原始的量子二值秘密图像$|S\rangle$。

综上所述，与两次嵌入过程类似，通过一系列嵌入的逆变换，进行两次提取，最后使用相同的 Logistic 映射参数，无须参考原始载体图像，即可实现经两级隐藏后的秘密信息的恢复。

9.3　仿真结果与分析

为了验证算法的有效性，采用基于 Intel (R) Core (TM) i5-7200U CPU 2.70GHz 8.00GB RAM 经典计算机上的 MATLAB 2014b 软件进行仿真实验。实验中选用了 6 幅图像，分别是大小为128×128的二值秘密图像 SYU（IMG01），大小为128×128像素的灰度图像 Baboon(IMG02)、Peppers（IMG03），大小为256×256像素的灰度载体图像 Lena（IMG04）、Lake（IMG05）、Jetplane（IMG06），所有测

试图像如图 9.8 所示。嵌入前，对二值秘密图像 IMG01 进行加密预处理，即使用 Logistic 映射良好的混沌特性进行图像加密，其初始参数值设置为 $X_0 = 0.7078$、μ=3.95。

（a）IMG01　（b）IMG02　（c）IMG03

（d）IMG04　（e）IMG05　（f）IMG06

图 9.8　全部测试图像

9.3.1　视觉质量

图 9.9 所示为隐写图像视觉质量对比情况（IMG04、IMG05、IMG06 为原始载体图像，IMG04-1、IMG05-1、IMG06-1 是以 IMG02 作为中间图像嵌入后的隐写图像，IMG04-2、IMG05-2 及 IMG06-2 是以 IMG03 作为中间图像嵌入后的隐写图像）。可以看出，人类视觉系统难以察觉其明显的灰度失真，表明隐写图像视觉质量较好。为了客观评价图像的保真性能，仍采用峰值信噪比（PSNR）方法。首先，对图 9.9 中所有隐写图像与相对应的原始载体图像计算 PSNR 值，结果如表 9.1 所示。从表 9.1 中可以看出，所有的 PSNR 值都超过了 48dB，这也进一步验证了算法较好的视觉质量。相比较其他类似的量子图像信息隐藏方案，如文献[12]～文献[14]中所提方法的嵌入容量都为 2bpp，相关 PSNR 值及采用的加密方式如表 9.2 所示。通过表格中的 PSNR 对比数据可以看出，尽管本方案采用了二次

（a）IMG04

（b）IMG04-1

（c）IMG04-2

图 9.9　载体图像与隐写图像视觉质量

（d）IMG05 （e）IMG05-1 （f）IMG05-2

（g）IMG06 （h）IMG06-1 （i）IMG06-2

图 9.9（续）

嵌入的两级隐藏，但其 PSNR 值仍然高于其他算法，视觉质量并没有实质影响，进一步证明了本方案在隐写图像保真度方面的优势。

表 9.1 不同测试图像下的 PSNR 值

载体图像	隐写图像	PSNR/dB
IMG04	IMG04-1	48.725 9
IMG05	IMG05-1	48.688 2
IMG06	IMG06-1	48.837 4
IMG04	IMG04-2	48.734 6
IMG05	IMG05-2	48.649 5
IMG06	IMG06-2	48.854 4

表 9.2 PSNR 值比较

方案	加密方式	PSNR/dB
本方案	Logistic map	48.734 6
文献[12]	Controlled SWAP gates	43.793 6
文献[13]	Arnold scrambling	43.163 7
文献[14]	Quantum CNOT	46.335 3

另外，图像直方图能反映图像像素的灰度统计分布情况，经典图像处理中常用直方图变化情况评估隐写图像失真度。因此，为了进一步验证量子图像两级隐藏算法在视觉质量方面的性能，实验中同样对量子载体图像及其相对应的载密隐写图像使用直方图分析方法。针对图 9.9 中的全部图像，绘制图像直方图，如

图 9.10 所示，其中 IMG04、IMG05 及 IMG06 是原始量子载体图像的直方图，IMG04-1、IMG05-1、IMG06-1 是以 IMG02 作为中间图像嵌入之后的量子隐写图像直方图，IMG04-2、IMG05-2、IMG06-2 是以 IMG03 作为中间图像嵌入之后的隐写图像直方图。从图 9.10 中可以看出，相比较原始载体图像的直方图，经两级信息隐藏之后的载密隐写图像直方图未有明显的抖动情况，说明嵌入之后的载体图像具有高保真的特性，进一步验证了算法的有效性。

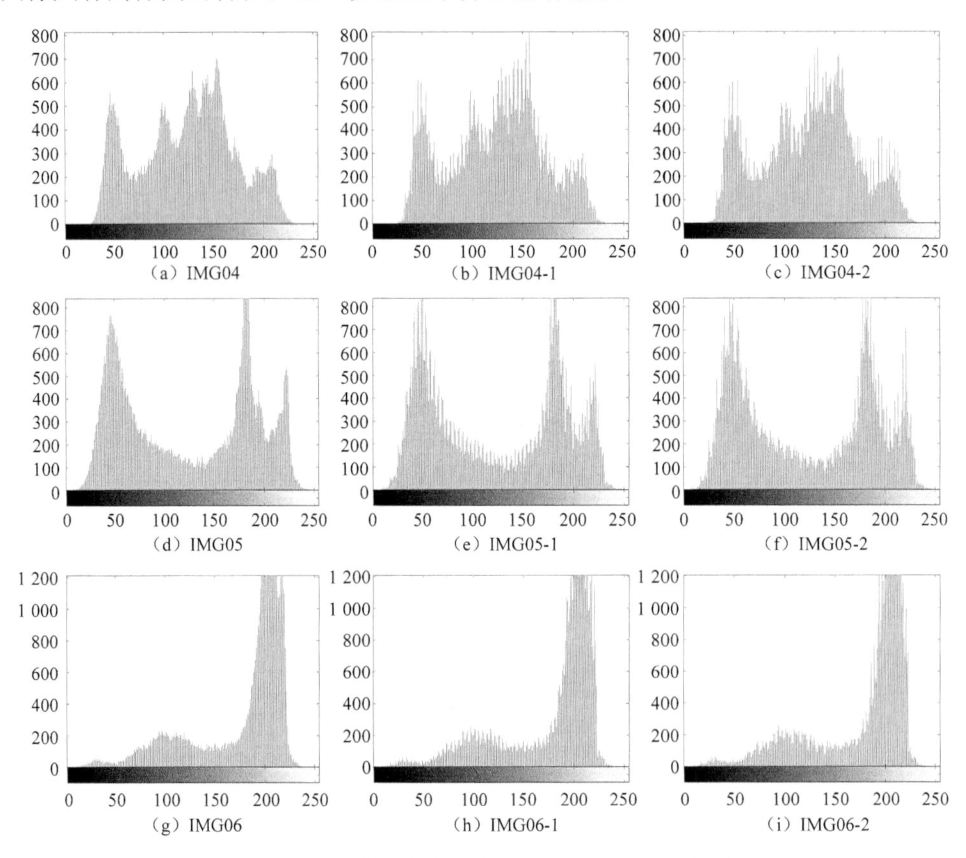

图 9.10　原始载体图与相应的载密隐写图像直方图对比

9.3.2　鲁棒性分析

通过对上述秘密信息提取过程的分析可知，在无噪声的环境中，基于量子图像载体的两级信息隐藏算法能实现秘密图像的无误提取。然而，图像在传输过程中往往会受多种噪声的污染。为了测试鲁棒性，本节实验选取 IMG04-1、IMG05-1 及 IMG06-1 作为嵌入后的隐写图像，仍然考虑在椒盐噪声攻击下的鲁棒性能。在经典计算环境下，对所选择的隐写图像进行不同强度（分别为 0.05、0.10、0.15）的椒盐噪声攻击，噪声攻击后的图像及提取出的秘密图像如图 9.11 所示。从图 9.11

中可以直观地看到，即便是在噪声强度为 0.15 的情况下，提取效果仍然可观，秘密信息能较好地进行识别。为进一步评估噪声下提取的秘密图像的视觉质量，计算图 9.11 中提取的秘密图像与原秘密图像的 PSNR 值，如表 9.3 所示。从表中可以看出，噪声强度为 0.15 时，秘密图像 PSNR 值仍高于 60dB，进一步证实了算法有较强的鲁棒性。

（a）噪声强度=0.05　（b）噪声强度=0.10　（c）噪声强度=0.15

图 9.11　不同强度椒盐噪声下的鲁棒性测试

表 9.3　鲁棒性测试结果

隐写图像	噪声强度			
	0	0.05	0.10	0.15
IMG04-1	Inf	65.050 6	61.905 4	60.323 0
IMG05-1	Inf	65.037 5	61.892 8	60.134 0
IMG06-1	Inf	64.960 2	62.172 7	59.993 4

9.3.3　安全性分析

图像信息隐藏的本质是隐藏秘密信息，理论上其安全性是指隐写分析难以察觉隐蔽信息的存在，即使察觉到秘密信息的存在，也难以破坏或篡改秘密信息。前面对隐写图像的视觉质量分析已经表明了算法的高保真特性，这里进一步从其他方面对算法的安全性进行分析探讨。

首先，秘密图像信息隐藏前使用了 Logistic 映射混沌加密方法，由于加密系统对初始值及参数的高度敏感性，密钥空间大，使得非授权用户即使通过载密图像能分析到秘密信息的存在，也难以提取和正确恢复秘密信息。图 9.12 所示为不同密钥下的提取结果，其中，图 9.12（a）采用与加密时完全一致的参数值，即 $X_0 = 0.707\ 8$、μ=3.95 时的提取与恢复结果。为了进一步对提取出的秘密图像使用不同参数恢复进行验证，图 9.12（b）所示为 $X_0 = 0.707\ 8$、μ=3.949 99 时的结果。由图 9.12 可见，即使参数 μ 的微小变化，也使秘密信息未能正确恢复。图 9.12（c）所示为 $X_0 = 0.707\ 9$、μ=3.95 时的恢复结果。可见，初始值 X_0 的微小变化也导致了秘密图像信息未能正确恢复。因此，相比较单纯使用 Arnold 变换等方式进行加密的量子图像信息隐藏算法，混沌加密密钥空间大及对密钥参数的高敏感性，进一步确保了信息隐藏的安全性。

SYU

（a）采用与加密时完全一致的参数值时的提取与恢复结果

（b）参数 μ 微小变化时的恢复结果

（c）初始值 X_0 微小变化时的恢复结果

图 9.12　不同情况下的秘密信息恢复结果

其次，由于采用了两次嵌入的信息隐藏方案，相比较现有量子图像为载体的信息隐藏的单次嵌入方式，秘密信息被进一步扩散和隐藏。算法中使用了临时的量子中间图像，加密后的信息嵌入中间载体图像后，通过量子图像插值缩放变换，将图像大小由 $2^{n-1} \times 2^{n-1}$ 变换为 $2^n \times 2^n$。这样既能满足再次嵌入要求，也使秘密数据所隐藏的位置坐标有了变化。攻击者即使察觉到隐写图像中秘密信息的存在，也难以判断其嵌入位置及容量。

在嵌入过程中，为避免直接使用 LSB 替代方法的安全缺陷，对最低有效量子位隐藏算法进行了改进和优化，使隐写检测和分析难以实现。使用优化的最低有效量子位算法进行信息隐藏，一方面确保了载体图像像素灰度值失真小，另一方面也能使嵌入位置具有一定的随机性。在简单的量子 LSB 替代方法中，嵌入容量为 2bit/pixel 时往往需要对量子载体图像的最低两位有效位进行修改。然而，本算法通过计算量子载体图像最低三位量子比特位的异或值，与待嵌入量子比特进行比较，从而确定嵌入位置。在嵌入过程中，最多只需要对量子载体图像的三位最低有效位的一位进行翻转即可，嵌入位置有很强的随机性。由此可知，相比较简单的量子 LSB 替代方法，采用隐写检测程序对比特位平面进行分析难以检测出秘密数据的存在，表明本算法有较好的抵御隐写分析能力，也进一步确保了数据隐藏的安全性。

本 章 小 结

本章对最低有效量子位方法进行改进和优化，提出了基于量子图像的两级信息隐藏算法。该方法首先将秘密二值图像、中间图像及载体图像使用 NEQR 模型转化为量子图像，采用 Logistic 映射产生的二值序列作为控制量子比特，使用多受控非门对秘密图像进行嵌入前的加密。加密后的量子秘密图像通过异或操作嵌入中间图像中，得到临时的隐写图像。其次，对临时隐写图像进行插值缩放，通过优化的最低有效量子位方法再次嵌入量子载体图像中，得到最终的隐写图像。本章不仅给出了具体的量子算法，还设计了完整的量子嵌入及提取线路。理论分析和实验表明，相比较同类量子图像信息隐藏方法，本算法不仅获得了较好的量子图像信息隐写视觉质量与鲁棒性，更为重要的是，采用了改进的最低有效量子位优化方法进行双重嵌入与两级隐藏，因此具有更好的信息隐藏安全性。

参 考 文 献

[1] WANG S, SANG J Z, SONG X H, et al. Least significant qubit (LSQb) information hiding algorithm for quantum image[J]. Measurement, 2015, 73:352-59.

[2] ZHOU R G, LUO J, LIU X A, et al. A novel quantum image steganography scheme based on LSB[J]. International journal of theoretical physics, 2018, 57(6): 1848-1863.

[3] LUO G F, ZHOU R G, HU W W. Efficient quantum steganography scheme using inverted pattern approach[J]. Quantum information processing, 2019, 18(7): 1-24.

[4] LUO J, ZHOU R G, HU W W, et al. Detection of steganography in quantum grayscale images[J]. Quantum information processing, 2020. 19(5): 149.

[5] LUO J, ZHOU R G, LUO G F, et al. Traceable Quantum steganography scheme based on pixel value differencing[J]. Scientific reports, 2019, 9(1): 15134.

[6] LUO G F, ZHOU R G, HU W W, et al. Enhanced least significant qubit watermarking scheme for quantum images[J]. Quantum information processing, 2018, 17(11): 1-19.

[7] LUO G F, ZHOU R G, LUO J, et al. Adaptive LSB quantum watermarking method using tri-way pixel value differencing[J]. Quantum information processing, 2019, 18(2): 1-209.

[8] LUO J, ZHOU R G, LIU X A, et al. A novel quantum steganography scheme based on ASCII[J]. International journal of quantum information, 2019, 17(4): 1950033.

[9] LUO G F, ZHOU R G, MAO Y L. Two-level information hiding for quantum images using optimal LSB[J]. Quantum information processing, 2019, 18(10): 297.

[10] JIANG N, WU W Y, WANG L. The quantum realization of Arnold and Fibonacci image scrambling[J]. Quantum information processing, 2014, 13(5):1223-1236.

[11] GONG L H, HE X T, CHENG S, et al. Quantum image encryption algorithm based on quantum image XOR operations[J]. International journal of theoretical physics, 2016, 55(7): 3234-3250.

[12] MIYAKES, NAKAMAE K. A quantum watermarking scheme using simple and small-scale quantum circuits[J]. Quantum information processing, 2016, 15(5):1849-1864.

[13] ZHANG T J, ABD-EL-ATTY B, AMIN M, et al. QISLSQb: a quantum image steganography scheme based on least significant qubit[C]//Proceedings of 2016 International Conference on Mathematical, Computational and Statistical Sciences and Engineering, Lancaster, 2016: 40-45.

[14] EL-LATIF A A A, ABD-EL-ATTY B, HOSSAIN M S. Efficient quantum information hiding for remote medical image sharing[J]. IEEE access, 2018, 6: 21075-21083.

第 10 章　基于量子信息隐藏的医疗图像安全共享管理

随着医疗信息技术的飞速发展，大型数字医疗设备，如核磁共振、超声等设备的广泛使用，每天生成的医学影像图像规模越来越大。由于现有三级以上大型医院、知名医师分布不均匀，县乡一级的医院要享受到优质的医院和医师资源，数字化远程医疗变得越来越重要。得益于远程医疗等技术的发展，远程专家会诊给患者带来了很大的便捷。远程医疗已成为缓解医疗资源不足及满足部分公众基本诊疗需求的解决方案。

在远程医疗中，必然会有医疗图像信息的网络传输、云端存储，因此也不可避免地带来了信息泄露及篡改等隐患，给患者医疗隐私信息安全及医生会诊带来严重的问题[1-2]。由于远程数字化诊疗、物联网医学技术的发展，医疗成像技术发展十分迅速，医疗图像数据增长迅猛，医疗图像的云存储及传输等处理变得越来越广泛，医疗图像共享成为炙手可热的研究话题。在医疗图像的内容保护和安全分享领域，温文媖等提出一种结合区块链的可认证医疗图像共享方案[3]，用区块链中的智能合约和可视化秘密共享技术对影子图像进行认证。针对传统云环境下的加密域图像检索方案仅考虑使用单个服务器提供检索服务的问题，徐彦彦等提出一种基于秘密共享的图像安全检索方案，使用秘密共享技术构建了一个图像安全检索模型[4]。

上述研究为医疗图像共享与安全提供了较好的方案，其共同点在于使用了传统的计算模式。随着量子计算理论与技术的发展，量子图像相关技术的研究越来越深入，传统计算所面临的问题有了新的解决思路和办法。当前，量子计算框架下的医疗图像安全已有初步的研究[5-6]，其研究结果表明量子图像信息隐藏技术有望在未来量子信息时代得到深入应用。

本章主要研究基于量子图像信息隐藏技术的远程医疗图像共享中的安全问题。在前述章节的基础上，首先探讨多幅量子图像加密及恢复方法[7]，然后介绍量子信息隐藏在医疗图像安全共享管理中的一些可能应用。

10.1　多幅秘密图像预处理

图像加密是实现图像安全的重要手段之一，本节先给出多幅量子秘密图像加密及解密方法的介绍，其流程如图 10.1 所示。

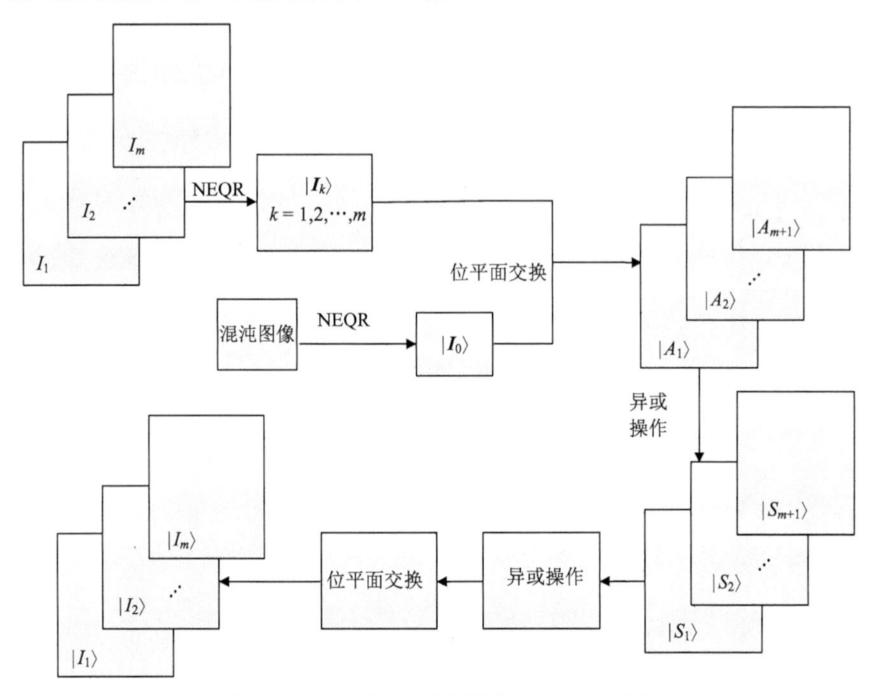

图 10.1　多幅量子秘密图像加密、解密流程

10.1.1　量子图像加密

1. 秘密图像准备

设有 m 幅大小为 $2^n\times 2^n$，灰度 256 的秘密图像，分别为 $I_1, I_2,\cdots, I_m$，使用 NEQR 模型表示如下：

$$
\begin{aligned}
|\boldsymbol{I}_k\rangle &= \frac{1}{2^n}\sum_{Y=0}^{2^n-1}\sum_{X=0}^{2^n-1}|f_k(Y,X)\rangle|YX\rangle = \frac{1}{2^n}\sum_{Y=0}^{2^n-1}\sum_{X=0}^{2^n-1}\bigotimes_{i=0}^{7}|C_{kYX}^{i}\rangle|YX\rangle \\
&= \frac{1}{2^n}\sum_{Y=0}^{2^n-1}\sum_{X=0}^{2^n-1}|C_{kYX}^{7}\cdots C_{kYX}^{0}\rangle|YX\rangle, k=1,2,\cdots,m
\end{aligned}
\tag{10.1}
$$

式中，k 表示 m 幅图中第 k 幅图像；$|Y\rangle=|y_{n-1}\cdots y_1y_0\rangle$、$|X\rangle=|x_{n-1}\cdots x_1x_0\rangle$ 分别表示垂直和水平方面的坐标信息。

使用混沌 Logistic 映射 $X_{\delta+1}=\mu X_\delta(1-X_\delta)$，给定一个特定初值 X_0 及 μ，进行 2^{2n} 次迭代，获得（0, 1）的 2^{2n} 个随机数，对其进一步处理，生成随机矩阵 $\boldsymbol{R}_0(i,j)\in[0,255]$，其中 $i=0,1,\cdots,2^n-1$， $j=0,1,\cdots,2^n-1$。将矩阵中各个元素的值看成一幅混沌图像 I_0 各个像素灰度值。同样的，通过新型量子图像表示（NEQR）

模型表示为

$$|I_0\rangle = \frac{1}{2^n}\sum_{Y=0}^{2^n-1}\sum_{X=0}^{2^n-1}|f_0(Y,X)\rangle|YX\rangle = \frac{1}{2^n}\sum_{Y=0}^{2^n-1}\sum_{X=0}^{2^n-1}\bigotimes_{i=0}^{7}|C_{0YX}^{i}\rangle|YX\rangle \tag{10.2}$$

2. 量子比特位平面交换

对 m 幅量子秘密图像及一幅量子混沌图像按照预定义的方式进行量子比特位平面交换。首先，通过量子等价线路（QE）对图像 $|I_0\rangle$ 及 $|I_1\rangle,\cdots,|I_m\rangle$ 进行坐标比较控制，其量子线路如图 10.2 所示。

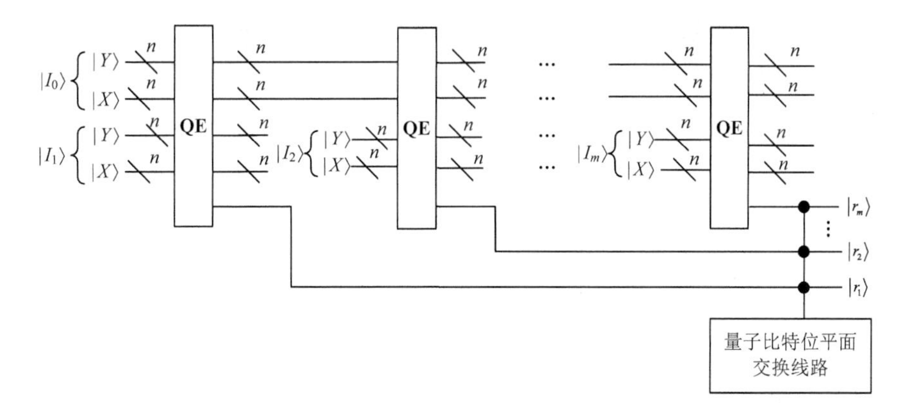

图 10.2　多幅量子图像坐标比较的量子线路

通过坐标比较，输出量子比特 $|r_j\rangle=|1\rangle, j=1,2,\cdots,m$ 时，执行如下量子比特位平面交换操作（图 10.3）：将 $|I_0\rangle$ 的高四位与 $|I_1\rangle$ 的低四位量子位平面进行交换；将 $|I_1\rangle$ 的高四位与 $|I_2\rangle$ 的低四位量子位平面进行交换；以此类推，最后将 $|I_m\rangle$ 的高四位与 $|I_0\rangle$ 的低四位量子位平面进行交换。通过对 $m+1$ 幅图像的量子比特位平面交换操作，得到中间图像 $|A_1\rangle,|A_2\rangle,\cdots,|A_{m+1}\rangle$。

3. 量子受控非门控制

为了获得最终的加密图像，使用量子受控非门对图像进行异或（XOR）操作，假设有

$$|S_1\rangle=|A_1\rangle,|S_2\rangle=|A_1\rangle\oplus|A_2\rangle,|S_3\rangle=|A_2\rangle\oplus|A_3\rangle,\cdots \tag{10.3}$$

即

$$\begin{cases}|S_k\rangle=|A_k\rangle, k=1\\ |S_k\rangle=|A_{k-1}\rangle\oplus|A_k\rangle, k=2,3,\cdots,m+1\end{cases} \tag{10.4}$$

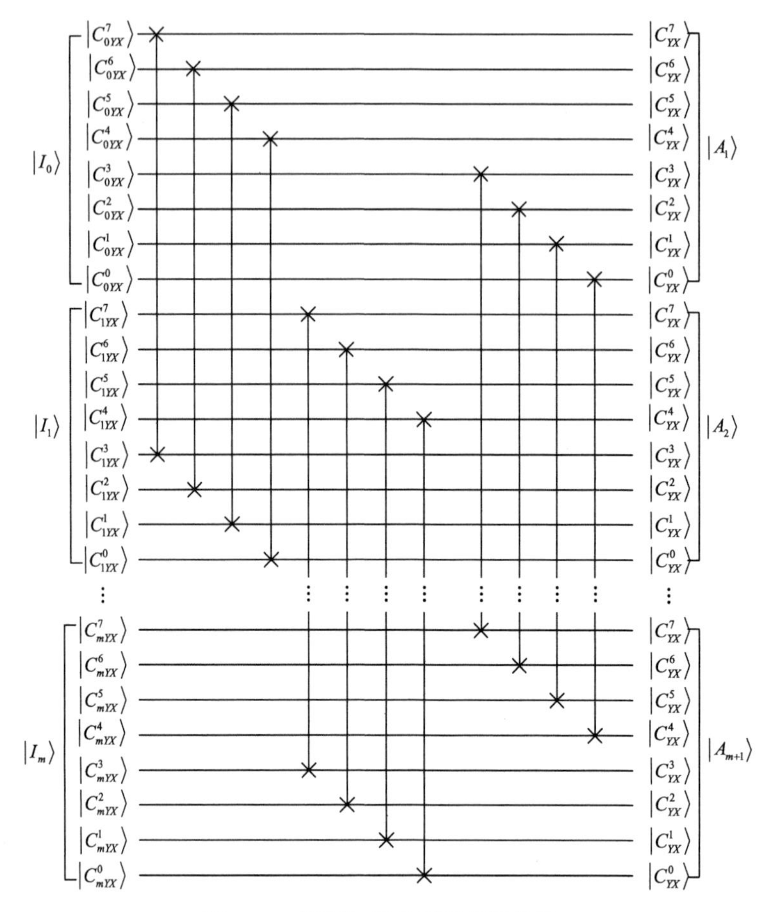

图 10.3　量子比特位平面交换线路

对于 $2^n \times 2^n$ 大小的量子图像，对每个像素灰度信息的量子受控非门操作 $\boldsymbol{U}_{YX}$ 可以分解为 2^{2n} 个子操作 $\boldsymbol{T}_{YX}$，即

$$\boldsymbol{T}_{YX} = \left(\boldsymbol{I} \otimes \sum_{y=0}^{2^n-1} \sum_{\substack{x=0 \\ yx \neq YX}}^{2^n-1} |yx\rangle\langle yx| \right) + \boldsymbol{U}_{YX} \otimes |YX\rangle\langle YX| \tag{10.5}$$

式中，$\boldsymbol{T}_{YX}$ 为酉矩阵，并且满足 $\boldsymbol{T}_{YX}\boldsymbol{T}_{YX}^{\dagger} = \boldsymbol{I}^{\otimes(2n+1)}$，$\boldsymbol{T}_{YX}^{\dagger}$ 是 $\boldsymbol{T}_{YX}$ 的厄米共轭矩阵。显然，每个子操作仅实现对相对应的相关像素进行异或操作。量子图像异或操作定义如下：

$$\boldsymbol{T} = \prod_{Y=0}^{2^n-1} \prod_{X=0}^{2^n-1} \boldsymbol{T}_{YX} \tag{10.6}$$

同理，需要使用量子等价线路对量子图像 $|A_1\rangle, |A_2\rangle, \cdots, |A_{m+1}\rangle$ 坐标比较控制，其输出量子比特作为量子图像异或操作线路的控制量子比特，其量子线路如图 10.4 所示（省略了坐标比较模块线路）。

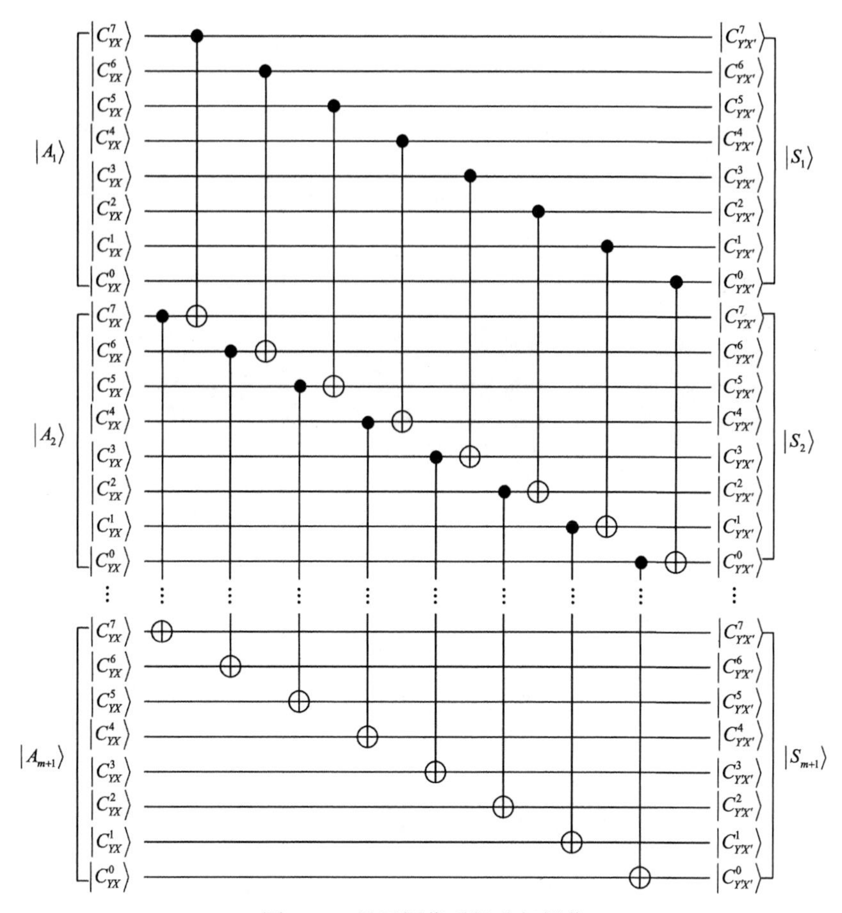

图 10.4　量子图像受控非门操作

通过上述两个步骤，m 幅量子秘密图像在一幅量子混沌图像的辅助下，加密成了 $m+1$ 幅量子图像，分别为 $|S_1\rangle,|S_2\rangle,\cdots,|S_{m+1}\rangle$，所获得的加密图像具有很好的随机性，不再具有原始秘密图像的一些灰度特征信息。

10.1.2　量子图像恢复

为了实现对原始秘密图像的恢复，对加密后的 $m+1$ 幅图像执行以下操作。

1）同样使用量子受控非门操作，假设有

$$|A_1\rangle=|S_1\rangle,|A_2\rangle=|S_1\rangle\oplus|S_2\rangle,|A_3\rangle=|S_1\rangle\oplus|S_2\rangle\oplus|S_3\rangle,\cdots \tag{10.7}$$

即

$$|A_k\rangle=|S_1\rangle\oplus|S_2\rangle\oplus\ldots\oplus|S_k\rangle,k=1,2,\cdots,m+1 \tag{10.8}$$

通过量子图像异或操作得到 $|A_1\rangle,|A_2\rangle,\cdots,|A_{m+1}\rangle$。

2）执行与加密过程相反的量子比特位平面交换操作，得到 $|S_1\rangle,|S_2\rangle,\cdots,|S_{m+1}\rangle$。

为了验证该方法的有效性，使用经典计算机的 MATLAB 仿真实验。为了更直观地展示实验结果，设 $m=2$，即两幅大小为256×256像素的灰度秘密图像（Lena 与 Peppers），如图 10.5（b）和（c）所示，用于辅助加密随机生成的混沌图像，如图 10.5（a）所示。加密后的 3 幅图像如图 10.5（d）、（e）和（f）所示，提取出的秘密图像如图 10.5（g）和（h）所示。为了获取图像像素值分布情况，图 10.5 中原始秘密图像及加密后的图像直方图如图 10.6 所示，可以看出，加密后的直方图变化很大，与原始图像有明显区别，因此，难以察觉加密后图像的任何有用的统计信息。

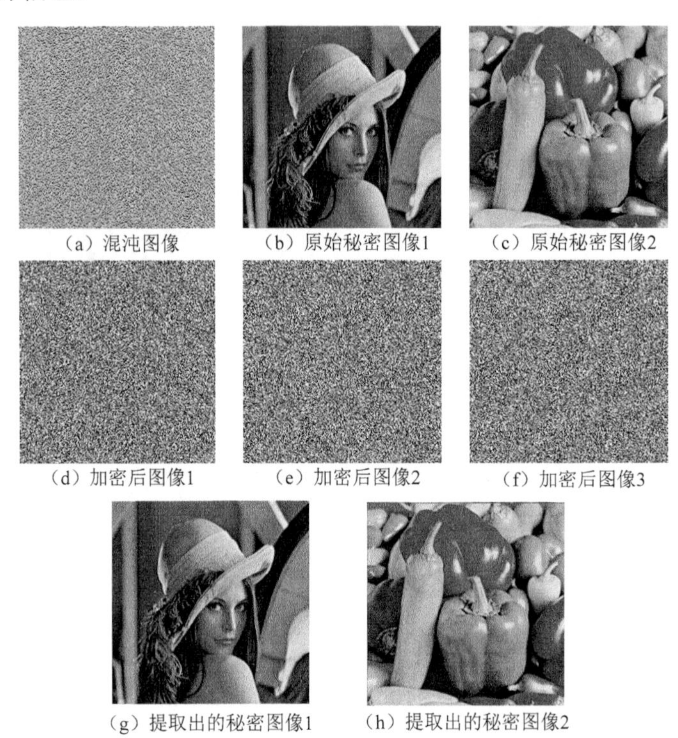

（a）混沌图像　（b）原始秘密图像1　（c）原始秘密图像2

（d）加密后图像1　（e）加密后图像2　（f）加密后图像3

（g）提取出的秘密图像1　（h）提取出的秘密图像2

图 10.5　仿真验证

相关性反映了两个变量的相似程度，实验中进一步对相邻像素计算相关性系数，其定义如下：

$$R(x,y)=\frac{E(x-E(x))E(y-E(y))}{\sqrt{D(x)D(y)}} \tag{10.9}$$

式中，$E(x)$、$D(x)$ 分别为期望和方差。为得到相邻像素相关性，随机选取 8 000 对水平、垂直及对角方向相邻像素，相关性系数值如表 10.1 所示。从表 10.1 中可以看出，原始秘密图像的相关性系数值接近 1，而加密后的图像相关性系数接近 0。此外，秘密图像 Lena[图 10.5（b）]及加密图像[图 10.5（e）]水平、垂直及对角 3 个方向相邻像素相关性分布如图 10.7 所示。由此可知，相关性系数及相邻像素分布情况进一步验证了加密的有效性。

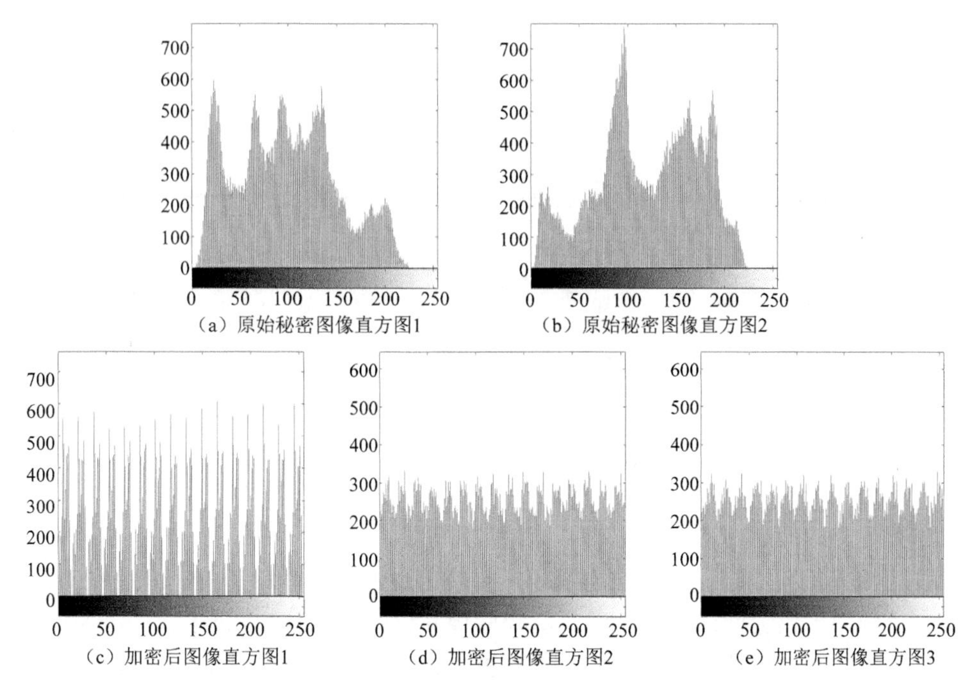

（a）原始秘密图像直方图1　（b）原始秘密图像直方图2

（c）加密后图像直方图1　（d）加密后图像直方图2　（e）加密后图像直方图3

图 10.6　原始和加密后的图像直方图

表 10.1　相邻像素相关性系数

图像	水平方向	垂直方向	对角方向
秘密图像 Lena	0.928 2	0.959 4	0.898 1
秘密图像 Pepper	0.953 4	0.965 7	0.929 3
加密图像 1	0.009 2	−0.005 2	−0.025 7
加密图像 2	−0.015 6	−0.002 1	0.041 3
加密图像 3	−0.005 7	0.012 1	0.017 4

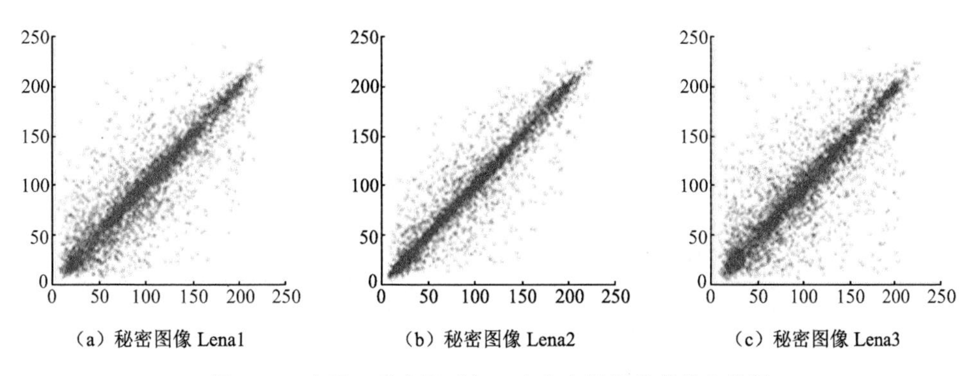

（a）秘密图像 Lena1　（b）秘密图像 Lena2　（c）秘密图像 Lena3

图 10.7　水平、垂直及对角 3 个方向相邻像素分布情况

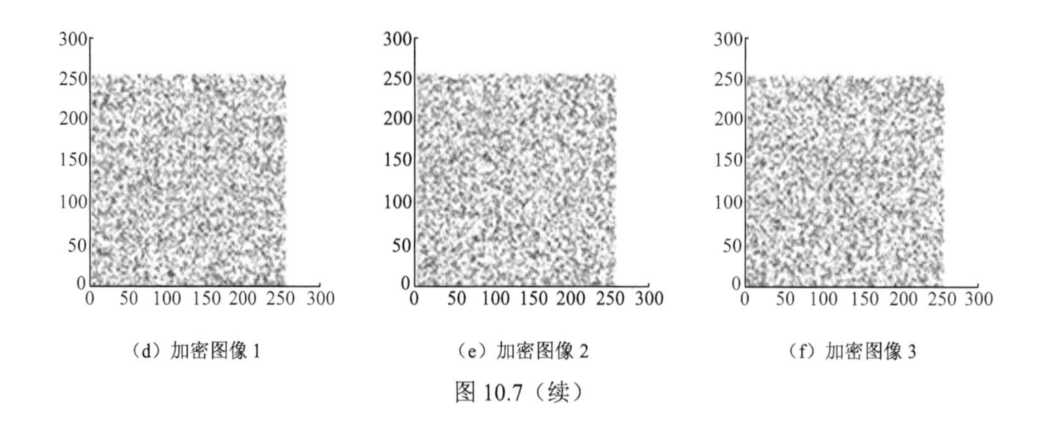

（d）加密图像 1　（e）加密图像 2　（f）加密图像 3

图 10.7（续）

10.2 量子信息隐藏在医疗图像安全共享管理中的应用

随着远程医疗、智慧医疗的发展，医学图像共享变得越来越重要。为了解决处在不同地理位置两所医院之间的医疗图像共享管理问题，本节结合上述量子图像加密方法和前述章节讨论的信息隐藏技术，介绍基于量子信息隐藏的医疗图像安全共享框架及可能的应用模式。

10.2.1 医疗量子图像安全共享框架

在实际的医疗活动中，医院各影像科室每天都会产生很多的医学影像，如 X 射线图像、CT 图像、MR 图像及超声检查图像等。考虑本地医院将患者医疗图像信息通过网络传输、云端存储等方式与远程医院安全共享的问题，由于患者本身隐私需要得到保护及法律上的要求，患者相关影像信息需要进行加密、隐藏后再进行传输，以确保更好的医疗图像共享安全管理。本质上，医疗图像仍然是数字图像，同样可以对医疗图像进行量子存储和表示，进而使用量子计算机进行处理。

基于前述章节讨论的量子图像信息隐藏方法，这里简要介绍相关技术在远程医疗中的应用，特别是用于远程医疗图像的安全共享。图 10.8 描述了基于多幅量子图像加密与量子信息隐藏的远程医疗过程图，图中给出了智慧城市中两所地理位置不同的医院共享医疗影像图的场景，具体过程如下。

1）本地医院的医生通过相关医疗设备扫描患者身体，产生多张不同部位的医疗图像信息，如患者的肺部信息等。

2）使用新型量子图像表示模型，将这些待传输和云存储的医疗图像信息进行量子转换，转换为多幅量子秘密图像。

3）使用上一节讨论的量子图像加密方法对多幅量子秘密图像进行加密。

4）使用量子信息隐藏方法将加密后的量子图像嵌入公共的量子载体图像中，然后进行传输或量子云存储。

5）远程医院通过量子云平台提取并恢复患者的医疗图像信息，进行会诊。

通过上述远程医疗场景与过程的分析，图 10.9 给出了医疗量子图像处理、加密及信息隐藏的一个可能框架。

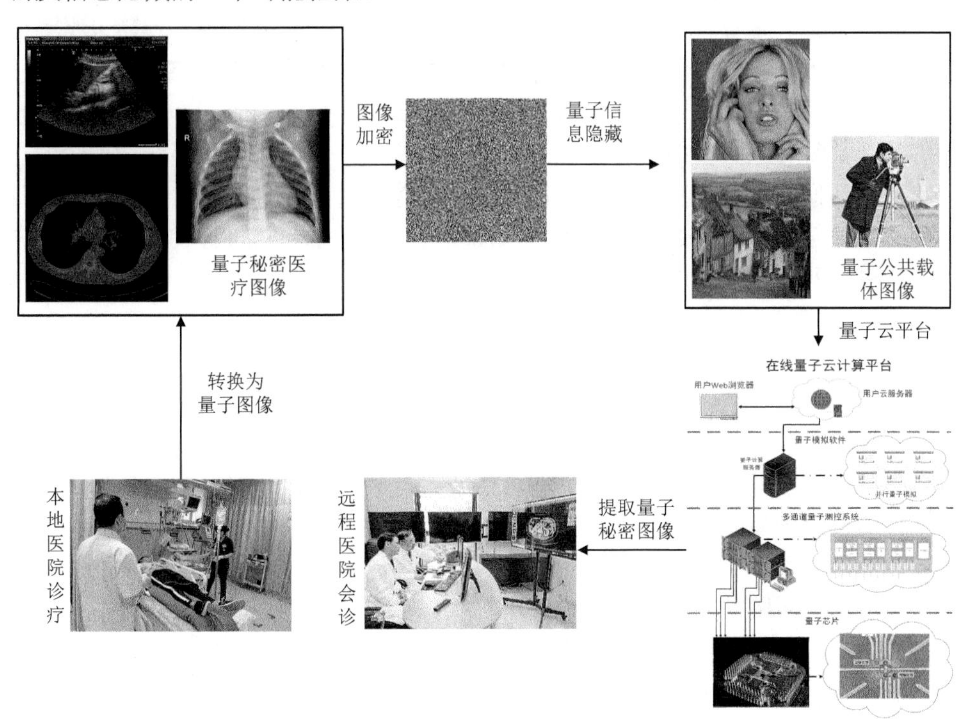

图 10.8　基于量子信息隐藏的远程医疗

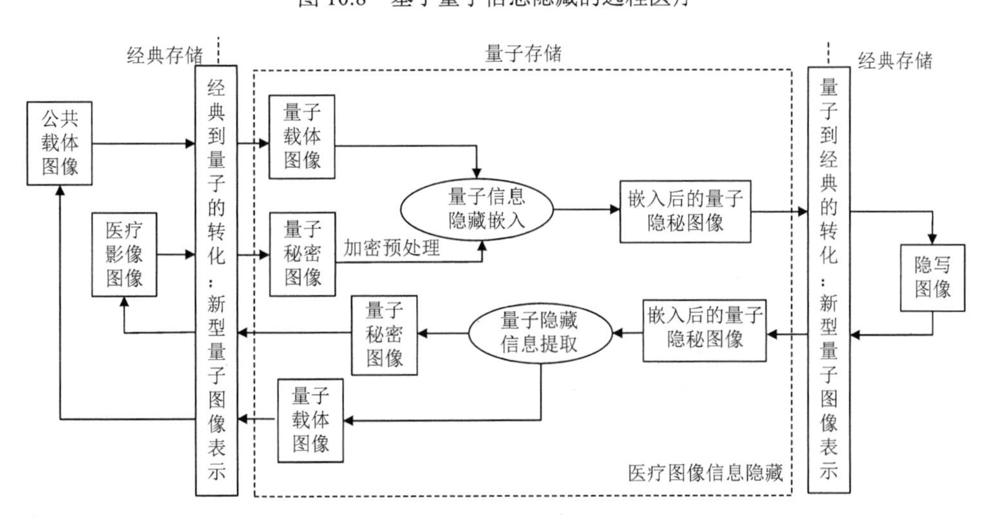

图 10.9　医疗图像量子信息隐藏框架

10.2.2 医疗量子图像安全共享管理

众所周知，远程医疗的应用给医院和患者带来了极大的方便，但其诊疗过程中也同时带来了具有挑战性的安全管理问题。因此，在享受远程医疗技术带来便捷的同时，需要进一步探讨医疗图像安全共享所带来的新问题。

传统的医疗图像管理本质上属于信息管理系统的一个方面，需要医院、医生、患者及其系统技术人员等多方的参与。与传统模式下远程诊疗中医疗图像的安全共享问题类似，量子计算机时代，同样需要对医疗量子图像的安全共享问题进行管理。本节对远程医疗过程中量子医疗图像的安全共享问题进行初步探讨，未来可能从以下两个方面考虑医疗量子图像的安全共享问题。

1. 对医疗平台中的量子图像进行版权保护

随着大数据与人工智能技术的发展，医疗图像数据应用日益广泛。超声、X射线、核磁共振等都是常用的诊断手段，《中华人民共和国著作权法》（以下简称《著作权法》）虽然没有明确对医疗图像版权进行规定，但是对一些表达形式具有唯一性的医疗图像，如超声图像，医生的探测位置、探测方式等不同，即便利用同样的器材，所产生的图像区别也比较大，显然这些应该是受《著作权法》保护的。因此，在医院拍摄的医疗图像属于法人作品，相关的医院属于著作权人。但医疗图像又不可避免地包含患者隐私信息，患者有使用和公开自己医疗图像的权利，医院行使医疗图像的版权必须在尊重患者隐私的前提下。

缺乏图像的量子计算机是无法想象的，因此，通过医疗平台产生的量子图像同样需要进行版权保护。前述章节讨论了量子图像水印方法，显然，这些水印方法能用作医疗量子数据的版权保护及认证。将量子图像水印技术用于医疗图像的认证，能满足远程医疗诊断中医学图像安全共享的要求。在公共信道中，患者医疗图像信息的传输容易导致信息泄露，并且容易进行篡改和伪造。通过将医院或者个人标志性信息作为水印信息嵌入医疗量子图像中，经公共信道传输后，利用量子图像水印提取算法提取出水印信息，以实现医疗量子图像的真实性和完整性的认证，从而达到量子数据版权保护与安全管理的目的。

2. 对医疗平台中的量子图像进行加密、隐藏，实现隐蔽传输

传统的信息安全主要围绕加密技术及体系完成，加密是实现信息安全的重要手段之一。单纯的加密技术由于加密后数据的明显异常，容易成为数据挖掘和分析的重要目标。一旦有非授权的第三方对加密的内容感兴趣，通过大数据挖掘可能产生无法设想的后果。因此，要想确保内容安全，又不希望加密后的数据被关注，结合加密技术的信息隐藏技术变得越来越重要。

同样的，充分利用量子计算并行性的优势，对医疗平台中产生的多幅医疗图

像进行高效的加密处理，加密后的量子图像再嵌入不容易被关注的公共多媒体数据中，从而实现医疗量子图像内容安全及可靠传输。由于量子图像加密技术的大容量、天然并行性及难以破解等优势，能较好地解决大量医疗图像加密处理耗时等难题。由此可知，随着现代医疗技术的发展，大量隐私医疗图像被存储在本地或云端，使用量子计算一次性加密多幅图像，迎合了智慧医疗时代对医学图像加密的需求。另外，对加密后的敏感数据使用量子信息隐藏技术嵌入公共的量子载体图像中，由于公共载体图像本身的分享是日常生活中几乎所有人在做的普通行为，因此更进一步确保了医疗量子载体图像在公共信道中传输的可靠性与安全性。

本章小结

本章首先对远程医疗过程中医疗图像安全共享问题进行了介绍，指出了大量医疗图像安全管理的重要性和迫切性。接下来探讨了多幅量子医疗图像加密及恢复方法，该方法仅使用了简单的量子交换门及受控非门予以实现，充分利用了量子计算天然并行的优势。最后讨论了量子信息隐藏技术在医疗图像安全共享管理中的可能应用，给出了医疗量子图像安全共享场景与框架，进一步探讨了远程医疗中量子图像安全共享管理问题。

参考文献

[1] THANKI R M, KOTHARI A M. Multi-level security of medical images based on encryption and watermarking for telemedicine applications[J]. Multimedia tools and applications, 2021, 80(4): 4307-4325.

[2] THAKKAR F N , SRIVASTAVA V K . A blind medical image watermarking: DWT-SVD based robust and secure approach for telemedicine applications[J]. Multimedia tools & applications, 2017, 76(3): 3669-3697.

[3] 温文媖，简云鹏，方玉明，等. 结合区块链的可认证医疗图像共享方案[J/OL]. (2021-04-02)[2021-10-21]. http://kns.cnki.net/kcms/detail/21.1106.TP.20211020.1716.013.html.

[4] 徐彦彦，张逸然，闫悦菁，等. 云环境下基于秘密共享的图像安全检索方案[J]. 华中科技大学学报(自然科学版), 2021, 49(462): 31-36.

[5] JANANI T, BRINDHA M. A secure medical image transmission scheme aided by quantum representation[J]. Journal of information security and applications, 2021, 59:102832.

[6] EL-LATIF A A A, ABD-EL-ATTY B, HOSSAIN M S. Efficient quantum information hiding for remote medical image sharing[J]. IEEE access, 2018, 6: 21075-21083.

[7] LUO G F, ZHOU R G, HU W W. Novel quantum secret image sharing scheme[J]. Chinese physics B, 2019, 28(4): 040302.

第 11 章　量子图像信息隐藏在医疗图像信息安全中的应用

随着信息技术的发展及其他高新技术的应用，远程医疗得到了人们前所未有的高度重视。国内，良好的医疗卫生资源大多集中在大中城市，大多数患者希望得到更好的救治便纷纷涌入大中城市寻求医治。首先，人流涌向更好的医院使其不堪重负，同时也会造成部分偏远医院医疗资源闲置的情况。其次，各地方的危重、疑难病人往往需要转诊治疗，这将会给病患带来更多的经济负担。因此，远程医疗将会有广阔的应用前景和市场[1]。在远程医疗的过程中需要传输大量患者医疗图像，如 X 射线图像、计算机断层成像（computed tomography，CT）图像、磁共振成像（magnetic resonance imaging，MRI）图像及超声检查图像等，数据传输安全尤为重要[2]。在医疗图像传输过程中，易发生患者信息泄漏的情况，这些信息极有可能被不法分子用来骗取患者及其家属的信任，造成难以弥补的损失和伤害[3-4]。

量子图像信息隐藏相关技术能使嵌入秘密信息后原始载体图像具有高保真的视觉效果，即肉眼无法观测到载体图像的视觉质量变化[5-6]。这意味着对于医疗图像来说，信息的嵌入并不会影响医生对患者病情的判断。因此，为了保护患者的个人信息在医疗图像中的存储和传递过程中不被泄漏，本章应用量子图像信息隐藏算法将患者的个人信息作为水印嵌入其拍摄的医疗图像当中。由于医疗图像的目标与背景区分明显，利用量子信息熵设置阈值将医疗图像进行分割处理，所得到的两类区域采取不同的嵌入规则以达到对图像目标的最小化改变的目的。随后将嵌入患者信息的医疗图像进行传输，既保护了患者的个人信息，又能起到验证图像来源的作用。

11.1　量子信息熵

量子信息中的信息存储在量子比特中，一个量子比特最明显的特性是叠加的存在，这意味着存在量子态可以同时是两个基态的线性叠加。然而，在经典系统中，比特必然以一种或另一种状态存在。显然，在经典系统和量子系统中，信息的存储和处理是完全不同的。量子世界里信息熵的度量比经典系统更复杂，无论是在纯态还是在混合态下进行测量，都有很大的不同。在纯态量子系统中，量子态是基态 $|0\rangle$ 和 $|1\rangle$ 的相干叠加，可以用布洛赫球表面上的一个点来描述。混合态

是不同纯态的统计组合或非相干混合，其熵可以通过冯·诺依曼熵来计算。但是，根据冯·诺依曼熵的原理，纯态的熵始终为 0[7]。对于一个量子灰度图像$|\boldsymbol{I}\rangle$，有

$$|\boldsymbol{I}\rangle=\frac{1}{2^n}\sum_{Y=0}^{2^n-1}\sum_{X=0}^{2^n-1}|C_{YX}\rangle\otimes|YX\rangle=\frac{1}{2^n}\sum_{Y=0}^{2^n-1}\sum_{X=0}^{2^n-1}\bigotimes_{j=0}^{q-1}|C_{YX}^j\rangle\otimes|YX\rangle \tag{11.1}$$

其编码图像的量子态是纯态。因此，不能用冯·诺依曼熵来衡量量子图像的信息。

考虑一个由混合分量态和纯态组成的量子系统，该系统是具有概率 p_i 的纯态 $|\phi_i\rangle$ 和具有概率 p_0 的密度算子特征值为 λ_i 的混合态的组合。可以给出其复合信息熵，即

$$S_{ci}(\rho)=-p_0\sum_i\lambda_i\log\lambda_i+\sum_i p_iS_p(\phi_i) \tag{11.2}$$

式中，$S_p(\phi)$ 是纯态$|\phi\rangle=\sum_k c_k|a_k\rangle$ 的熵，可以写为

$$S_p(\phi)=-\sum_k|c_k|^2\log|c_k|^2 \tag{11.3}$$

因此，当考虑复合量子系统中的混合态的概率为 0，也就得到了量子态纯态，即量子图像的表示形式，其信息熵可以通过式（11.3）得出。

对于量子图像表示模型 FRQI[8]，不考虑图像的坐标只存储灰度值和灰度值的概率幅，可以改写为

$$|\boldsymbol{I}_{ci}\rangle=\sum_{k=0}^{2^q-1}\sqrt{p_k}|C_k\rangle \tag{11.4}$$

式中，$|C_k\rangle$ 表示量子灰度图像像素值，其值为 0～255；$\sqrt{p_k}$ 是像素值为$|C_k\rangle$ 的概率幅。因此，量子灰度图像的信息熵可以表示为

$$S_I=-\sum_{k=0}^{2^q-1}p_k\log p_k \tag{11.5}$$

11.2　阈 值 分 割

阈值处理是在某些条件下选择适当的阈值将所有像素值转换为黑色或白色的过程，以便从背景中提取对象。因此，图像的像素根据以下规则分为一系列类别，即

$$C\in M_i,\ t_{i-1}\leqslant C<t_i \tag{11.6}$$

式中，$C\in\left[0,2^q-1\right]$ 表示灰度图像的灰度值；$\{t_i\,|\,i\in[1,N-1]\,\&\,t_0=0\}$ 表示分割图像的阈值；$\{M_i\,|\,i\in[1,N]\}$ 表示图像分割后目标的类别。

在式（11.4）所示的量子图像表示中，由于存储的是图像的灰度值和其概率幅，图像分割后的多个目标的信息熵可以表示为

$$S_p(M_i)=-\sum_{j=t_{i-1}+1}^{t_i}q_j\log q_j \tag{11.7}$$

式中，q_j 表示该目标中像素的概率，并且 $q_j=p_j/\mu_i$，μ_i 是该目标类中所有像素

概率之和，其表达式为

$$\mu_i = \sum_{j=t_{i-1}}^{t_i} p_j \tag{11.8}$$

式中，p_j 为概率幅的平方。

因此，可以得到图像中所有目标类别信息熵之和为

$$\arg\max_t \varphi(S) = \arg\max_t \sum_{i=1}^{N} S_p(M_i) \tag{11.9}$$

通过最大化 $\varphi(S)$ 得到所需的阈值 t_i。

对于所选的医疗图像，设待分割的目标数量为 1。也就是说，只需将医疗图像分为两类，即将灰度值划分为 $0\sim t_1$ 和 $t_1\sim 2^q-1$。因此，式（11.9）可以准确地写为

$$\arg\max_t (S_p(1)+S_p(2)) = \arg\max_t \left(-\sum_{j=0}^{t_1} q_j \log q_j - \sum_{j=t_1+1}^{2^q-1} q_j \log q_j\right) \tag{11.10}$$

该阈值分割的算法如下所示。

算法 11.1　量子图像阈值分割

输入：基于图像灰度值的表达式 $|I_{ci}\rangle$

输出：阈值 t

```
For t=0, 1,…, 2^q -1
    μ1 为像素值 0～t 的总概率，μ2 为 t+1～2^q -1 的总概率
    q_j = √(p_j)^2 /μ_{1 or 2} 是类别中的像素值概率
    分别计算两个类别的信息熵：
    For j=0, 1,…, t
        S_p(1)=S_p(1)+(-q_j log q_j)
    End for
    For j= t+1, t+2, …, 2^q -1
        S_p(2)=S_p(2)+(-q_j log q_j)
    End for
    判别准则为两个类别的信息熵之和，也就是 φ(S)
End for
最大化 φ(S) 并输出阈值 t
```

11.3　个人信息嵌入医疗图像

如上所述，在确定医疗图像的阈值后，应用其将图像分割为目标与背景两个类别，并作为个人信息嵌入的密钥。本节先分析如何准备密钥，在此基础上再详

细介绍个人信息嵌入和提取的过程。

11.3.1　密钥获取

密钥的获取是信息嵌入的预处理过程，通过计算医疗图像的信息熵确定阈值，并将其分割为目标和背景区域。目标和背景区域对应于不同的嵌入方法，因此需要定义一个密钥控制信息的嵌入。密钥的定义过程如下。

首先，根据上述算法对医疗图像进行分割阈值求取，当分割出的目标与背景信息熵之和最大时，输出该分割阈值 t。

其次，为了使用密钥嵌入信息，先将医疗图像的像素值构造成一个布尔值。定义一个布尔函数 b，若像素值处于目标区域，则布尔值为 1；否则，其布尔函数的值为 0。该布尔函数的数学表达式为

$$b(C,t)=\begin{cases}0, & t\leqslant C_{YX}\\ 1, & t>C_{YX}\end{cases} \tag{11.11}$$

式中，C_{YX} 是坐标 YX 上的像素值。

在将这个布尔函数应用于图像的所有像素之后，可以得到一个与医疗图像大小相同的二值图像，也就是密钥 $|\mathbf{Key}\rangle$，其量子态表示为

$$|\mathbf{Key}\rangle=\frac{1}{2^n}\sum_{Y=0}^{2^n-1}\sum_{X=0}^{2^n-1}|b\rangle\otimes|YX\rangle \tag{11.12}$$

式中，$|b\rangle$ 是坐标 YX 上的像素值。

11.3.2　个人信息嵌入过程

一般情况下，患者的个人信息都是以文本的形式存在的，这里采用前述章节提出的方法，将患者个人信息编码为量子态（即量子文本的形式）。为确保医疗图像嵌入信息之后的失真在可控范围内，在大小为 $2^n\times 2^n$ 的医疗图像中嵌入字符数量为 $2^{n-1}\times 2^{n-2}$ 的个人信息。通过将表示字符内容的 8 位信息扩展为大小为 2×4 的二值信息，得到与医疗图像大小相同的扩展后的个人信息 $|\mathbf{Infor}\rangle$，可以表示为

$$|\mathbf{Infor}\rangle=\frac{1}{2^n}\sum_{Y=0}^{2^n-1}\sum_{X=0}^{2^n-1}|I\rangle\otimes|YX\rangle \tag{11.13}$$

图 11.1 所示为字符 A 扩展后的表示形式。

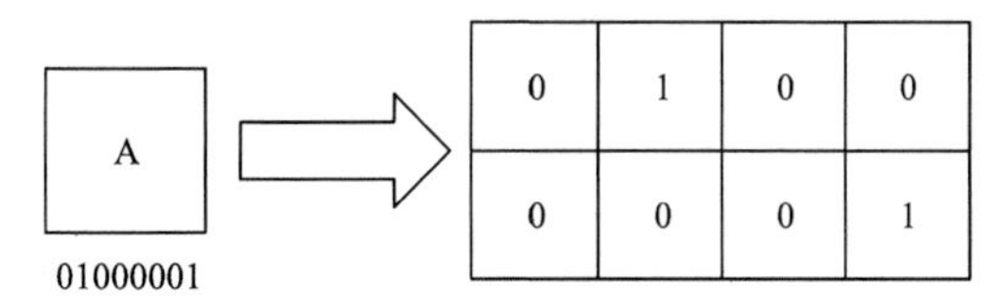

图 11.1　字符 A 扩展后的表示形式

随后，将大小相同的医疗图像、个人信息以及密钥整合编码为纠缠的量子态，

该复合量子态总共需要 $2n+q+2$ 个量子比特。对于初态 $|\boldsymbol{\psi}\rangle_0$，其初态为 0，可以表示为

$$|\boldsymbol{\psi}\rangle_0 = |0\rangle^{2n+q+2} \tag{11.14}$$

通过量子文本的制备过程可知，复合量子态的坐标可以通过 $\boldsymbol{H}$ 门编码，而其他量子比特不发生变化，该酉变换 $\boldsymbol{U}_1$ 可以表示为

$$\boldsymbol{U}_1 = \boldsymbol{I}^{\otimes q+2} \otimes \boldsymbol{H}^{\otimes 2n} \tag{11.15}$$

将酉变换 $\boldsymbol{U}_1$ 应用于初始态 $|\boldsymbol{\psi}\rangle_0$ 后得到只包含坐标信息的中间态 $|\boldsymbol{\psi}\rangle_1$，该过程如下所示：

$$\begin{aligned}\boldsymbol{U}_1(|\boldsymbol{\psi}\rangle_0) &= (\boldsymbol{I}|0\rangle)^{\otimes q+2} \otimes (\boldsymbol{H}|0\rangle)^{\otimes 2n} \\ &= \frac{1}{2^n}|0\rangle^{\otimes q+2} \otimes \sum_{i=0}^{2^{2n}-1}|i\rangle \\ &= \frac{1}{2^n}\sum_{i=0}^{2^n-1}\sum_{j=0}^{2^n-1}|0\rangle^{\otimes q+2}|ji\rangle \\ &= |\boldsymbol{\psi}\rangle_1\end{aligned} \tag{11.16}$$

接下来，需要将坐标对应的 3 个值：医疗图像像素值、扩展后的个人信息值以及密钥值编码至复合量子态中。对于某一个坐标的赋值酉变换 $\boldsymbol{U}_{YX}$ 表示为

$$\boldsymbol{U}_{YX} = \left(\boldsymbol{I}^{\otimes q+2} \otimes \sum_{j=0,i=0}^{2^{n-1}}\sum_{ji\neq YX}^{2^{n-1}}|ji\rangle\langle ji|\right) + \boldsymbol{\Omega}_{YX} \otimes |YX\rangle\langle YX| \tag{11.17}$$

当坐标不等于 YX 时，单位门作用于量子态上；当坐标为 YX 时，$\boldsymbol{\Omega}_{YX}$ 作用于量子态。其中，$\boldsymbol{\Omega}_{YX}$ 由 q−2 个子酉变换组成，可以写为

$$\boldsymbol{\Omega}_{YX} = \bigotimes_{j=0}^{q+2}\Omega_{YX}^j \quad \boldsymbol{U}_{YX} = \left(\boldsymbol{I}^{\otimes q+2} \otimes \sum_{j=0,i=0}^{2^{n-1}}\sum_{ji\neq YX}^{2^{n-1}}|ji\rangle\langle ji|\right) + \boldsymbol{\Omega}_{YX} \otimes |YX\rangle\langle YX| \tag{11.18}$$

而 Ω_{YX}^j 对于第 j 个量子比特编码信息，其遵循的原则为

$$\Omega_{YX}^j : |0\rangle \rightarrow \begin{cases}|0\oplus b\rangle, & j=0 \\ |0\oplus i\rangle, & j=1 \\ |0\oplus C_{YX}^j\rangle, & j=2,3,\cdots,q+2\end{cases} \tag{11.19}$$

式中，C_{YX}^j 是医疗图像某一位平面的值；b 和 i 分别是信息和密钥的值。该操作可以通过受控非门（CNOT 门）实现，若值为 1，则初始态 $|0\rangle$ 变为 $|1\rangle$；若值为 0，则不发生改变。将酉变换 $\boldsymbol{U}_{YX}$ 作用于中间态 $|\psi\rangle_1$ 时，可得

$$\begin{aligned}\boldsymbol{U}_{YX}(|\boldsymbol{\psi}\rangle_1) &= \boldsymbol{U}_{YX}\left(\frac{1}{2^n}\sum_{j=0}^{2^{n-1}}\sum_{i=0}^{2^{n-1}}|0\rangle^{\otimes q+2}|ji\rangle\right) \\ &= \frac{1}{2^n}\boldsymbol{U}_{YX}\left(\sum_{j=0,i=0}^{2^{n-1}}\sum_{ji\neq YX}^{2^{n-1}}|0\rangle^{\otimes q+2}|ji\rangle + |0\rangle^{\otimes q+2}|YX\rangle\right)\end{aligned}$$

$$=\frac{1}{2^n}\left(\sum_{j=0,i=0}^{2^{n-1}}\sum_{ji\neq YX}^{2^{n-1}}|0\rangle^{\otimes q+2}|ji\rangle+\boldsymbol{\Omega}_{YX}|0\rangle^{\otimes q+2}|YX\rangle\right)$$

$$=\frac{1}{2^n}\left(\sum_{j=0,i=0}^{2^{n-1}}\sum_{ji\neq YX}^{2^{n-1}}|0\rangle^{\otimes q+2}|ji\rangle+|b\rangle|I\rangle|C_{YX}\rangle|YX\rangle\right) \tag{11.20}$$

若需要将所有信息编码进量子态，则需要 $Y\times X$ 个酉变换 $\boldsymbol{U}$，该过程可简化为

$$\boldsymbol{U}_2|\boldsymbol{\psi}\rangle_1=\left(\prod_{Y=0}^{2^n-1}\prod_{X=0}^{2^n-1}\boldsymbol{U}_{YX}\right)|\boldsymbol{\psi}\rangle_1=|\mathbf{CIK}\rangle \tag{11.21}$$

式中，$|\mathbf{CIK}\rangle$ 为目标量子态，也就是三类信息的整合，其数学表达式为

$$|\mathbf{CIK}\rangle=\frac{1}{2^n}\sum_{Y=0}^{2^n-1}\sum_{X=0}^{2^n-1}|b\rangle\otimes|I\rangle\otimes|C_{YX}\rangle\otimes|YX\rangle \tag{11.22}$$

最后，通过受控交换操作（controlled swap operation，CSO）对信息进行嵌入。当密钥值为 1，也就是该像素处于目标区域时，以密钥值为控制比特交换医疗图像最低有效位和个人信息；当密钥值为 0，也就是像素点为背景区域时，在翻转密钥值之后作为控制位，交换医疗图像最低有效位和个人信息。该酉变换 $\boldsymbol{U}$ 可以描述为

$$\boldsymbol{U}|\mathbf{CIK}\rangle=\boldsymbol{U}\frac{1}{2^n}\sum_{Y=0}^{2^n-1}\sum_{X=0}^{2^n-1}|b\rangle\otimes|i\rangle\otimes|C_{YX}\rangle\otimes|YX\rangle$$

$$=\frac{1}{2^n}\sum_{Y=0}^{2^n-1}\sum_{X=0}^{2^n-1}(|0\rangle\otimes|C_{YX}^0\rangle\otimes|C_{YX}^{q-1}\cdots C_{YX}^2C_{YX}^1i\rangle$$

$$+|1\rangle\otimes|C_{YX}^1\rangle\otimes|C_{YX}^{q-1}\cdots C_{YX}^2iC_{YX}^0\rangle)\otimes|YX\rangle \tag{11.23}$$

很显然，信息的嵌入只在表示颜色值的量子比特中完成，与编码坐标的量子比特无关。因此，只需要两个受控交换门和一个非门即可完成 CSO。其量子线路如图 11.2 所示。

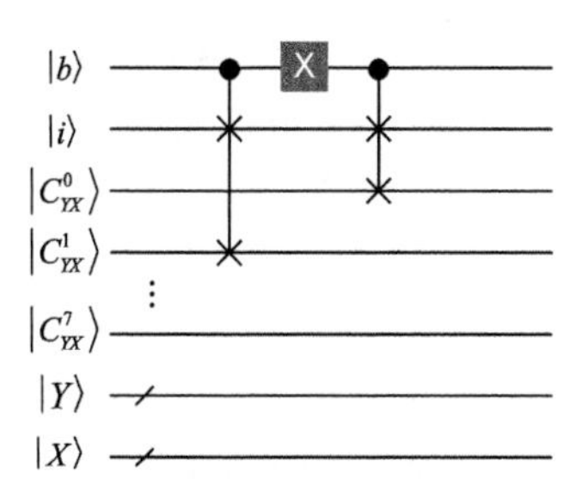

图 11.2　信息嵌入受控交换操作的量子线路

11.3.3　个人信息验证过程

接收方接收到私密信息医疗图像后，只需通过发送方与接收方共享的密钥即可提取出验证患者身份的信息。由于患者个人信息数量较少，而医疗图像具有一

定的大小，可以将医生的初步诊断结果等信息一同编码传输。

考虑到信息嵌入的操作为受控交换操作，因此提取信息同样适用于受控交换操作。通过密钥将嵌入医疗图像的最低有效位和次低有效位中的信息提取至预先备好的辅助量子比特中，其量子线路如图 11.3 所示。

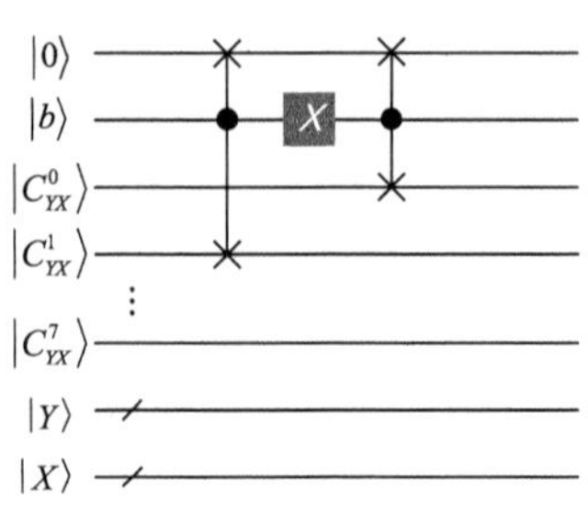

图 11.3　信息验证的量子线路

该过程可由酉变换 $\boldsymbol{RU}$ 表示为

$$\begin{aligned}
&\boldsymbol{RU}\frac{1}{2^n}\sum_{Y=0}^{2^n-1}\sum_{X=0}^{2^n-1}|0\rangle\otimes|b\rangle\otimes|C_{YX}\rangle\otimes|YX\rangle \\
&=\frac{1}{2^n}\sum_{Y=0}^{2^n-1}\sum_{X=0}^{2^n-1}\boldsymbol{RU}(|0\rangle\otimes|0\rangle\otimes\left|C_{YX}^{q-1}\cdots C_{YX}^2C_{YX}^1 i\right\rangle \\
&\quad+|0\rangle\otimes|1\rangle\otimes\left|C_{YX}^{q-1}\cdots C_{YX}^2 i C_{YX}^0\right\rangle)\otimes|YX\rangle \\
&=\frac{1}{2^n}\sum_{Y=0}^{2^n-1}\sum_{X=0}^{2^n-1}(|i\rangle\otimes|0\rangle\otimes\left|C_{YX}^{q-1}\cdots C_{YX}^2C_{YX}^1 0\right\rangle \\
&\quad+|i\rangle\otimes|1\rangle\otimes\left|C_{YX}^{q-1}\cdots C_{YX}^2 0 C_{YX}^0\right\rangle)\otimes|YX\rangle \\
&=\frac{1}{2^n}\sum_{Y=0}^{2^n-1}\sum_{X=0}^{2^n-1}|i\rangle\otimes|b\rangle\otimes|C_{YX}'\rangle\otimes|YX\rangle
\end{aligned}\tag{11.24}$$

最后，通过将提取出的扩展的个人信息划分为大小为 2×4 的块，将每一块中的 8 个像素点的值按顺序合并即可得到嵌入的文本信息，从而完成患者个人信息的提取验证过程。

11.3.4　线路复杂度分析

算法中使用的嵌入和提取线路中都只采用了两个受控交换门和一个非门，而受控交换门可以分解为如图 11.4 所示的单量子比特门和受控非门。可以看到，一个受控交换门共由 17 个基本门组成，即嵌入和提取量子线路都只需要 35 个量子基本门即可完成。因此，其复杂度仅仅为 $O(1)$ 。这对于未来越来越多远程医疗图像的信息嵌入和提取操作将提供更加快捷有效率的方式。

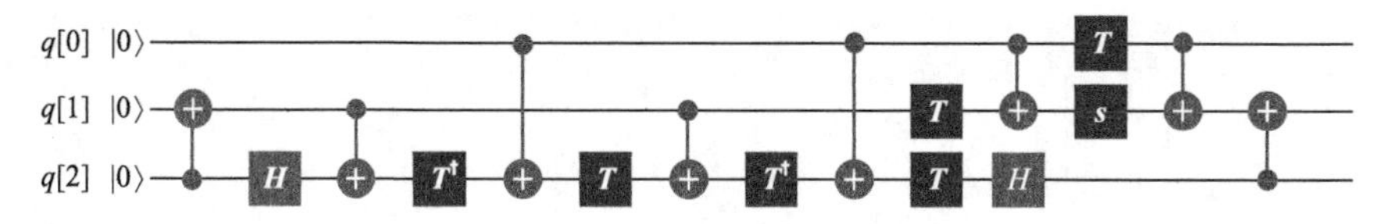

图 11.4　受控交换门分解

11.4　仿真实验分析

采用 B 超影像、CT 影像和 X 射线影像作为实验载体图像进行仿真实验。图像如图 11.5 所示，其中图 11.5（a）和（b）是 B 超图像，图 11.5（c）和（d）是 CT 图像，图 11.5（e）～（h）是 X 射线图像，且都为 256×256 的灰度图像。对于个人信息的选择，随机生成了文本进行嵌入的操作。

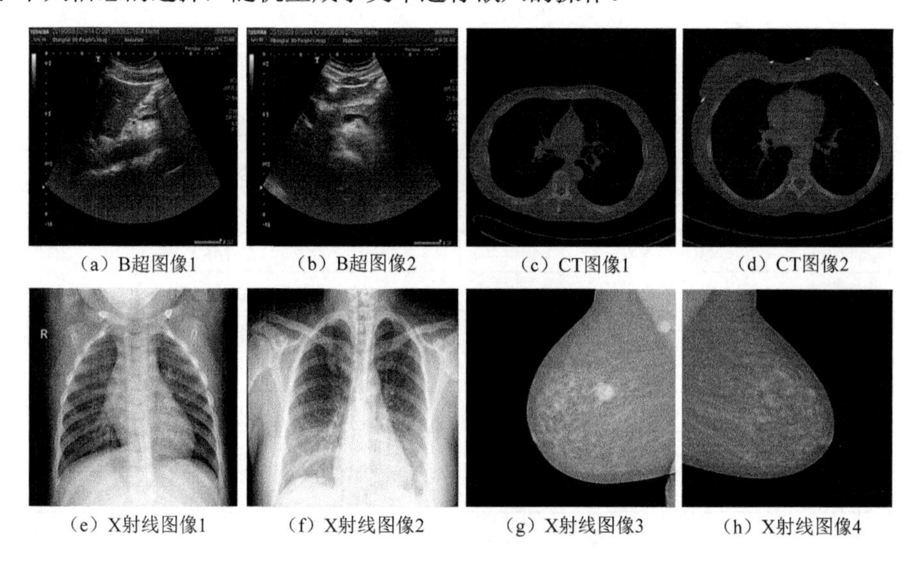

（a）B超图像1　（b）B超图像2　（c）CT图像1　（d）CT图像2

（e）X射线图像1　（f）X射线图像2　（g）X射线图像3　（h）X射线图像4

图 11.5　实验仿真医疗图像

1. 医疗图像嵌入前后相似性

为验证医疗图像在嵌入个人信息后的视觉质量，通过使用视觉对比、PSNR 及信息熵之差来衡量医疗图像嵌入信息前后的相似性。

由于医生是通过肉眼观察患者的医疗图像来判断病情的，因此嵌入信息之后不造成视觉上的差异是至关重要的。图 11.6 所示为部分实验图像在嵌入信息前后的对比，可以看出，在视觉效果上嵌入信息之后肉眼无法发觉存在变化。

表 11.1 所示为实验图像在嵌入信息之后的 PSNR 值，其值都处于较高水平，这说明医疗图像在个人信息嵌入后产生的变化较小。

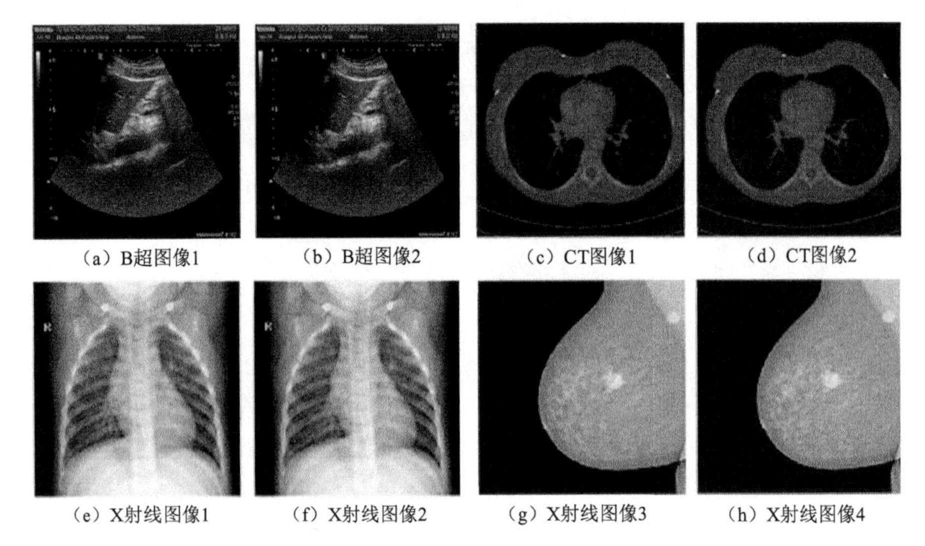

（a）B超图像1　（b）B超图像2　（c）CT图像1　（d）CT图像2

（e）X射线图像1　（f）X射线图像2　（g）X射线图像3　（h）X射线图像4

图 11.6　医疗图像信息嵌入前后视觉对比

表 11.1　嵌入信息前后医疗图像的 PSNR 值

医疗图像（图 11.6）	PSNR/dB
（a）	58.003 9
（b）	57.965 4
（c）	50.539 9
（d）	52.105 3
（e）	54.362 1
（f）	53.030 2
（g）	56.581 0
（h）	60.645 4

为进一步评估相似性，引入一种基于量子信息熵的图像相似性度量方法。如前所述，信息熵由式（11.2）表示，它可以表示图像中包含的信息，并且信息嵌入的过程会导致图像信息发生变化。因此，该方法适合评估图像的相似性。

参考式（11.4）所示的量子图像表示方法，以灰度图像中的灰度值的统计特性进行编码。设定 S 是原始医疗图像的信息熵，S' 是信息嵌入后的医疗图像的信息熵，可以分别表示为

$$\begin{cases} S = -\sum_{i=0}^{2^q-1} p_i \log p_i \\ S' = -\sum_{i=0}^{2^q-1} p_i' \log p_i' \end{cases} \tag{11.25}$$

式中，p_i 和 p_i' 分别是图像嵌入前和嵌入后灰度值的概率幅。在此基础上，定义了

熵差（entropy difference，ED）来评估图像的相似性，顾名思义，熵差指的是两幅图像的信息熵之差。

很显然，如果熵差越接近于 0，两幅图像的相似性越高。反之，则相似性越低。熵差的定义如下所示：

$$\mathrm{ED}=|S-S'|=\left|\left(-\sum_{i=0}^{2^q-1}p_i\log p_i\right)-\left(-\sum_{i=0}^{2^q-1}p_i'\log p_i'\right)\right| \tag{11.26}$$

随后，计算实验图像嵌入信息后的熵差，其结果如表 11.2 所示。虽然对于不同医疗图像而言熵差的数值略有起伏，但是总体的数值都较小，进一步说明信息的嵌入对医疗图像蕴含的信息改变较小。

表 11.2　信息嵌入后医疗图像的熵差

医疗图像（图 11.6）	熵差
（a）	0.243 8
（b）	0.247 6
（c）	0.123 4
（d）	0.057 3
（e）	0.018 0
（f）	0.029 5
（g）	0.141 2
（h）	0.364 3

2. 嵌入容量

实际应用中，由于患者个人信息数量有限，因此嵌入医疗图像中的信息可以包括医生对该患者的初步诊断等信息。理论上，嵌入容量为嵌入的信息（the number of secret qubits）与图像像素数（the number of cover image pixels）之比。在本章中，嵌入的信息数量是与医疗图像的像素数量一致的，其嵌入容量可以表示为

$$\begin{aligned}C&=\frac{\text{the number of secret qubits}}{\text{the number of cover image pixels}}\\&=\frac{2^{2n}}{2^{2n}}=1\ \frac{\text{bit}}{\text{pixel}}\end{aligned} \tag{11.27}$$

本 章 小 结

本章介绍了量子信息隐藏技术在医疗图像中实现信息的安全保护，通过医疗图像背景目标分明的特点，将医疗图像通过量子信息熵进行阈值分割。为了在目标区域的嵌入引起更小的像素值变化，在目标区域，将患者的个人信息嵌入最低比特位；在背景区域，信息则嵌入次低比特位。通过对信息嵌入的量子线路的分

析，信息嵌入复杂度仅仅为常数级，这对于未来数量巨大的医疗图像信息嵌入任务存在极大的优势。此外，从实验仿真来看，患者个人信息的嵌入对其医疗图像视觉上的变化从肉眼上来看难以察觉，这说明医疗图像经过信息嵌入后并不会对医生诊断病情产生影响。这表明，量子图像信息隐藏在今后医疗图像的信息安全保护应用中具有一定的可行性和实用性。

参 考 文 献

[1] 曾旭，司马宇. 基于数字水印和数字签名技术的医学影像存储与传输系统安全机制研究[J]. 医学信息学杂志，2016，37(7): 44-46.

[2] 杨莲，马磊，崔永春，等. 基于物联网技术的医疗图像数据安全传输模型研究[J]. 中国医疗设备，2021，36(2): 54-57.

[3] PANKAJ S, DUA M. A novel ToCC map and two-level scrambling-based medical image encryption technique[J]. Network modeling analysis in health informatics and bioinformatics, 2021, 10(1): 48.

[4] BHARDWAJ R. Hiding patient information in medical images: an enhanced dual image separable reversible data hiding algorithm for E-healthcare[J]. Journal of ambient intelligence and humanized computing, 2021(1): 1-17.

[5] AMRAOUI A E, MASMOUDI L, EZ-ZAHRAOUY H, et al. Quantum edge detection based on SHANNON entropy for medical images[C]//Proceedings of IEEE/ACS International Conference of Computer Systems and Applications, Washington, 2017: 874 -879.

[6] EL-LATIF A A A, ABD-EL-ATTY B, TALHA A M. Robust encryption of quantum medical images[J]. IEEE access, 2018, 6: 1073-1081

[7] LINDBLAD G. Entropy, information and quantum measurements[J]. Communications in mathematical physics, 1973, 33(4): 305-322.

[8] LE P Q, DONG F, HIROTA K. A flexible representation of quantum images for polynomial preparation, image compression, and processing operations[J]. Quantum information processing, 2011, 10(1): 63-84.